西点工艺

第二版

应小青 主编

浙江工商大学出版社
ZHEJIANG GONGSHANG UNIVERSITY PRESS

图书在版编目(CIP)数据

西点工艺 /应小青主编.—2 版. —杭州 :浙江
工商大学出版社,2018.1(2023.2 重印)

　　ISBN 978-7-5178-2580-7

　Ⅰ.①西… Ⅱ.①应… Ⅲ.①西点—制作—高等职业
教育—教材Ⅳ.①TS213.2

　　中国版本图书馆 CIP 数据核字(2018)第 009049 号

西点工艺(第二版)

应小青　主　编

责任编辑	张婷婷	
封面设计	林朦朦	
责任印制	包建辉	
出版发行	浙江工商大学出版社	
	(杭州市教工路 198 号　邮政编码 310012)	
	(E-mail:zjgsupress@163.com)	
	(网址:http://www.zjgsupress.com)	
	电话:0571－88904980,88831806(传真)	
排　　版	杭州朝曦图文设计有限公司	
印　　刷	广东虎彩云印刷有限公司绍兴分公司	
开　　本	710mm×1000mm　1/16	
印　　张	24	
字　　数	390 千	
版 印 次	2018 年 1 月第 1 版　2023 年 2 月第 9 次印刷	
书　　号	ISBN 978-7-5178-2580-7	
定　　价	49.00 元	

序

    国际化是我国改革开放后旅游业发展的显著特征。最近十来年,伴随着经济的增长,以及和西方国家饮食交流的日益密切,在各大城市甚至包括一些三四线城市,西餐消费渐渐走近寻常百姓。这直接导致了高素质高技能西餐人才的短缺,由此也直接带动了我国西餐职业教育的蓬勃发展,高职院校西餐工艺及相关专业的招生数量逐年递增,西餐工艺毕业生就业出现了供不应求的局面。

    教材建设是专业建设的基础性工作,是人才培养的必备条件。目前,国内开设西餐教学的高职院校已逾 50 所,而专门针对高职层次西餐教学的教材并不完善。浙江旅游职业学院作为国内较早开设西餐工艺专业的高职院校,拥有一批知名的西餐教师,他们不但有理论,而且拥有丰富的行业经验。浙江旅游职业学院的西餐工艺专业系全国唯一一个通过世界旅游组织旅游教育质量认证的烹饪类专业,2010 年被纳入国家示范性骨干高职院校重点建设专业,2011 年获批中央财政支持"提升专业服务产业发展能力"建设项目。在浙江旅游职业学院国家骨干院校建设期间(2010—2012),西餐工艺专业实行了系列教学改革,并取得了不俗的成绩:构建并持续推行了"师资联动、文化联动、基地联动、产学联动"的"四联动"育人模式;以国际化视野培养人才,在迪拜、阿布扎比、中国澳门等地及意大利哥诗达邮轮上实习或就业的学生占专业总人数的 20％以上。所以,西餐工艺专业教师承担系列教材的编撰任务,既是建设国家骨干项目的要求,也是骨干院校建设人才培养经验共享的体现。

    本次出版的《西餐工艺实训教程》《西点工艺》《厨房情景英语》和《西餐烹饪原料》四本教材,是系列中的一部分,主要用于西餐工艺专业核心课程的教学。教材编写根据教育部颁布的《关于全面提高高等职业教育教学质量的若干意见》(〔2006〕16 号文件)精神,遵循"以就业为导向、工学结合"的人才培养指导思想。

综观本系列教材,我认为它有六个方面的特点。(1)"实用、够用",符合高职高专教育实际。根据高职高专教育重理论更重实践的特点,坚持"实用、够用"原则,结合高职高专学生的知识层次,准确把握教材的内容体系。(2)校企合作,体现工学结合的思路。教材编写过程中与企业进行多方面的合作,教材体例突出项目化和任务型,教材内容与岗位需求做到无缝对接。(3)点面结合,信息量大又重点突出。教材在内容的取舍上,力求精选,不强调面面俱到,注重实用性与典型性的结合,力求保证学生在有限的课时内掌握必备知识,内容丰富,重点突出。教材为学生提供了对应的网络、书刊等资讯,便于学生课余查找和学习,有利于学生拓宽知识面。(4)图文并茂,便于学习认知。所有教材都注重图文并茂,便于学生较直观地认知,有助于学生较快把握各知识点,能够加深记忆,增强学习效果。(5)强化英语,紧扣西餐专业特点。关键知识点都采用中英文对照形式,使学生全方位地掌握专业英语,满足西餐从业人员的英语能力要求。(6)适应面广,满足多专业教学需求。本套教材注重西餐理论知识的普及,突出实践应用,可以满足西餐工艺、酒店管理、餐饮管理与服务、厨政管理等多个专业的教学需求。

浙江旅游职业学院副院长、教授　徐云松

2013 年 6 月

目　录

第一篇

西点基础知识

第一章　西点概述

> 📖**知识目标：**
> 　　了解西点的发展历史，掌握西点的基本概念及各种西点的英文名称，熟悉西点的主要分类方法以及各种西点的主要特点。
> 📖**能力目标：**
> 　　掌握西点的分类方法，能根据不同的分类方法将西点进行归类。
> 📖**预习导航：**
> 　　1.你所了解的西点是怎么样的？
> 　　2.西点的发展过程是怎么样的？
> 　　3.目前社会上流行的西点是什么，属于什么类别？

第一节　西点的历史

　　西点是西式点心的简称，目前主要是对欧美等国家主要包括欧洲、南美洲、北美洲、大洋洲以及亚洲部分地区的点心的统称。

　　西点是西方饮食文化中一颗璀璨的明珠，享有很高的声誉，也深受我国人民大众的欢迎。西点的历史悠久，为了更好地了解西点的历史，我们将西点的发展情况在表 1-1 中呈现。

表 1-1　西点的发展历史

时期	年代	重要事件
古代	公元前 8000—公元前 3000 年	使用杵和臼碾碎谷物； 用混合的谷物和水制成的饼类食物，类似于现在的印度薄饼或是墨西哥玉米饼； 古埃及出现烘焙面包； 出现因为野生酵母菌的作用而膨大的面包； 古埃及人建造了圆形的烘焙土窑来烘烤面包； 面包可以代替钱币使用。
	公元前 1300—公元前 1200 年	发酵技术传播到希腊，古希腊人建造出圆形的烤炉； 发酵技术传播到古罗马，古罗马人建造出外形更大、功能更好的平板式烤炉。
	公元前 1000—公元 600 年	古罗马成立了第一个面包师协会； 古希腊人记载了各式蛋糕食品； 古罗马人发明了石磨； 古希腊人发明了水磨； 古罗马帝国的烘焙食品非常流行，西点制作被称为一项专业的工作，称为 pastillarium； 面包成为身份和地位的象征，贵族食用精致的白面包，商人食用小麦玉米面包，穷人食用粗糙的麸皮面包； 城市不断壮大，面包师开始贩卖产品。
中世纪	公元 1150—1266 年	1266 年，英国颁布《面包法令》（*The Assize of Bread*），规定面包的重量和价格。如果面包师破坏此法规，将被重罚。
	11—12 世纪	出现了布丁、松饼以及环形的小饼干等西点。
	13—15 世纪	苹果挞、牛奶鸡蛋烘饼、乳酪饼等出现； 1462 年，泡芙面团出现。
文艺复兴时期	16—18 世纪	白砂糖开始普及； 出现各种奶油蛋糕； 1683 年，面包与起酥结合在一起形成了丹麦面包、可颂面包，出现了用搅打法制作的海绵蛋糕； 1739 年，出现了巧克力饼干，这是最早的巧克力糕点； 1755 年，玛德琳贝壳状蛋糕产生； 在英国，形成饮茶的风俗，茶点应运而生。
19 世纪	19 世纪	确认了酵母菌发酵的真相； 发明了面包搅拌机、整形机、面团分割机和移动式烘箱等设备，面包制作从手工走向了机械化生产； 各种花式点心层出不穷，如可丽饼、水果蛋糕、泡芙等。

时期	年代	重要事件
20 世纪以后	20 世纪至今	1950—1970 年,全自动化制作面包开始大规模应用; 1970 年后,出现了用冷冻面团制作面包并进行销售的方式; 各类西点品种丰富多彩; 西点制作从作坊式生产进入现代化的生产,形成了完整和成熟的体系,并且独立于西餐烹调之外,是独立而庞大的食品加工产业。目前西点制作已经成为西方国家以及我国重要的食品工业的支柱之一。

一个人从呱呱落地的时刻起,就具有对甜味的喜爱,因为在母亲的奶水中,乳汁的甘甜就已经给新生儿留下了无法抗拒的吸引力,西点以其甘甜芳香吸引了人们。通过几千年的传承、发展以及创新,目前西点已经成为全世界人民生活中不可或缺的一个组成成分。

西点是以面粉、鸡蛋、糖、油脂和乳制品为主要原料,配上各种干鲜果品、巧克力和食品添加剂等辅料,经过加工制作而成的具有色、香、味、形和营养的食品。

西点的英文名称一:baking food。意思为烘焙食品,主要是因为西点产品的绝大部分成熟方法都是烘焙。

西点的英文名称二:dessert。最初的意思为在撤去餐桌上的餐具之后,用各种水果和干果组成的一道拼盘,后来泛指餐后的甜点。

西点的英文名称三:pastry。意思为糕饼。

第二节　西点的特点与分类

一、西点的特点

西点具有浓厚的西方民族风格和特色,在原料的选择、制作工艺和造型艺术等方面都独具风格。

1. 用料讲究,配料科学,富含能量

西点用料讲究,有非常严格的选料标准。西点的常用原料主要有面粉、

乳制品、蛋品、糖类、油脂、干鲜果料、巧克力等,这些原料含有丰富的蛋白质、脂肪、糖、维生素等营养成分,它们是人体不可缺少的营养素。因此西点的营养丰富,部分西点含有较高热量。

2. 配方精确,制作精细,工艺性强

西点的配方设计及生产工艺极具科学性,各种原料之间的配比十分明确,用量要求准确。

西点的每一种产品都有特定的平衡配方,制作全过程要求严格量化,具有很强的规范性。因此西点制作容易实现标准化和机械化的生产,便于管理。

同时西点产品的艺术含量高,主要的成熟方法是烘烤,讲究造型和装饰艺术,装饰技巧千变万化。每件产品都是一件艺术品,从造型到装饰,每一个图案或线条,都构思巧妙、简洁明快、色彩明媚大方,令人赏心悦目,给人以美的享受。

3. 口味清香,咸甜酥松,别有风味

西点的原料中有黄油、乳制品和各种干鲜果还有巧克力等,这些原料本身具有芳香的味道,因此成品具有浓郁的乳香和果香,同时果仁在西点中也用得很多,使西点香脆可口。而且由于西点制作工艺多样,能够形成不同程度的松、脆、酥、绵软等口感。又由于主料、辅料、装饰料的变化,制品或甜或咸,变化多端,品种繁多,风味独特。

二、西点的分类

西点源于欧美地区,因国家或民族的差异,其制作手法也有很大的区别。同样一个品种在不同的国家就有不同的加工方法。因此,分类的方法也不尽相同,目前尚无统一的标准。

按制品原料及属性,可分为面包类、蛋糕类、混酥类(包括小西饼类和派挞类)、清酥类、泡芙类、布丁类、冷冻点心类、巧克力类等。

按西点的用途,可分为主食点心、宴会点心、酒会点心、自助点心和茶点。

按点心温度,可分为常温点心、冷点心、热点心。

按产品的干湿特性,可分为干点、软点和湿点。

按厨房分工,可分为面包类、糕饼类、冷冻点心类、精制小点心类、工艺造型类。

按国家及特点,可分为俄式、德式、法式、英式、美式、日式等。

为便于教学需要,我们采用第一种分类方法。

1. 面包类(Bread)

面包类是以面粉、水、酵母和盐为主料,以糖、鸡蛋、乳制品、油脂等为辅料,经过搅拌、发酵、成形、醒发、烤制而成的产品。成品组织柔软有弹性。面包分类方法有很多,具体详见"面包制作工艺"章节。面包的生产需要一个比较温暖的环境,产品以甜、咸口味为主,作为三餐主副食均可。

2. 蛋糕类(Cake)

以鸡蛋或黄油和糖为主要原料,经过搅打充气后膨胀,经烘烤成形、冷却、装饰而成。制品清香绵软有弹性。蛋糕类又可分以下几种类型:海绵蛋糕、黄油蛋糕、复合型蛋糕、艺术蛋糕等。蛋糕制品大都附以装饰,因此,是一种富含艺术性的西点。

3. 混酥类(Short Pastry,Blending Crisp)

混酥类点心以黄油、面粉、鸡蛋、糖为主料调和成面团或面糊,配以各种辅料,是经过擀制、成形、成熟、装饰制作而成的一类酥松、没有清晰层次的点心。有的称为松酥类产品。主要产品有派(或者是排、攀)类、挞类、干点类等。如苹果派、椰丝挞、奶油曲奇等。

4. 清酥类(Puff Pastry)

清酥又称起酥,经常也称为松饼。以水面和油面互为表里,是经过反复擀叠,并经冷冻、成形和装饰等工艺而制成的产品。这种面团的制品具有体积大、分量轻、层次清晰、入口香酥的特点。在烘烤产品中,这类西点很具特色。主要产品有千层酥、酥盒类、芝士条类、拿破仑类、咖喱酥等。

5. 泡芙类(Puff,Choux Pastry,Eclairs)

泡芙也称气鼓或者哈斗。以鸡蛋、油、糖为主,采用烫制面团,经过挤糊成形,产品可以通过烘烤或者是油炸成熟;成熟后,产品体积膨胀数倍,饼壳松脆,内馅丰富多变。成品经装饰后,精细美观,再配以各色各样的馅料,使产品外脆里糯,绵软香甜。

6. 冷冻点心类(Frozen Dessert)

冷冻点心一般指以糖、牛奶、鸡蛋、水果、明胶为原料,经搅拌冷冻制作而成的一类甜食,适用于午餐、晚餐的餐后甜食或非用餐时闲食。冷冻品类种类繁多,口味独特,主要有果冻、慕斯、冰淇淋等。

7.布丁类(Pudding)

布丁是以淀粉、糖、牛奶、鸡蛋和油脂为主要原料,经过搅拌、水煮、蒸烤等过程制作而成。布丁的制作需要用模具。

8.巧克力类(Chocolate)

指直接使用巧克力或以巧克力为原料,配上奶油、果仁、酒类等调制成的产品。

9.其他类

各种特色产品,如可丽饼、马卡龙等。

▷ **课后思考与练习**

1.西点的概念。

2.西点的发展历史。

3.西点的分类方法和主要类别。

4.西点对我们生活的影响。

5.你所了解的西点有哪些?请上网搜索相关西点知识。

第二章　西点常用原料

> 📖 **知识目标：**
> 　　学习并掌握西点制作所需要的主要原料的特点、工艺性能及其英文名称。
> 📖 **能力目标：**
> 　　了解各种原料对西点制作工艺和品质的影响，能灵活运用各种原料进行西点制作。
> 📖 **预习导航：**
> 　　西点制作所需要的主要原料及其品牌。

第一节　粉类

　　凡是用粮食磨制而成粉末状的物品，都可称为粮制粉。粮制粉是西点的主要材料，因粮食的种类不同可以制成色、香、味、形各异的各种西点产品。常用来制作西点的粮制粉有面粉、米粉、淀粉等。

一、面粉（Wheat Flour）

　　面粉是西点最基本的原料，而且是用量最多的一种原料。以小麦为原料，经磨制而成粉末状的物质就是面粉。面粉的品质直接影响到产品的质量，因此必须对不同品质的面粉有充分的认识。

（一）面粉概述

1. 小麦

　　面粉是由小麦磨制而成的，亦称小麦粉。小麦按播种季节可分为冬小麦和春小麦，按麦粒性质可分为硬质麦和软质麦，按麦粒颜色可分为红麦、黑麦和白麦,按麦粒存放时间可分为新麦和陈麦。

小麦颗粒由麸皮(Bran)、糊粉层(Aleurone)、胚乳(Endosperm)、胚(Germ)四部分构成。麸皮的主要成分是纤维素,食用价值不高;糊粉层位于麸皮的内部,除含有纤维素外,还含有较多的蛋白质和脂肪,另外也含有微量灰分及维生素,营养价值较高;胚乳是小麦的主要部分,其中含有大量的淀粉和少量的蛋白质,还有极少量的脂肪和灰分;胚位于麦粒的最下部,占麦粒的体积比例最小,含有大量的蛋白质和糖,还含有脂肪和一部分纤维素,另外也含有较丰富的维生素 B、维生素 E 和酶。

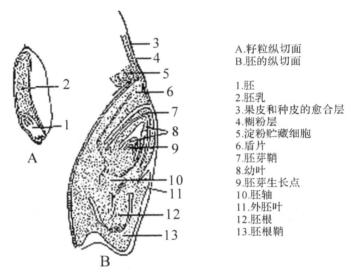

A.籽粒纵切面
B.胚的纵切面

1.胚
2.胚乳
3.果皮和种皮的愈合层
4.糊粉层
5.淀粉贮藏细胞
6.盾片
7.胚芽鞘
8.幼叶
9.胚芽生长点
10.胚轴
11.外胚叶
12.胚根
13.胚根鞘

图 2-1　小麦籽粒结构纵切面

小麦由于品种繁多、栽培各异、产地有别、存放不同等,因而质量也不同。尽管面粉厂在磨制时对小麦进行适当搭配,面粉的质量仍有差异,如面粉的吸水率、粗细度、色泽,面粉的含量和质量等,都直接影响着西点生产的操作效果和成品质量。所以,必须对面粉做进一步的分析。

2. 面粉的种类和用途

面粉的种类一是按面筋含量分为低筋粉、中筋粉和高筋粉。二是根据面粉用途的不同分为专用粉、通用粉、营养强化面粉,其中专用粉是对应以面粉为原料的食品,经过专门调配而适合生产专门食品的面粉,如面包粉、蛋糕粉、饼干粉等。三是预混粉,即按照焙烤产品的配方将面粉、糖、粉末油脂、奶粉、改良剂、乳化剂、盐等预先混合好的面粉,如海绵蛋糕预混粉、曲奇预混粉、松饼预混粉。

(二)面粉中的成分及其性能

面粉是由几种成分组成的结合体,其中主要有糖类、水、蛋白质、脂肪、灰分、维生素和酶。

表 2-1　面粉主要成分的含量

成分	品种	特制粉	标准粉
含量(%)	水分	13～14	12～14
	蛋白质	7.2～10.5	9.9～12.2
	脂肪	0.9～1.3	1.5～1.8
	碳水化合物	75～78.2	73～75.6
	灰分	0.5～0.9	0.8～1.4
含量(毫克/100 克)	钙	19～24	31～38
	磷	86～101	184～268
	铁	2.7～3.7	4.0～4.6
	维生素 B_1	0.06～0.13	0.26～0.46
	维生素 B_2	0.03～0.07	0.06～0.11
	烟酸	1.1～1.5	2.2～2.5

面粉中的主要成分:

1. 蛋白质

(1)面粉中蛋白质概述。面粉中的蛋白质是面粉的重要成分,面粉中蛋白质的含量为 9%～13%,主要分布在麦粒的糊粉层和胚乳外层。它的含量因小麦的产地、品种、加工程度和出粉率的不同而不同。硬质小麦蛋白质含量高于软质小麦,冬小麦高于春小麦,白麦高于红麦,红麦高于黑麦;就加工来说,出粉率高蛋白质含量高,出粉率低蛋白质含量就低。另外,蛋白质的质量也因小麦产地、品种、存放期、加工技术的不同而有差异。

面粉中蛋白质的重要性,不仅表现在营养价值上,更重要的是它能吸水膨胀形成面筋,因此也表现在制作西点的全过程中和达到符合产品质量要求的重要性上。

面粉中的蛋白质种类主要有麦胶蛋白(Gliadin)、麦谷蛋白(Glutenin)、球蛋白(Globulin)和白蛋白(Albumin)以及酸溶蛋白,其中麦胶蛋白和麦谷蛋白组成了面筋蛋白质,占面粉蛋白质的 80%以上。另外三种蛋白含量很少。

(2)面筋。面粉加水,捏成面团,在水中揉洗除去淀粉和麸皮等微粒,得到浅灰色柔软的胶状物,这个胶状物就是面筋。

①面筋的化学成分及其性能,见表 2-2。

表 2-2 面筋的化学成分(%)

成分	蛋白质			脂肪	糖类	
	麦胶蛋白质	麦谷蛋白质	白蛋白和球蛋白		可溶性糖	淀粉
含量	43.02	39.10	4.41	2.80	2.31	6.45

从表 2-2 得知,面筋的主要成分是麦胶蛋白质和麦谷蛋白质,它们很难分离,所以又称面筋蛋白质。

面筋蛋白质在麦粒中的分布是不同的,胚和麸皮虽含有蛋白质,但不含面筋蛋白质,糊粉层的蛋白质也几乎不含面筋蛋白质。面筋蛋白质主要存在于胚乳中,其分布是中心少而外层多,但质地却以胚乳中心的为最佳,愈靠近外层愈差。

组成面筋蛋白质的麦胶蛋白为球状,不溶于水,不溶于无水乙醇及其他中性溶剂,但能溶于 60%~80%的酒精溶液;在 pH 值为 6.4 的溶液内,其溶解度、黏度、渗透压、膨胀性等物理性能指标降低;湿的麦胶蛋白黏性强,流动性和延伸性好,加入少量食盐则黏性增大,但过量反而降低,能水解成多量的谷氨酸,所以面粉是面筋的主要原料。

组成面筋蛋白质的麦谷蛋白为纤维状,不溶于水及其他中性溶液,但能溶于稀酸或稀碱液,在热的稀酒精中可稍溶解,但遇热易变性;在 pH 值为 6~8 的溶液内,其物理性能指标降低;湿的麦谷蛋白凝力强,无黏力,不易流动但具有良好的弹性;其水解产物以乙丙氨酸、精氨酸、酪氨酸较多。

这两种蛋白质虽不溶于水,但有亲水性,吸水力强,吸水后发生膨胀,分子相互连接成网络状,形成面筋,其表现在物理性能上有延伸性、弹性、韧性和可塑性等。麦胶蛋白具有良好的延伸性,但缺乏弹性;而麦谷蛋白则富有弹性,但缺乏延伸性。

蛋白质吸水膨胀称为胀润作用,蛋白质脱水称为离浆作用。这两种作用对面团调制、面条干燥及面粉在改良剂作用下发生的物理化学变化均有重要意义。

当蛋白质与水作用时,水分子首先与蛋白质外围的亲水性基团作用形成水化物。这种水化作用先在表面进行而后逐渐向内部展开。在表面进行阶段,水分子附着在面团表面,吸水量较少,体积增加不大,呈放热反应。当水分子逐渐扩散到蛋白质内部时,蛋白质胶粒内部的低分子可溶物溶解后,使浓度增加,形成一定的渗透压,加速并增大了蛋白质吸水量,使面团体积增大,黏度提高。

蛋白质吸水量与蛋白质相对分子质量成正比,相对分子质量越大,吸水能力越强。此外,还与温度有关系,麦胶蛋白质在30℃时胀润能力最大,温度偏高或偏低都会使胀润值下降。这对面团搅拌工艺具有重要意义。

在加热、高压、搅拌、强酸、强碱、乙醇等物理、化学因素的作用下,蛋白质特有的空间结构被破坏,而导致其物理、化学性质的变化,这种变化称为蛋白质的变性作用。蛋白质的变性作用不包括蛋白质的分解,仅涉及蛋白质空间结构的破坏,肽链发生重排。

蛋白质的热变性对面包烘焙有重要影响。水是蛋白质胶体的重要成分,它可以填充链间的空隙使蛋白质稳定。加热使天然蛋白质分子中的水分失去而变性;同时,加热使分子碰撞机会增加,破坏分子的排列方式导致其变性。

蛋白质变性的程度取决于加热温度、加热时间和蛋白质的含水量,温度越高,变性越快越强烈。

面粉蛋白质变性后,失去吸水能力,膨胀力减退,溶解度变小;面团的弹性和延伸性消失,面团的工艺性能受到严重影响。

延伸性是指面筋拉长到某种程度而不至于断裂的特性。

弹性是指面筋拉长或压缩后,立即恢复其固有状态的性能。

韧性是指面筋拉长时所表现的抵抗力。

可塑性是指当面筋形成一定形状或经压缩后不能恢复其固有状态的性质。

面筋质量的优劣主要是根据其弹性和延伸性而定。优等面筋,弹性强,延伸性强或中等;中等面筋,弹性强,延伸性差或弹性居中而延伸性不限;劣等面筋,弹性弱,延伸时断裂,淋洗时不黏而分散。

当面粉的优等面筋含量较多时,面粉的筋力较大,这种面粉通常称为强力粉;当面粉的中等面筋含量较多时,这种面粉通常称为中力粉;当面粉的劣等面筋含量较多时,这种面粉通常称为弱力粉。

②影响面筋生成率的因素。

不同的西点制品,对面粉面筋含量的多少,对其质量的要求各不相同。实践证明,一般影响面筋生成率的因素有以下几点:

一是用水量的影响。用水量是面粉面筋生成高低的关键。在一定条件下,用水量多生成面筋率不仅高而且其质量好,同时与一次或多次加水也有关系。多次加水,尽管面粉中淀粉比蛋白质高7倍,但淀粉永远不如蛋白质的亲水力强,吸水快而多,相对蛋白质有较充分的机会吸水胀润形成面筋。

二是温度的影响。在一定温度范围内,温度偏高,有利于面粉面筋生成率的提高。据实验,在30℃时,面筋蛋白质的吸水率可达150%~200%。所以温度控制在30℃时,不仅有利于面筋生成率的提高,而且筋力大、质量好。温度在70℃以上时,由于蛋白质的热变性,面筋会失去筋力。

三是静置时间的影响。质地正常的面粉,其面筋的生成率随着面团静置时间的增长而有所提高;受过冻伤的小麦所制的面粉,由于蛋白质发生不同程度的变性,吸收胀润迟缓,其面筋的生成率也随着面团静置时间的增长而不断提高;受过虫害的小麦所制的面粉,由于蛋白质分解酶活性很强,不断分解蛋白质,其面筋的生成率却随着面团静置时间的增长而越来越低。见表2-3。

表 2-3　面团静置时间对面筋生成率的影响

不同品种的小麦籽粒	面团静置时间		
	0	20 分钟	120 分钟
	湿面含筋量(%)		
正常的	37.5	37.5	38.5
冻伤的	5.1	11	12.5
受虫害的	25.2	13	0

四是糖的影响。西点常用的糖有白砂糖、蜂蜜、淀粉糖浆等,都有易溶性和渗透性,是吸水剂,特别当含糖量达到一定浓度时具有较高的渗透压,不仅

能吸收面团中的游离水,而且能在蛋白质与其他物质分子之间占据一定的空间位置,把蛋白质、淀粉吸收的水分排出去,这就会降低蛋白质的吸水,影响面筋的生成率。见表2-4。

表 2-4　砂糖增加对吸水率和面筋生成率的影响(%)

面团加糖量	相对吸水量	湿面筋生成率
0	100	22.6
24	75	7.5
35.2	64.5	—

五是油脂的影响。油脂不溶于水,比水轻,具有疏水性。油脂加入面粉后,易在面粉颗粒的表面生成一层油膜,阻碍水分子向蛋白质胶粒内部渗透,致使面筋蛋白质互相不黏结,因而直接影响着面筋的生成率。液态油脂较固态油脂影响更大些。所以一般含油脂高的西点制品比较酥松,相应在制作时用水就得减少。

六是搅拌时间的影响。调制不同性质的面团,一般有不同的搅拌时间。在一定的搅拌时间范围内,搅拌时间偏长,会增多蛋白质接触的机会,则有利于面筋生成率的提高。但是搅拌时间过长,会把面筋打断。

七是搅拌桨样式的影响。调粉机搅拌桨的样式有很多种,有的在搅拌中有利于提高生成率,有的则相反。常用搅拌桨样式见图2-2。其中样式A有利于面筋的生成,多用于调制面包面团;B较有利于面筋的生成,多用于调制筋性面团和韧性面团;C不利于面团面筋的生成,多用于调制蛋糕面糊等。

（A）勾状搅拌器　　　　　（B）桨状搅拌器　　　　　（C）网状搅拌器

图 2-2　常用搅拌桨样式

八是化学试剂的影响。化学试剂很多,常用的有氯化钠、硫酸铝钾、乳化剂和酶制剂等。它们不仅能提高面筋的生成率,而且还能显著地提高面筋的质量。适量的氯化钠,因其渗透压在面团中能使蛋白质分子间距缩小、密度增大,加之又能使麦胶蛋白质黏性增强,因而有利于增加面筋的筋性。硫酸铝钾在面团中能与加入的碱等生成氢氧化铝胶性物,有利于提高面筋的生成率和质量。

2. 碳水化合物

碳水化合物在面粉中的含量最多,占 70%～80%,主要是淀粉,其次是少量糊精、可溶性糖和纤维素。

(1)淀粉。麦粒中的淀粉几乎全在胚乳细胞里面,精加工磨制后呈粉状。它在面粉中的含量随出粉率的不同而各异。通常呈白色圆形或椭圆形的细小颗粒,是碳水化合物的主要成分,占碳水化合物总量的 99% 以上。

淀粉是由众多的葡萄糖分子组成的,分为直链淀粉和支链淀粉。在小麦淀粉中直链淀粉占 24%,支链淀粉占 76%。直链淀粉易溶于热水中,形成黏性较小的溶液;支链淀粉在加热加压的条件下才易溶于水中,形成黏性很大的溶液。凡含支链淀粉多的小麦,其面粉的黏性也很大。淀粉是众多葡萄基组成的胶束聚合体,其结构是以一点为中心,呈放射状扩展排列。它的聚合体分子间的吸引力很强,水分子很难进入胶囊聚合体中,故淀粉不溶于冷水,但淀粉加热后粉粒会吸水膨胀,再继续加热则颗粒破裂发生糊化现象。小麦淀粉糊化温度为 65℃～68℃,淀粉糊化程度与西点的出品率和人体消化吸收率有密切关系。

(2)糊精。面粉中含有少量的糊精,这种碳水化合物的大小介于淀粉和蔗糖之间,糊精在面粉中的含量在 0.1%～0.2% 之间,同时淀粉酶还会分解淀粉产生糊精。

(3)可溶性糖。面粉中的可溶性糖主要包括葡萄糖、麦芽糖和蔗糖,在常温下溶于水。

(4)纤维素和半纤维素。纤维素和半纤维素是构成麸皮的成分,是确定面粉等级的指标之一。纤维素和半纤维素被人们食用后仅有部分被肠道细菌酶分解成脂肪酸、水、二氧化碳等,并能供给少量能量,还可促进肠胃蠕动,具有辅助消化及预防肠癌作用。

(5)面粉中碳水化合物在西点中的作用。

①同蛋白质形成面团。淀粉是面粉的主要成分,西点制作中,由于水的加入,可使蛋白质和淀粉吸水,显示出胶体性质,在搅拌桨或机械搅动下面粉才能逐渐形成面团,成为西点的半成品。

②提供酵母的养分。面粉中的可溶性糖尽管很少,但可以被发酵制品中的酵母直接利用。因此大量淀粉在酶的作用下,被水解为麦芽糖及单糖,供酵母繁殖、发酵,产生二氧化碳气体,使制品膨松。

③着色作用。西点在制作过程中,面粉的可溶性糖和淀粉的水解产物糊精等,在烘烤中"焦化",使制品具有平滑光洁的表面和棕黄、棕红色泽,所以有着色作用。

3. 脂肪

面粉中脂肪的含量为 $1.3\%\sim1.5\%$,主要分布在外层,故一般情况下,出粉率高则脂肪的含量也较多。

面粉中的脂肪在一定的温度、湿度条件下,易被氧化,经微生物作用,再水解成甘油和游离脂肪酸;游离脂肪酸继续被分解成醛酸和酮类,使面粉酸度增高,造成酸败。酸度过高的面粉不仅味道变差,而且会直接影响西点的质量。因此,在生产中常测定面粉的酸度,以判断面粉的新鲜程度。油脂酸败的面粉的延伸性差,制成的面包面团容易脆裂,不易操作,由于面团的保气性差,面包的体积会变小,风味和可食性也会降低。

4. 矿物质

矿物质在面粉中的含量很少,一般为 $0.8\%\sim1.4\%$。面粉中的矿物质的组成主要取决于小麦生长的土壤、雨量和气候等因素。面粉中的矿物质主要分布在麦粒的皮部和糊粉层中。其主要化学成分是钾、钙、磷、镁、硫、铁等,还有少量的钠和氯。

面粉中的矿物质含量是面粉品质的一个指标,矿物质含量越高,表示面粉中麸皮量越多,品质越差。但是矿物质含量的高低与烘焙品质没有绝对的关系。

5. 维生素

面粉中维生素的种类较为丰富,就加工面粉的小麦来讲,含有脂溶性的维生素 A 和 E,以及水溶性 B 族维生素。B 族维生素主要有 B_1、B_2、B_5,小麦中含有脂溶性的维生素,尤以维生素 E 的含量较多;小麦糊粉层和胚中还大量存在着维生素 B_1,因为各种维生素主要分布于麦胚和糊粉层中,所以出粉率较高的粉的维生素含量要高于出粉率低的粉。由于在磨粉和西点制作过程中会损失较多的维生素,所以有时候需要在面粉中添加适量的维生素。

6. 水分

面粉厂一般都将面粉的水分控制在规定的范围内,水分低影响面粉的出粉率,水分高不利于面粉的储藏,易使面粉产生霉变、发热、结块等。为了避免这些不良现象的产生,面粉一般应储存于相对湿度为 60%～80%,温度为 10℃左右的地方。

(三)面粉中的酶

面粉中含有一定的酶,主要有脂肪酶、蛋白酶、淀粉酶。这些酶的存在不论对面粉的贮存,还是对西点产品的生产都有或好或差的作用。

1. 脂肪酶

脂肪酶可将面粉中的脂肪分解成甘油和脂肪酸,脂肪酸不仅使面粉酸度增加,而且会分解成醛、酮,使面粉中的脂肪酸败,产生挥发性的哈喇气味及苦味。

2. 蛋白酶

面粉中的蛋白酶在一般条件下是没有活性的,遇到激活剂则恢复其活性,会分解蛋白质,直接影响面粉的质量,这是不利的方面;但在生产过程中,可将蛋白质分解成氨基酸,这对提高西点制品的色、香、味却有好处。

3. 淀粉酶

在淀粉酶中有 α-淀粉酶和 β-淀粉酶。α-淀粉酶多存在于小麦的胚乳中,β-淀粉酶存在于麸皮中。因此,标准粉的 β-淀粉酶多于特制粉。通常情况下小麦中只有 β-淀粉酶,只有当小麦发芽时才含有 α-淀粉酶。

β-淀粉酶比较耐酸,能使淀粉水解成麦芽糖,α-淀粉酶比较耐热,能使淀粉形成糊精。淀粉酶在面团发酵时,可将淀粉分解成糊精和麦芽糖,一方面提供酵母养分,促进发酵,另一方面使制品烘烤后外观美,风味好。

(四)面粉的漂白、成熟与储存

刚加工出来的面粉,颜色灰暗,缺乏弹性和韧性,如果用这种面粉来调制面团,面团发黏,不利于操作,同时成品的内部组织粗糙,这样的面粉称为"未成熟"面粉。其原因是面粉中半胱氨酸和胱氨酸中含有未被氧化的硫氢基,是蛋白酶的激活剂,蛋白酶激活后将面粉中的蛋白质分解。因此新面粉需要经过一段时间的储存,与空气中的氧接触,使其自然氧化,小麦中植物色素被氧化而粉质变白,这种现象称为面粉的成熟。

将面粉存储几个星期到几个月,利用空气中的氧气来进行氧化,可以使面粉成熟,但这样的成熟方法比较慢,不均匀,占用很大的空间,同时还有虫蛀的风险。目前基本采用添加氧化剂的方法来帮助面粉漂白和成熟。

水分是面粉储存过程中最大的一个影响因素,因此面粉在储存中要注意控制相对湿度在 $60\%\sim70\%$,温度在 $10℃$ 左右。如果湿度过高,面粉吸潮后容易被霉菌污染,造成面粉霉变。霉变的面粉蛋白质含量降低,面筋的性质改变,酸度增加,从而影响产品的品质和营养。面粉还具有吸异味性,因此不宜与刺激性气味的物品堆放在一起。面粉应存放在干燥通风清洁的地方,底层应凌空垫上木架,要注意不要靠墙堆放。面粉袋不要堆叠过多,应定期将面粉袋翻面,否则容易造成面粉结块。

二、淀粉（Starch）

淀粉是生产西点的原料之一。淀粉一般是把含淀粉量高的种子或块根经浸泡、粉碎、过筛、分离、洗涤、晾干和成品整理等工艺而制得的。它随植物种类的不同而异,一般有小麦淀粉、大米淀粉、玉米淀粉、高粱淀粉、豆类淀粉、马铃薯淀粉、甘薯淀粉等。

（一）淀粉的形状及大小

淀粉呈白色粉末状,但在显微镜下观察,却是形态和大小都不相同的透明小颗粒。颗粒的形状大致可分为圆形、椭圆形和多角形三种。

（二）淀粉的组成及性质

淀粉是由许多葡萄糖聚合而成的颗粒状物质。其外层为支链淀粉,占 $80\%\sim90\%$;内层为直链淀粉,占 $10\%\sim20\%$。

1. 直链淀粉

直链淀粉遇碘呈蓝色,不溶于冷水,易溶于热水,又称可溶性淀粉,当溶于热水后能形成黏度较低的溶液,经熬制不易成糊,冷却后易成凝胶体。含直链淀粉多的淀粉,在西点生产中若选作面团改良剂,有利于增强面团的可塑性。

2. 支链淀粉

支链淀粉遇碘呈紫色,在加热加压下形成黏性很大的溶液,冷却后不易成凝胶体;支链淀粉经弱酸、低温处理后可变性,以适应特定的工艺质量要求;含支链淀粉多的淀粉,在西点生产中若选作面团改良剂,则有利于增强面团的韧性。

淀粉中支链淀粉和直链淀粉的含量因品种不同而不等,见表 2-5。

表 2-5　不同种类中支链淀粉和直链淀粉的含量(%)

淀粉种类	直链淀粉	支链淀粉	淀粉种类	直链淀粉	支链淀粉
粳米	17	83	马铃薯	20	80
小麦	25	75	甘薯	18	82
玉米	26	74	黏高粱	1 以下	99
高粱	27	73	黏玉米	0	100
大麦	22	78	黏大麦	0	100
豆	63	37	糯米	0	100

(三)淀粉的糊化及填充作用

1. 淀粉的糊化

淀粉乳加热到一定温度时,淀粉粒因吸水膨胀,膨胀达到一定程度突然破裂,形成均匀糊状黏稠的胶体溶液,这一现象称淀粉的糊化。淀粉突然破裂的温度称"糊化温度"。糊化过程和结果:

淀粉→糊精→麦芽糖→α-葡萄糖

通常用糊化开始温度和糊化终了温度来表示糊化温度。表 2-6 为几种常用淀粉的糊化温度。

表 2-6　几种常用淀粉的糊化温度(℃)

淀粉名称	开始膨胀温度	糊化开始温度	糊化终了温度
小麦	50	65	67.5
大米	53.7	58.7	61.2
玉米	50	55	62.5
马铃薯	46.2	58.7	62.5

不同淀粉颗粒的糊化温度是生产西点产品中值得注意的一个重要问题。在调制各种面团时,加水量与水的温度同西点生产过程和产品质量都有密切关系,调制温度过高,会使淀粉过早糊化。这样,不仅易使面团发黏,影响连续制作,而且会影响成品的酥松度,特别会使韧性制品发艮,酥性制品酥脆的程度降低。

2. 淀粉的填充作用

在西点生产过程中,往往因面粉的面筋含量高、质量好,致使生产酥类制品时不仅不好操作,且导致制品收缩变形,酥松程度降低。因此,在配方或调制面团时常适量加入淀粉,故叫淀粉的填充。

淀粉的填充对酥类制品的质量有重要作用。这种作用实际上是一个问题的两个方面:一方面是指对面筋的稀释作用,即加大了面粉中非蛋白质成分比例,相应地降低了面筋的含量,面筋含量一低,其他条件不变,成品的酥、松、脆程度也就提高了;另一方面是指对面筋胀润度的调节作用。所谓胀润度,是指对面筋蛋白质吸水膨胀的程度,即在一定条件及范围内,面筋蛋白质吸水量越多,胀润的程度就越大,就越有利于面筋的形成,但在生产酥类制品,特别是调制酥类面团和韧性面团时,面团的温度多在 30℃ 左右,这虽是面筋蛋白质吸水胀润形成面筋的最适合温度,但远不是淀粉大量吸水达到糊化的最适温度。因此,加入淀粉,增大了面筋蛋白质分子之间的间隔,又阻碍了面筋蛋白质分子的吸水胀润,结合力下降,自然有利于成品酥、松、脆程度的提高。所以,在实践中,常按面团性质的要求,采取多加或少加淀粉的办法,用来控制面筋生成的多少,使淀粉起到调节和填充作用。

(四)淀粉老化

将淀粉溶液或凝胶放置一段时间后,会产生不透明,混浊,最后沉淀的现象,称为淀粉的老化。

"老化"是"糊化"的逆过程,淀粉老化的过程是不可逆的,老化后的淀粉,对酶的抵抗力强,不仅口感变差,消化吸收率也随之降低。

淀粉的老化首先与淀粉的组成密切相关,含直链淀粉多的淀粉易老化,不易糊化;含支链淀粉多的淀粉易糊化不易老化。玉米淀粉、小麦淀粉易老化,糯米淀粉老化速度缓慢。

食物中淀粉含水量在 30％～60％ 时易老化,小于 10％ 时不易老化。面包含水 30%～40%,馒头含水 44%,米饭含水 60%～70%,它们的含水量都在淀粉易发生老化反应的范围内,冷却后容易发生返生现象。食物的贮存温度也与淀粉老化的速度有关,一般淀粉变性老化最适宜的温度是 2℃～10℃,贮存温度高于 60℃或低于-20℃时都不会发生淀粉的老化现象。

直链淀粉的老化速率比支链淀粉快得多,直链淀粉愈多,老化愈快。支链淀粉几乎不发生老化。

防止和延缓淀粉老化的措施:

(1)温度:老化的最适宜温度为 2℃～4℃,高于 60℃或低于-20℃都不发生老化。

(2)水分:食品含水量在 30%～60%之间,淀粉易发生老化现象,含水量在 10%以下或 60%以上的食品,则不易发生老化现象。

(3)酸碱性:在碱性或 pH4 以下的酸性环境中,淀粉不易老化。

(4)表面活性物质:在食品中加入脂肪甘油酯、糖脂、磷脂、大豆蛋白或聚氧化乙烯等表面活性物质,均有延缓淀粉老化的效果,这是由于它们可以降低液面的表面能力,产生乳化现象,使淀粉胶束之间形成一层薄膜,防止形成以水分子为介质的氢的结合,从而延缓老化时间。

(5)膨化处理:影响谷物或淀粉制品经高温、高压的膨化处理后,可以加深淀粉的 α 化程度。实践证明,膨化食品放置很长时间后,也不会发生老化现象,其原因可能是:

①膨化后食品的含水量在 10%以下。

②在膨化过程中,高压瞬间变成常压时,呈过热状态的水分子在瞬间汽化而产生强烈爆炸,分子约膨胀 2000 倍,巨大的膨胀压力破坏了淀粉链的结构,长链切短,改变了淀粉链结构,破坏了某些胶束的重新聚合力,保持了淀粉的稳定性。

由于膨化技术具有使淀粉彻底 α 化的特点,有利于酶的水解,不仅易于被人体消化吸收,也有助于微生物对淀粉的利用和发酵,膨化技术在焙烤食品和发酵工业方面都有重要意义。

(五)淀粉的应用

淀粉在西点中主要用于制作布丁、馅饼等甜品,增加甜品的黏稠度,也用于蛋糕的制作中,调节面粉的筋性。在西点中常用的淀粉主要有:

1. 玉米淀粉(Cornstarch)

玉米淀粉经常用来增加产品的黏稠度,其产品在冷却后有凝胶的感觉,因此玉米淀粉常用于奶油派和其他产品的定型。

2. 黏玉米(Waxy Maize)

黏玉米在加热时变得清澈透明,可以使产品外观靓丽美观。在冷冻后不会断裂,可以用于冷冻品中。

三、其他粉类

(一)米粉与大米(Rice Flour)

米粉是由大米碾制而成的。要掌握米粉的性能,必须了解以下大米的知识。

1. 大米的构造及成分

大米是由糙米碾白而得的,糙米因受碾白的程度不同而使大米的构造及成分有所变化。关于大米的构造及成分一般用米粒来表示。

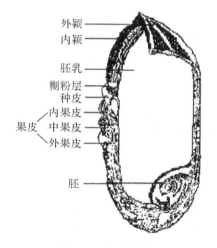

图 2-3　米粒的构造

米粒主要由果皮、糊粉层、胚乳和胚四部分构成。米粒的最外层为皮,主要由纤维素和半纤维素组成,含有大量的维生素和矿物质;在皮的里面一层由近似方形薄壁细胞构成的为糊粉层,其细胞中含蛋白质、脂肪和维生素 B_1;紧接糊粉层,占米粒绝大部分的是胚乳,胚乳含有大量的糖类和较多的蛋白质(其质量远不如小麦),含少量的脂肪、无机盐和维生素;米粒的一端是胚,胚很小,含一定量的蛋白质、维生素 B、维生素 E、脂肪、可溶性糖和多量的酶。米粒的主要成分含量见表 2-7。

表 2-7　大米的成分含量

成分　品种	糯米	粳米	籼米
水分(g)	16.6	14.0	13.0
蛋白质(g)	6.7	6.8	7.8
脂肪(g)	1.4	1.3	1.3
糖类(g)	76.3	76.8	76.6
粗纤维(g)	0.2	0.3	0.4
灰分(g)	0.8	0.8	0.9
钙(mg)	19	8	9
磷(mg)	155	164	203
铁(mg)	6.7	2.3	2.4
维生素 B_1(mg)	0.19	0.22	0.19
维生素 B_2(mg)	0.03	0.06	0.06
烟酸(mg)	2.0	1.5	1.6

2. 大米的类别及性质

大米按其粒质及粒形的不同,可分为籼米、粳米、糯米三类。糯米有粳糯(大糯)和籼糯(小糯)之分。具体的粒形区别和性质,见表 2-8。

表 2-8　大米的粒形区别和性质

区别项目	籼米	粳米	糯米	
			籼米	粳米
粒形	细长	短圆	细长	短圆
腹白	大	小	没有	没有

区别项目	籼米	粳米	糯米	
			籼米	粳米
透明度	半透明	透明或半透明	一般不透明	一般不透明
胀性	大	中	小	很小
黏性	小	中	大	很大
硬度	中	大	小	小
色泽	灰白无关	蜡白有光泽	乳白	乳白
沟纹	稍明显	明显	不明显	不明显

3. 大米的食味及陈化

大米主要供食用,其食味应是评判大米质地的一个重要方面。一般来说,食味好的大米,在食用时不仅黏性大,气味、滋味也佳,且透明光亮。

大米的食味好坏,除了与它的品种有关外,还与大米的成熟度、干燥程度、变质程度有关。根据资料显示,在大米中加入 0.03% 的食盐或者用 pH 值为 7～8 的水做的饭食味好;但随着 pH 值的下降,食味也下降。

大米随着储藏时间的延长,它的物理和化学特性发生一系列变化,一般把这种变化叫大米的陈化。陈化的大米含水量降低,千粒重减轻,米质变得硬而脆,吸水膨胀率增大,出饭率增多;另外,色泽发黄,产生米臭,黏性变小。造成黏性变小的原因固然很多,但主要是淀粉酶活性降低,尤其是 α-淀粉酶失去活性,液化能力减低,糊精减少,黏性变小。此外,蛋白质一类的高分子胶体成分,由于胶体粒子之间的相互引力关系,会由溶胶变成凝胶,因而米质变硬,蒸煮时黏性变小。再根据研究报道,新米黏性大于陈米,是因为新米细胞壁脆性大,在蒸煮时易于破裂,而陈米则比较强固,在蒸煮时不易破裂,结果降低了黏性。

大米的陈化,糯米最快,粳米次之,籼米较慢。为了有效地延缓大米的陈化,一般常将大米储于低温、干燥的条件下。

4. 米粉的磨制和使用

米粉分生粉和熟粉两类,生粉又有干粉和湿粉之别。

(1)干磨。干燥的大米磨成粉称为干磨,其特点是易于保存,使用方便。

炒熟的大米也可进行干磨,称为炒米粉或熟米粉,质地干燥香松,用途较广。

(2)湿磨。先将大米用冷水浸泡,捞出晾干磨成粉称为湿磨。大米浸泡的时间长短,要根据米的品种及气候情况而定,夏天一般浸泡 2~3 小时,冬天一般浸泡 1 天左右,泡米粒至松胖即可。湿磨而成的粉称为湿粉,质地细软、滑腻。

(3)水磨。将大米用冷水浸泡,连水带米一起磨成粉浆,然后装入布袋将水挤出称为水磨。大米的浸泡时间比湿磨稍长些,泡制用手能捻碎即可。水磨粉称为水粉,比湿磨更细腻。

5.米粉的使用

米粉含淀粉较多,不含面筋蛋白质,缺乏韧性和延伸性,粉团中的气体易消散,所以一般不用于发酵制品中。米粉可以用于调节面筋的胀润度,稀释面筋,同时米粉的口味黏软,掺入面粉中,也可以让产品质地更佳,口味独特。例如用糯米粉制作的糯米蛋糕等。

(二)全麦面粉(Whole Wheat Flour)

全麦面粉是将整棵麦粒碾磨而成的,包括麦麸、胚芽和胚乳。全麦面粉用于制作面包。100%全麦面粉制作的面包比较硬,通常都会加入白面粉来进行制作。全麦面粉较易酸败,不宜长期保存。

(三)粗粮粉

其他谷物碾磨而成的,主要有荞麦粉、大豆粉、土豆粉、燕麦粉、大麦粉等,也可以添加到一些产品当中,因为上述粗粮粉不含面筋,一般都与面粉混合使用。

第二节 糖

糖(Sugar)是制作西点的主要材料之一,也是甜味的主要来源。它对西点的操作工艺、成品质量都起着十分重要的作用。西点常用的糖有食糖、糖浆、蜂糖等。

一、食糖

(一)食糖概述

食糖主要来源于甘蔗和甜菜。食糖,由于分类的标准和分类的目的不同,故有各种名称,若按制糖的不同原料分,可分为甘蔗糖和甜菜糖;按制糖的不同设备分,可分为机制糖和土糖;按食糖的不同颜色分,可分为白糖和红糖;按加工的不同程度分,可分为粗制糖和精制糖。商业上一般按食糖的色泽形态,把它分为白砂糖、糖粉、绵白糖、赤砂糖、红糖、冰糖、方糖等。

(二)食糖的成分及其性能

食糖又叫蔗糖,为什么叫蔗糖呢?因为这种甜的物质,最先是从甘蔗的甜汁水中发现的,以后在甜菜、芦粟和很多植物内也发现了这种甜的物质,在化学和物理性质方面它同甘蔗中的完全一样,所以又叫蔗糖。食糖是由蔗糖、还原糖、灰分和水分等物质组合而成的,其中以蔗糖为主,因而含蔗糖愈多的食糖它的质地就愈好。

1. 蔗糖

(1)蔗糖的物理性能。

①晶体结构。蔗糖看起来似乎是一种方形的白色颗粒,事实上它属单斜晶系,有 12 个面体,面与面夹角为 $103°30'$,是无色透明不含水的结晶体。如果将已破损的蔗糖晶粒放在过饱和的糖液内,它可吸收糖分恢复其晶体的完整性,冰糖就是利用这个原理制成的。

②溶解度。即在一定温度和压力下,定量的水中能溶解蔗糖的最大量。蔗糖的溶解度与温度有关,温度越高,溶解度越大;溶解的速度与晶粒大小、有无搅拌及搅拌的快慢有关。

③甜度。甜味的大小为甜度。甜度到目前为止还只能靠人的舌感来比较。一般人以蔗糖的甜度为 100 来比较各种甜物的甜度。比较甜度时口感甜味的大小同温度有关,与一定范围的含甜物浓度有关,与是否加有少量食盐有关,与品甜时舌的部位有关,特别与含甜物的种类有关。表 2-9 为各种糖的甜度。

表 2-9　各种糖的甜度比较

名称	果糖	转化糖	蔗糖	葡萄糖	玉米糖浆	麦芽糖	乳糖
相对甜度	173	120	100	74	30	32	16

④比重。同体积物质和同体积水之间重量的比为比重,结晶蔗糖的比重为 1.558,蔗糖溶液的浓度与其比重成正比,浓度增大时比重也增大,所以也可以用比重计来测定浓度,此浓度即重量百分浓度。比重计种类较多,一般可使用糖锤度计、比重计或波美计。糖锤度、比重和波美度可查表互相换算,不过都以 20℃ 为标准温度,同实际温度有偏差,可另查表矫正。

西点的一些品种,往往因工艺和质量的需求,在配料中只能加入糖液,这就要求用比重计事先准确地测出糖液的含蔗糖量,以供计算糖液的使用量和所需的加水量。这样,才能确保成品质量。

(2)蔗糖的化学性能。

蔗糖由碳、氢、氧三元素组成,属双糖,分子式为 $C_{12}H_{22}O_{11}$。

①热的作用。蔗糖晶体加热至 160℃ 时熔化成无定形固状物,超熔点 186℃,色变深而趋于焦化。若超 200℃,会发生焦糖化反应,分解出二氧化碳、一氧化碳、蚁酸、丙酮和碳。它的水溶液经久沸会转化为等量的葡萄糖和果糖。

一般在西点制作过程中很少有纯净的蔗糖,多水蔗糖溶液在 100℃ 以上就开始了焦糖化反应。焦糖化反应可以帮助制品表面呈现金黄色和黄褐色。微量焦糖的产生是西点产品特殊香味的来源,但如果由于烘烤过度,有多量的糖焦化,则无论对色泽还是香味都会造成不良的影响,给产品带来焦苦味。

②酸的作用。蔗糖液稍含酸被转化为等量的葡萄糖和果糖叫转化糖。

$$C_{12}H_{22}O_{11} + H_2O \xrightarrow{酸剂} C_6H_{12}O_6 + C_6H_{12}O_6$$

蔗糖加酸转化时,转化率的高低同转化的酸类,酸的浓度、温度有关。一般食品用转化糖多以柠檬酸或盐酸做转化剂。

③酵母的作用。蔗糖遇酵母分泌蔗糖酶,被分解成葡萄糖和果糖,然后发酵生成各种产物,从而使发酵制品的体大膨松、口味好。其反应过程如下:

$$C_{12}H_{22}O_{11} + H_2O \longrightarrow C_6H_{12}O_6 + C_6H_{12}O_6$$

蔗糖　　　　　水　　　葡萄糖　　果糖

$$C_6H_{12}O_6 + 6O_2 \longrightarrow 6CO_2 + 6H_2O + Q(674 千卡)$$

单糖　　　　　氧　　二氧化碳　水　　放出热量

$$C_6H_{12}O_6 \longrightarrow 2CO_2 + 2C_2H_5OH + Q(24 \text{千卡})$$

单糖　　　　二氧化碳　酒精　　　放出热量

2. 还原糖

食糖中的还原糖就是葡萄糖和果糖。葡萄糖在葡萄中约含 13%，所以叫葡萄糖；果糖在果子中含量较多，所以叫果糖。它们在白糖、土红糖中含量较多，有的高达 3% 左右，其性能主要有以下几点：

（1）结晶状态。葡萄糖是圆柱状，果糖是针状或透明的三棱形。

（2）熔点。葡萄糖的熔点是 $146℃ \sim 147℃$，果糖是 $95℃ \sim 100℃$，对两种糖加热，超熔点后颜色渐渐变深，达 $160℃$ 时焦化成碳。

（3）吸湿性。葡萄糖和果糖都有吸湿性，果糖较葡萄糖有更强的吸湿性。

（4）与碱的作用。还原糖在 $55℃$ 以下和在中性或弱碱性时，可分解成无色的乳酸和糖酸。若在 $55℃$ 以上和在强碱性环境时，能迅速遭破坏而生成多种有机酸和腐土质。其反应为：

$$2C_6H_{12}O_6 \longrightarrow HCOOH + CH_3COOH + C_{12}H_8O_4$$

甲酸　　　　乙酸　　　　腐土质（黑色）

腐土质呈黑色，在西点制品中若多加了碱性发酵粉，或在转化糖浆较热时多加了碱液，都会有腐土质产生，就会直接影响西点产品或转化糖的色香味。

（5）与氨基酸的作用。还原糖与氨基酸在加热时，会形成"类黑色素"，引起制品的褐变，即美拉德反应。

美拉德反应的产物是棕色的，也被称为褐变反应。反应物中羰基化合物包括醛、酮、还原糖，氨基化合物包括氨基酸、蛋白质、胺、肽。该反应的结果能使食品颜色加深并赋予食品一定的风味。比如面包外皮的金黄色、红烧肉的褐色及浓郁的香味，很大程度上都是由于美拉德反应。

美拉德反应对食品的影响主要有：①香气和色泽的产生。美拉德反应能产生人们所需要或不需要的香气和色泽。例如亮氨酸与葡萄糖在高温下反应，能够产生令人愉悦的面包香。而在板栗、鱿鱼等食品生产储藏过程中和制糖生产中，就需要抑制美拉德反应以减少褐变的发生。②营养价值的降低。美拉德反应发生后，氨基酸与糖结合造成了营养成分的损失，蛋白质与糖结合，结合产物不易被酶利用，营养成分不被消化。③抗氧化性的产生，美拉德反应中产生的褐变色素对油脂类自动氧化表现出抗氧化性，这主要是由于褐变反应中生成醛、酮等还原性中间产物。④有毒物质的产生。

3. 灰分

灰分是指食糖中的矿物质,一般含钙、镁、钾、钠等。灰分高,不仅使食糖的纯净度降低,而且会使食糖的吸湿性增强。

4. 水分

食糖受潮、溶化、结块等现象,都是所含水分的水解作用引起的,所以食糖含水分越低,其质地越好。

(三)西点常用的食糖

西点产品常用的食糖主要有白砂糖、绵白糖、红糖、糖粉、黄糖等。

1. 白砂糖(Granulated Sugar)

白砂糖是最优的食糖。它之所以优,主要是因为生产中经过漂白、脱色。它的色泽洁白明亮,晶粒整齐,均匀坚实,水分、杂质和还原糖的含量均较低。它按晶粒的大小有粗砂、中砂、细砂之分,按精制程度有优级、一级、二级之别。

越是洁白颗粒大的砂糖,它的熔点就越接近纯蔗糖的熔点,也较能经得起高温和火力;而含杂质多的就差了,当加热还未到达要求的浓度就会焦化。一般用白砂糖制的西点产品,尽管经烘烤或油炸其颜色仍然较浅。

白砂糖是西点生产中使用量最大、最广泛的一种食糖。它因晶粒大常被撒在一些制品的表面,显得莹光闪闪,能显著提高制品的商品价值;但也正因晶粒大,往往会造成制品表面出现麻点或焦点,影响产品的外观。所以,一般含水分少,需经烘烤的西点产品都不用砂糖,而用绵白糖或糖粉。

2. 绵白糖(Soft Sugar)

绵白糖有三种:第一种是甜菜糖,在煮糖结晶中,采取煮糖的过饱和程度高,晶核多而细,加之养晶时间短,最后加入2%转化糖浆即成;第二种是将白砂糖加适量水熬至110℃左右,然后倒出,在快速搅拌下让其冷却返砂,再加入2%转化糖浆而得;第三种是将白砂糖磨碎,加入转化糖浆而成。上等绵白糖色洁白而具有光泽,晶粒细小而软绵。

绵白糖因本身含有一定还原糖,加之晶粒小,溶化快,易达到较高浓度,故人们食用时总觉得它比白砂糖甜。

绵白糖在西点中,一般多被用于一些含水分少,需经烘烤和要求滋润性较好的产品中。

3. 红糖（Brown Sugar）

红糖以甘蔗为原材料,用手工制得,不进行脱色及净化工序,故色深,水分、还原糖、非蔗糖成分均较高。

有的红糖中非蔗糖成分高达 25% 左右,主要是糖蜜、胶体、有色物、无机物和纤维素等,特别是其中的胶体,能使西点制品收缩变形,直接影响成品质量。红糖因含杂质较多,一般不宜用于白净色浅的制品,可用于色深的产品,红糖因具有甘蔗的清香,可以带给产品特殊的风味。

4. 糖粉（Icing Sugar or Powdered Sugar）

糖粉为洁白的粉末状糖类,颗粒非常细,同时有 3%～10% 左右的淀粉混合物(一般为玉米淀粉),有防潮及防止糖粒黏结的作用。

砂糖经过粉碎机碾磨成粉末状,并混入少量的淀粉以防止结块,这样的制成品就是糖粉。糖粉颜色洁白,体轻,吸水快,溶解也快,适用于短时间搅拌的产品,或水分较少的产品。一般糖粉有粗细之分,可分成 2X、4X、6X、10X 几种,10X 是最细的糖粉,它的质地非常光滑;6X 则是标准的糖粉,它用于糖衣(Icing)、表层材料(Topping)以及奶油布丁馅料(Butter Cream)。糖粉也可直接以网筛过滤,直接筛在西点成品上做表面装饰。

糖粉由于晶粒细小,很容易吸水结块,因而通常采用两种方式解决:一种是传统方式,在糖粉里添加一定比例的淀粉,使糖粉不易凝结,但这样会破坏糖粉的风味;另一种方式就是把糖粉用小规格铝膜袋包装,然后再置于大的包装内密封保存。每次使用一小袋,糖粉通常是直接接触空气后才会结块。

5. 黄砂糖（Brown Sugar）

黄砂糖色泽浅黄,流动性好,是一种特殊的原蔗糖,保存了甘蔗的香味和丰富的营养,口味独特。它可以替代白砂糖制作各种西点产品,也适用于调制咖啡和茶。

(四)食糖的变质现象

1. 受潮

食糖在湿度大的环境中,因本身所含有的还原糖有吸湿性,就会受潮,在多雨季节较为普遍。

2.溶化

受潮食糖,其晶体表面形成的一层薄的糖蜜,正好成了微生物生长的培养基。若条件不变,微生物就会大量繁殖产生转化酶,使蔗糖转化为还原糖。还原糖的不断增加,吸湿性增大,致使糖溶化成为流体。夏天红糖多发生这种现象。

3.结块

含还原糖和胶质较多、晶粒大小不匀、水分较高的食糖容易结块。其原因有二:一是在干燥季节,晶粒表面水分散失,达到高饱和程度,蔗糖从糖浆中重新结晶,使糖粒与糖粒相互黏结在一起,形成糖块,这就是食糖的干缩结块;二是在保管中糖垛高,重量大,长期不倒垛而造成压实结块。

4.变色

食糖受潮,水分增加,晶体失去原有光泽而变得暗沉;或经漂白剂处理过的糖,随着贮存时间的延长,晶粒表面附着的色素又重新氧化而变微黄色。

5.变味

食糖由于受潮、溶化,会被微生物污染、发酵,产生酒味或酸味;或由于食糖在贮存中吸附了散发强烈气味物质的分子,发生串味现象,导致食糖变味。

6.发砂

食糖受潮后,水分增加,又被蒸发,糖分子乘机重新排列,形成小结晶;或者它的结晶反复受忽冷忽热的影响,发生爆裂而破碎,这些都被称为食糖的发砂。发砂的食糖,外观质量大大下降。

(五)食糖的保管

食糖应储存在相对湿度为 $60\% \sim 75\%$,温度较低的仓库内,冬季 $5℃$ 左右,其他季节在 $20℃$ 左右,下垫上木架及铺上防潮材料,减少地面的潮湿,雨季要注意关闭门窗,防止外界潮气的侵入。

食糖具有吸异味性,要避免与有异味的物品堆放在一起。

(六)食糖在西点中的作用

1.增添营养

食糖是非常重要的碳水化合物,加入西点被人食用后,不仅能构成人体组织所需营养,保持氮平衡,还能辅助肝脏解毒,阻碍酮体产生,防止酸中毒,更重要的是它极容易被人体消化吸收,先于其他营养素产生热量,100 克食糖可产生 400 千卡热量,供人们日常活动所需。

2. 调剂甜味

食糖是甜味物质,甜度为 100,西点加入它主要是增加制品的甜味。西点成品的甜度与所用食糖的数量、品种有关,用时可根据西点的不同选用适宜的食糖,以增加或降低其甜味,故有调剂食品甜味的作用。

3. 调节口味

在西点产品中,也有咸味的品种,若适当使用食盐与食糖的配比,就会使制品口味丰富鲜美,这就起到了调节口味的作用。

4. 改进色泽

西点制品中的糖分,经油炸或烘烤,水分挥发,由于糖的焦化作用和美拉德反应,制品外表会呈现出美好的金黄或棕黄的色泽。

5. 供酵母营养,促进发酵

适量的食糖配入发酵制品后,不仅是酵母生长繁殖的主要养料,更重要的是糖能被酵母吸收产生大量二氧化碳,使制品膨松体大,同时还产生乙醇,使制品有浓郁的酒香味。

6. 调剂面筋胀润度

不同的西点产品,取用不同性质的面团;不同性质的面团决定了面团中面筋的吸水后胀润的程度。因而在调制面团时适量地添加食糖,利用蔗糖的易溶性和渗透压,可影响面筋蛋白质的吸水膨胀,调剂面筋的胀润度。故对用糖较多的酥性面团,既可便利操作,又可防止制品的收缩变形,并能够增强其可塑性,保证产品品质良好,外形美观、挺拔,花纹清晰。

7. 促使酥、松、脆,保持柔软性

食糖受热熔化成无定形固状物,冷却后更具有酥脆易裂的特点,因而凡用食糖较多,又经烘烤或油炸的西点制品,均具有酥松脆的特点。

食糖中含的还原糖和在工艺过程中产生的转化糖都有吸湿性,因而使产品保持一定的柔软性。

8. 装饰美化产品

西点不单是食用品,同时也是精细的工艺品,因而大的白糖粒常被撒在一些制品的表面而莹光闪闪;细白的糖粉常被滚蘸在一些制品的外表而如霜似玉;至于化成糖浆打白而用于装饰表面的就更为广泛了。

9.延长产品的存放期

食糖具有防腐性,当它的溶液达一定浓度时,有较高的渗透压,能使微生物脱水,发生细胞的质壁分离,产生生理干燥现象,从而抑制微生物的生长发育。西点一般都加有食糖,所以越是加糖多、水分少的西点产品,其存放期就越长。

另外,由于食糖在工艺过程中可生成转化糖,转化糖具有还原性,能延缓油脂的氧化作用,因而加糖多的西点产品,存放期延长,也不会出现油脂酸败的现象。

二、糖浆(Syrup)

糖浆经常应用于蛋糕、面包和西饼的制作中,因为糖浆有特殊的风味,可以增加产品的颜色,保持产品的水分,延长产品的保存时间。西点制作中主要应用的糖浆有转化糖浆、葡萄糖浆。

(一)转化糖浆(Invert Syrup)

转化糖浆是用白砂糖加水溶解,加入酸剂加热使之转化成为转化糖(葡萄糖和果糖)。制作转化糖与酸的种类、酸的浓度、加热的时间有关。

转化糖浆经过加热转化后性质与原来的砂糖不同,甜度增加,增加烘焙产品的颜色,同时由于葡萄糖和果糖的吸湿性强,可以保持产品的湿润和柔软。

(二)葡萄糖浆(Corn Syrup)

葡萄糖浆也叫淀粉糖浆、化学稀等,葡萄糖浆因色泽和透明度好,成了生产西点的重要材料。

葡萄糖浆是淀粉加酸经不完全水解的产物。其水解的顺序为:

淀粉→糊精→高糖→麦芽糖→葡萄糖

由于制造淀粉糖浆的最终目的不是把淀粉全部变成葡萄糖,所以,分解到一定程度,就要中止这个化学变化,但必须把淀粉全部水解掉,这样中止以后的产物,就为糊精、高糖、麦芽糖和葡萄糖四种成分的混合物,甜度为60。

葡萄糖浆可以增加制品的甜味,改进产品的光泽色彩,提高滋润性和弹性,起绵软作用,还可以防止蔗糖结晶,防止上浆制品发烊发砂。

总之,西点中使用糖浆对很多产品有益。

面包:使用糖浆可以改善产品品质,使产品更柔软和延长保存时间。

派皮:在派皮面团中加入糖浆,可以改善派皮的颜色,提高烘焙速度,使整个派的色泽均匀润泽。

派馅:糖浆的加入可以改善派馅的组织,增加派馅的光泽,加强水果派馅的清香。

蛋糕:蛋糕中的部分糖用糖浆代替后,可以改善蛋糕表皮的颜色,延长销售时间,内部组织更柔软,更好吃。

糖霜饰品:糖浆可以改善糖霜饰品的光泽和表面的美观,保持新鲜,增强香味。

糖浆的使用量要根据产品的种类不同而不同,酥松脆的产品少一些,绵软的产品可以多一些;要根据产品包装情况的变化而变化;要根据气候状况使用,干燥季节使用量高,高温湿润季节使用量低。

三、蜂糖(Honey)

蜂糖又叫蜂蜜,亦称蜜糖。它因味美清香,营养丰富,历来被人们视为较高级的滋养品。对西点来讲,因其价格较贵,一般多配用于高档的制品中,因而蜂蜜也就成了生产西点的高级原材料。

(一)蜂蜜的生产及种类

蜂蜜是由蜜蜂中的工蜂采集花蜜或是昆虫分泌的甜汁,存于体内的蜜囊中,归巢后贮于蜡房经酿制而成。人们从蜂房中采蜜后,经加工净制即为市售蜂蜜。

蜂蜜分有毒蜂蜜和无毒蜂蜜两类。

有毒蜂蜜是工蜂采集了有毒花蜜酿制成的,人食用这种含有毒素成分的蜂蜜后,会像酒醉似的眩晕和呕吐。

无毒蜂蜜又分花蜜蜂蜜和甘露蜂蜜。花蜜蜂蜜是以植物开花后花中含的蜜,经工蜂采集酿制而成;甘露蜂蜜色泽深暗,无香味,但营养价值与花蜜蜂蜜相似。

花蜜蜂蜜一般又按花的性质分为许多种,如油菜蜜、荞麦蜜、芝麻蜜、苹果蜜、柑橘蜜、紫云英蜜、向日葵蜜等。

(二)蜂蜜的成分及营养

蜂蜜的成分主要是转化糖(葡萄糖、果糖),其次是含量较少的蔗糖、糊精、果胶及微量的蛋白质、蜡、有机酸、矿物质、维生素、色素、芳香物、酶等。

1. 转化糖

蜂蜜中转化糖占 65%～80%,其中果糖的含量总是多于葡萄糖,所以蜂蜜很甜,且有独特的蜂蜜清香味。它能直接被人体吸收利用。1 克蜂蜜可产生 3.28 大卡的热量,是人们日常生活的补养品。

2. 矿物质

蜂蜜中含有钙、钠、钾、镁、铁、氯、磷、硫、碘等矿物质。据测定,蜂蜜中的矿物质和人们血液中的矿物质很相近,所含的钾、钠、钙、镁等碱性元素起着中和酸、保持人体酸碱平衡的作用。

3. 维生素

蜂蜜中含多种维生素,据分析,1 千克蜂蜜含维生素 B_2 1.5 毫克、B_1 0.1 毫克、B_3 2 毫克、B_5 1 毫克、B_6 5 毫克、维生素 C 30～45 毫克,还有维生素 H、维生素 K 等,它们对人体都有重要的保健作用。

4. 有机酸

蜂蜜中含多种有机酸,如苹果酸、酒石酸、柠檬酸、乳酸、草酸等。这些酸大多数对人体都很有益处。

(三)蜂蜜的质量及贮存

新鲜成熟的蜂蜜,为黏稠、透明或半透明的胶状液体,有的在较低温下可以凝成固体,蜂蜜的比重为 1.40～1.43 克/毫升。一般有浅色、较深色、深色三种。浅色的较好,深色的往往含无机盐,特别是铁、铜、锰。优良的蜂蜜用水溶化后,静置一天,如果没有明显的沉淀物,那就是正常的;反之,沉淀物越多,蜂蜜的质量越不好,甚至可能有掺杂。

蜂蜜可以长期储存,但它有高度的吸湿性,易吸收水分,加之本身易含酵菌,若在温湿度适合的条件下,酵菌就会生长繁殖,分解糖分,产生酒精和二氧化碳,所以应储存在温湿度低、通风好的地方;蜂蜜易感染异味,故不能和具有强烈气味的物品放在一起;另外,蜂蜜是弱酸性液体,能与金属起氧化反应,所以应用非金属容器如玻璃缸、木桶等储存。

(四)蜂蜜的作用及使用

蜂蜜用于一些西点产品的作用为:提高营养价值;增加甜味,使制品具有独特的蜂蜜风味;改进制品的颜色、光泽;增进滋润性和弹性,使制品蓬松柔软质量好。

蜂蜜的吸湿性强,用时应按季节、品种来灵活适量选用。在西点中通常选用各种花蜜,要注意花蜜的香味与产品的匹配性。

第三节　食用油脂

食用油脂(Oil or Fat Shortening)是西点产品在配方中和生产中必不可少的重要原料。西点品种几乎都有油脂,就用量看,有的高达80%。所以掌握好油脂的性能,对提高西点的质量,增加产量,改进工艺,创新新品种均有很大的作用。

一、食用油脂概述

(一)食用油脂的概念及种类

食用油脂是指供人食用的以脂肪为主,从动物的脂肪和植物中提炼出来的,并含有其他成分的混合物。

按通常存在的状态可分为油和脂。在常温下呈液态的为油,呈固态的为脂。实际上,油和脂并无严格界限,人们习惯把油和脂统称为油脂。油脂的成分复杂,种类分法很多。一般依其来源可分为植物油脂、动物油脂两种。根据加工程度可分为天然油脂和再加工油脂。

1. 天然油脂

动物油脂:经常使用的主要有黄油、猪油、牛油和鱼油。

植物油脂:常见的有菜籽油、大豆油、花生油、葵花籽油、芝麻油、棉籽油、玉米胚芽油、橄榄油等。

2.再加工油脂

人造黄油:又名麦琪淋,由动植物油脂加氢处理以及加上各种调味料、乳化剂和色素等成分调制而成。

起酥油:植物油或者是动物脂肪经过加氢处理,将液体油脂变成固体脂肪。

(二)食用油脂的组成及其性能

食用油脂主要成分是甘油酯,其次是游离的脂肪酸、甘油,再次是少量的磷脂、甾醇、色素、维生素和蜡,共八种成分,其中最主要的是甘油酯,而最重要的是脂肪酸。这是因为脂肪酸的重量在甘油酯中要占 $94\%\sim96\%$,且其性质决定着油脂的性能。

1.甘油酯

甘油酯由甘油和脂肪酸化合而成,甘油三酸酯在油脂中含量最多,其他两种含量较少。一般新鲜成熟的油料中的油脂呈中性,几乎全是甘油三酸酯。但是由于油脂中有脂肪酶存在,能促进油脂的分解,因而油脂中也常含有一定数量的甘油二酸酯和甘油一酸酯及游离的脂肪酸和甘油等;未成熟的油料除含有甘油二酸酯、三酸酯外,还含有较多的游离脂肪酸,所以带酸性,易酸败。

在天然油脂中,如果某种脂肪酸含量较多,其相应的甘油酯含量也较多,而且这种甘油酯的性质也和其组成的脂肪酸具有相同的性质。因此,油脂的性质常用其含脂肪酸的性质来表示。

2.脂肪酸

(1)脂肪酸的组成。脂肪酸由 C、H、O 三元素组成。其通式为 R-COOH,在脂肪内已经发现 120 多种脂肪酸。

(2)脂肪酸的种类。油脂有两种分法,一种是按照结构中有无双键分为饱和脂肪酸和不饱和脂肪酸;另一种是按照结构中含双键的多少分为八类,其中一类是饱和的,其他七类是不饱和的。

①饱和脂肪酸。所谓饱和脂肪酸,就是说在脂肪酸的分子结构中碳原子上的氢是饱和的,不能再行加氢或吸收碘。它的分子通式是 $C_{12}H_2nO_2$。在分子中,碳原子数$\leqslant10$ 的脂肪酸叫低级饱和脂肪酸;碳原子数>10 的脂肪酸

叫高级饱和脂肪酸。

饱和脂肪酸的性质稳定,不易与其他物质起化学变化,它的酸性、挥发性、比重、水溶性等随着分子量的增大而变小;它的熔点、凝固点、沸点等随着分子量的增大而不十分规则地变大;其形态随着分子量的增大由液态向半固态、固态渐变。

②不饱和脂肪酸:所谓不饱和脂肪酸,就是说在脂肪分子结构中碳原子上的氢还没有达到饱和,可以再行加氢或吸收碘等。

在各种油脂内,不饱和脂肪酸的含量大于饱和脂肪酸的含量,不饱和脂肪酸的形成与油料生长的地区、气候等条件的优劣有关。

不饱和脂肪酸,由于分子结构中含有至少 $1\sim6$ 个双键,很不稳定,易与其他元素反应起化学变化,它的酸性、比重、水溶性、挥发性等伴随着其分子量的增加而降低。

(3)脂肪酸的性质。

①属于一种弱酸。脂肪酸是一元酸,由偶数碳原子组成。其中不饱和脂肪酸和羟酸的酸性高于饱和脂肪酸的酸性,它的酸性随着分子量的增大而减小。

②遇碱生成肥皂。脂肪酸和其他有机酸一样,会被金属原子取代羟基上的氢原子而形成原子,从而形成盐类。脂肪酸的盐类通常叫肥皂,钠肥皂可压成块,钾肥皂是软肥皂。

③与醇反应形成酯。加有油脂的西点产品经油炸、烘烤后产生的特殊香气与此反应有关。

3. 甘油

甘油又叫丙三醇,分子式为 $C_3H_5(OH)_8$。纯甘油是一种无色,无臭,微甜,呈中性的糖浆状浓稠液体,比重为 1.265,常温下不挥发,能与水、酒精互相无限制溶合,能溶于丙酮,但不溶于乙醚;甘油的吸湿性能达本身重的 50%。因此,西点若含甘油,产品易吸湿变软,不利于存放。

4. 磷脂

磷脂是类似甘油酯的一类化合物,与甘油酯伴生。

纯而新鲜的磷脂是浅黄色的糊状物,分子中的不饱和脂肪酸在空气中易被氧化呈棕褐色,经高温后呈黑色,易吸水膨胀成乳胶体,在油脂中可黏附其他杂质一起下沉,使油脂得以澄清。

磷脂的作用:

（1）磷脂具有亲水亲油性，是一种很好的天然乳化剂，可以使西点产品组织细腻，口味酥松。

（2）磷脂具有很高的营养价值，可被人体氧化产热，促进人体生长发育，促进儿童智力发育，帮助老年人恢复记忆，防止脂肪肝，有助于血液凝固，尤其对神经系统有重要的保护作用。

（3）油脂加热时，磷脂生产大量的泡沫，黏附杂质沉底，帮助油脂澄清。

5. 甾醇

甾醇因含有羟基的固体化合物，所以又叫固醇。甾醇按来源可分为动物甾醇和植物甾醇两类。

（1）动物甾醇。动物甾醇主要是胆甾醇，由于它是从胆石中发现的固体醇，所以又叫胆固醇。它广泛地存在于高等动物和人的细胞中，特别以脑和神经组织中最多，胆甾醇是无色蜡状固体，不溶于水、稀酸、稀碱，但溶于乙醚、苯、丙酮等。它是构成人体细胞的成分，人体皮肤部分的胆甾醇在紫外线照射下可变成维 D_3，但若含量过多，会使人体血浆胆甾醇升高，造成动脉粥样化，易发生心肌梗死、脑血栓等症状。所以，人们不宜多食含较高胆甾醇的食物。

（2）植物甾醇。植物甾醇主要有谷甾醇、豆甾醇和麦角甾醇等。谷甾醇在谷类胚油中较多，在人体受光照可变成维 D_5。豆甾醇在大豆油及其他豆类油脂中较多，在人体受光照可变成维 D_6。麦角甾醇在蘑菇、酵母中较多，在人体受光照变成维 D_2。植物甾醇是人体的维生素 D 来源，它们不易被人体吸收，但能竞争性地抑制人体对胆甾醇的吸收，所以，植物甾醇有降低人体血浆胆甾醇的作用，故患有心血管疾病的人多食植物油比较好。

6. 色素

纯的油脂是无色的，各种油脂之所以呈现不同的颜色，主要是因为油料本身带有各种色素，这些色素在加工中溶解于油脂而表现出来。如花生油呈淡黄色，菜籽油呈黄绿色，豆油呈橙黄色，棉油呈棕红色，等等。这些色素主要为叶绿素、叶红素、叶黄素及棉酚等。

7. 维生素

油脂中主要含油溶性维生素 A、D、E、K 四种。

（1）油脂中的维生素 A 较耐氧化，较耐高温，但在酸败的油脂中会受到破坏，最富有维生素 A 的产品是鱼油、蛋黄、乳酪、鲜肝等。

（2）维生素 D 耐氧化和高温。在鱼油、蛋黄、乳中含量较多，酸败的油脂可降低维生素 D 的含量。

（3）维生素 E 可耐热至 233℃，较耐酸、碱，易氧化，多存于肝、蛋黄、牛油、麦胚油等。植物油脂因含维生素 E，所以不易酸败，动物油脂中少含，大多不含维生素 E。

（4）维生素 K，多存于肝脏和豆油中。

8.蜡

蜡在油脂内含量最少。油脂中虽含蜡很少，但在冬季或低温时可以看见蜡晶形成云雾状态悬浮于油脂中，植物油的蜡多来源于种子的外壳，动物蜡存在动物体内腔，蜡在人体的消化道中不能被水解，故无营养价值。

二、食用油脂的品质鉴定和储存

（一）食用油脂的鉴定标准

1.气味

纯而质地正常的油脂无任何气味，但实际上各种油脂都具有各自的特殊气味。

2.滋味

滋味和气味是相关的，纯而质地正常的油脂口尝是无味的，但实际上各种油脂均具有各自的特殊滋味；质地不正常的油脂则带有酸苦涩辣的滋味和哈喇味。

3.色泽

纯而质地正常的油脂是无色或白色，但实际上各种油脂都有深浅不同的颜色。

4.透明度

纯而质地正常的油脂应是完全透明，如果油脂中有过多的水分、蛋白质、磷脂、蜡或油脂变质，均能使油脂浑浊，透明度下降。

5.沉淀物

沉淀物是指液体油脂在常温下静置 24 小时后所能下沉的一些夹杂物，纯而质地优良的油脂应当无沉淀物。

6. 比重

油脂比水轻,其比重一般在 0.9~0.98 克/毫升之间。

7. 熔点、凝点

油脂因温度不同,原为液体状态的可变为固体,固体也可变为液体。使油脂由固体变为液体的温度称为熔点,由液体变为固体的温度称为凝点。在理论上,熔点与凝点应相同或接近,但实际上熔点高于凝点,有的高几度至十几度,如牛脂的熔点为 41℃~52℃,但凝点却为 28℃~35℃。

8. 酸价

油脂因种种原因,能造成游离脂肪酸不断增多,影响其质量。所以,常需测定油脂的酸价。所谓酸价,就是中和 1 克油脂中的游离脂肪酸所需氢氧化钾的毫克数。我国规定植物油的酸价不得超过 5。

9. 过氧化值

过氧化值是油脂自动氧化的初期生成物——过氧化物的数量。新鲜的油过氧化值为 0,长期暴露在空气中就逐渐增高。过氧化值标准为 10 以下,过高则表示油脂酸败。

10. 热解

油脂经加热,特别是经较长时间的高温加热后,油脂的理化性质都要发生大的变化。表现在油起泡,发烟,色变深,黏度增大,过氧化值升高,发生热氧化和热聚合,并产生许多热分解产物。当加热到 130℃ 以上时,油脂开始分解,随着温度的上升,甘油被分解成丙烯醛,脂肪酸被分解成二氧化碳等物;当加热达到 250℃ 以上时,油脂中的不饱和脂肪酸发生聚合反应。总的结果是油脂的产热量只有生油的 1/3,维生素 A、E 和胡萝卜素受到破坏,生成聚合物不但影响人的正常生长发育,而且会使人肝肿大,并有致癌性。所以,在生产油炸制品时,应选择含饱和脂肪酸多的油脂,油炸过程严格控制油温,不断添加新的生油,定期更换炸油,以减少聚合物的产生。

(二)油脂的储存

1. 油脂酸败的危害

油脂长期贮于不适宜的条件下,往往会发生一系列的化学变化,致使油脂的感官性质产生不良影响,这种现象被称为油脂的酸败。油脂酸败,能使油脂或富油食品色、香、味变劣,营养价值降低,食用后轻则上吐下泻,重则引起肝肿大或患核黄素缺乏症,使人体的主要酶系统受损害,对人体还有致癌性。

西点产品常因油脂酸败而不能食用,特别在夏季经常发生。应该研究防止和延缓油脂酸败的措施和途径,以保证消费者食品安全并减少商家的经济损失。

2. 影响油脂氧化酸败的因素

影响油脂氧化酸败的因素很多,其中比较重要的有脂肪酸组成、温度、氧、光、水分、金属、血红素等。现分述如下:

(1)脂肪酸组成。油脂中的饱和脂肪酸和不饱和脂肪酸,虽然都能发生氧化反应,但饱和脂肪酸的氧化必须在特殊的条件下,才能使饱和脂肪酸的 β 碳原子发生反应,产生酮酸和甲基酮,饱和脂肪酸的氧化率往往只有不饱和脂肪酸的 1/10。

(2)温度。温度的升高,能促进自由基的产生,加快连锁反应的速度,因而是油脂氧化酸败的重要因素。

(3)氧。氧是油脂氧化反应的直接参与者。在正常情况下,空气中氧的浓度决定着油脂氧化反应的速度,氧的浓度越大,油脂氧化酸败的速度越快。

(4)光。从紫外光到红外光之间的所有光的辐射都能促进油脂的酸败,其中以紫外光的辐射最强。它对油脂氧化酸败的影响比其他所有的可见光都要显著。据试验,各种光对油脂氧化的促进顺序为:青色>白色>黄色>绿色>暗色。

(5)金属。金属离子是强有力的油脂氧化催化剂,能缩短引发期,提高氢过氧化物的分解和游离基产生的速度。试验证明,各种金属对油脂氧化反应的催化作用,其强弱程度为如下顺序:铅>铜>黄铜>锡>锌>铁>铝>不锈钢>银。

(6)水分。油脂中的水分含量过高或过低都会加速油脂的酸败。

3. 油脂酸败的抑制及油脂的储存

要使油脂根本不酸败,目前还没有解决的方法。但是可以采取相关措施,设法抑制、延缓油脂的酸败,使得富含油脂的西点产品延长保存期,保证良好的口感。

(1)加热除去过多水分。水分是油脂水解酸败的重要条件,所以不管用什么办法制取的油脂,都必须除去过多水分。

(2)加碱中和呈中性。在各种油脂中,都含有一定数量的游离脂肪酸。为了增强油脂的稳定性,可加碱液,这样不仅能中和游离脂肪酸呈中性,以降低脂肪酶的活力,而且能生成极少量的肥皂同磷脂、杂质一起沉淀从而被除去,使油脂更澄清。

(3)低温贮存。温度的高低对油脂酸败的速度影响很大,一般温度高则酸败快,温度低则反之。所以,油脂及富油产品应贮存于 4℃～10℃。

(4)密闭保存。氧、水、光都是引起油脂酸败的因素。因此,对油脂及富油食品在贮存中都应该加盖紧闭或者真空、充氮密封,尽量使油脂隔氧、避光、不吸水。

(5)工具、容器的选用。不同金属制的工具、容器都会不同程度地使油脂发生酸败,因此,与油脂接触的工具、容器最好为木质、绿色玻璃、瓷器类,或用对油脂影响最小的金属制工具、容器,如铁、铝等,特别忌用铜制的工具和容器。

(6)添加抗氧化剂。凡具有防止氧化作用的物质都可以称为抗氧化剂。就食品讲,能防止食品氧化的抗氧化剂,分水溶性和油溶性抗氧化剂。水溶性氧化抗剂,是能溶于水的一些抗氧化物,如维生素 C 等,多用于水果罐头、果汁、果酒、啤酒等。它们对食品的护色,防止氧化变色,以及防止因氧化而降低食品风味和质量,均有重要作用。凡具有抑制油脂氧化作用的物质均可称为油溶性抗氧化剂。油溶性抗氧化剂具体分为两大类:一类是天然抗氧化剂,一类是合成抗氧化剂。主要的天然抗氧化剂有维生素 E、没食子酸、磷脂、甾醇等,还有一些辛香料,如丁香、花椒、八角、茴香、桂皮、姜、大蒜、洋葱等。这些辛香料中都含有一些比油脂更易氧化的成分,降低了氧对油脂的氧化作用。天然抗氧化剂的抗氧化能力比较弱,受热易被破坏,并对食品的风味产生影响。不过,它们对人体比较安全,是目前各国都尽量设法使用的抗氧化剂。另一类是合成抗氧化剂。抗氧化效果好,不过对人体不够安全,要按照国家标准来使用。

三、西点常用的油脂

西点常用的油脂,主要是植物油、动物脂、再加工油脂等。

（一）植物油（Oil）

西点常见的植物油有豆油、棉籽油、菜籽油、花生油、芝麻油、玉米油、茶油、向日葵籽油、核桃油、椰子油、棕榈油等。

植物油常温下呈液态，可以用于海绵蛋糕的制作和一部分小西饼的制作，也可以用于涂抹容器，还可以用于制作油炸制品中炸油等。

因大部分西点都需要使用固体的油脂来进行制作，所以植物油也可以通过氢化处理加工成固态起酥油等，再用于西点制作。

（二）动物脂

西点常用的动物脂主要是乳脂，其次是猪脂，牛羊脂及骨脂虽不常用但也在此作简介。

1. 乳脂（Butter）

乳脂一般称奶油、黄油、白脱油等，它是从牛奶中分离而得的。色泽黄，具有特殊的纯天然的奶油气味，它的成分中因含有少量而多种类的低分子量脂肪酸，所以香味浓；含多量的维生素 A，营养价值高；亲水性较其他油脂强，容易乳化，容易被人体消化吸收。因其乳化性、起酥性、可塑性均较好，是西点中最常用的油脂。

新鲜黄油是从新鲜的牛乳中提取，经过提炼而成的一种黄油。新鲜黄油包含大约 80％的脂肪、15％的水分与 5％的牛奶物质。黄油经常使用的种类有"含盐"（salted）以及"不含盐"（unsalted）两种。无盐黄油较易腐坏，但味道较新鲜，且较甜，烘焙效果较好。如果使用含盐黄油，那么配方中盐的用量则要减少。

脱水黄油也是从牛乳中提取，经过提炼而成的一种黄油，但其内不含水分及盐分，也不含人工调味料，味道香醇浓郁且自然，油性较大，熔点较低，不需冷藏，在常温下能保持正常的状态。但因其打发性差，故可直接加入不需打发的面团或面糊中，也可与其他打发性良好的油脂一起制作烘焙产品。

2. 猪油（Lord）

猪油主要是以猪板油为原料，加水经熬煎再经过精制、脱臭、脱色处理制成的。这样的猪脂洁白，杂质少，猪油经过熬制有特有的香味，同时猪油因塑性好、起酥性好、口味肥美、色泽洁白,特别适宜制作西点中松酥类点心,可以使产品更酥松可口。

3. 牛羊脂及骨脂

牛羊脂分别提炼自牛羊肌体内的脂肪组织。两种脂均有特殊的气味。这两种脂经脱臭后,可应用于西点的酥类制品中;但因凝点高,不利于人体的吸收。

骨脂又称骨髓脂,是从牛的骨髓中所提取出来的一种脂肪,呈白色或浅黄色。牛骨髓脂精炼后,可作奶油的代用品;用于油炒面,具有独特的醇厚脂香味。

(三)人工合成油脂

1. 麦琪淋(Margarine)

人造奶油,也称麦琪淋。所谓人造奶油,是奶油的代用品,一般是用氢化油、猪脂、植物油等油料加入精盐、色素、香料而制成的一种固体油脂,外观同奶油相似,但营养价值、色、香、味不如奶油。人造奶油的软硬可按配比而定。它包含80%～85%的脂肪,10%～15%的水分,约5%的盐与牛奶物质,以及其他化合物,其熔点较高,油性小,不需冷藏即可保存,打发性适中,且有良好的可塑性及融合性,适合于各种需打发性的烘焙产品。因制作油脂的不同而有动物与植物之分。麦琪淋有以下两大类:

(1)片状起酥油(Puff Pastry Sheet)。起酥油是起酥类烘焙产品专用的一种麦琪淋,制造商为使用者方便,特将麦琪淋制成一片片包装出售,也称为酥皮麦琪淋。其成分与麦琪淋类似,但熔点高,可保存在常温下的阴凉处,不需冷藏,即可直接使用。起酥油为油脂中最坚硬的一种。如同其他麦琪淋一般,它也含有相当的水分,当面团受热后,将水汽蒸发产生水蒸气后,即可产生膨胀的效果。用这种麦琪淋制作的酥脆点心,会比新鲜黄油制成的面团更具膨松的效果,但这类油脂不如新鲜黄油的口感好。

(2)酥油(Butter Oil)。酥油也是由各种精制油混合调制,经人工调味而制成的,不含水分,熔点高于天然脱水黄油,其油性适中,颜色金黄具有打发性,但缺乏可塑性和融合性,可与麦琪淋或人造白油等配合使用,制作各种需打发的烘焙产品,或直接加入不需打发的面团或面糊内使用,它是一种人造的脱水黄油,也分为动物性酥油和植物性酥油。

2. 人造白油——乳化白油(Emulsified Shortening)

乳化白油由各种精制油混合制成,再加入各种不同的乳化剂,使其具有良好的乳化作用,本身不含水分及盐分,洁白无味且具有相当良好的打发性及融合性。适合加入其他油脂,制作出一般需打发的烘焙产品,更适用于蛋糕表面装饰。此种油脂也有动物性与植物性之分,是属于一种无味、无色、无水分的油脂。

四、油脂的作用及选用

(一)油脂在西点中的作用

1. 增加营养,产生能量

脂肪的能量高于蛋白质、碳水化合物,发热量最大、体积最小,是最经济的产热营养素。油脂中还含有各种必需脂肪酸、脂溶性维生素、磷脂、甾醇等,对人体有一定的帮助。

2. 增进制品的风味

各种油脂都有自身独特的风味,加入产品中后,不仅保持原来的独特风味,特别经烘烤,在水、高温以及缺氧的条件下,油脂会分解成甘油和脂肪酸,脂肪酸在醇存在时,可能发生酯化反应等,会使西点产品具有特殊的香味。

3. 使产品体积膨胀,口味酥松

油脂在调制面团时,能在面粉的蛋白质及淀粉外围形成油膜,阻止它们吸水、膨胀,不易形成胶状物,从而降低了它们的结合力,使产品的组织脆弱。另外,当蛋白质、淀粉不易形成胶状物时,势必结合降低,间距增大,就会使面团中的空气均匀分布其间,经烘烤就会胀发,使产品带来自然的丰满酥松。

4. 促进乳化,使产品色泽美观滋润

油脂中的黄油和人造奶油,都是很好的乳化剂,它们可以使配方中的水、蛋、乳和油脂均匀地混合,能使产品内部组织更为细腻,产品光滑油亮、着色均匀、花纹清晰、柔软新鲜等,显著地增强了产品的感官色彩。

5. 改善面团的性质,便于操作

由于油脂能在吸水物的外层形成油膜,阻止它们吸水,不利胶状物的形

成,即使形成胶状物,油脂也有降低黏性的作用,所以,面团便于操作。同时不少油脂本身就有很好的可塑性,如猪油、黄油、氢化油以及专门配制的高熔点起酥油等,这些油脂用于酥性产品,使产品酥松,不易收缩变形,花纹清晰,有利于产品规格化。

6. 传热迅速,保持制品的水分

油脂的沸点高,传热迅速,对油炸制品有很重要的意义,在适宜的油温下,它既能使油炸制品外层的水分迅速挥发置换,又能使胶状物因高温迅速凝固,保持制品内部水分的挥发,使制品不致过分干燥,不会影响质量和降低出品率。

7. 形成层酥制品

可塑性良好的油脂与面团一起互为表里,形成均匀而清晰的层次,是西式起酥的重要原料。

8. 降低吸水量,增长存放期

含油脂多的西点制品,一般比含油少的西点制品存放期长,其主要原因有两点:(1)含油多制品吸水率低,不利于各种细菌的生长繁殖;(2)含油脂多,油脂本身存放期就会增长,相对存放期就增长。

(二)油脂在西点产品中的选用

油脂因种类不同,品质各异,用于西点产品,对西点产品的色、香、味、形及营养效果的影响各异。所以,对质量要求不同的西点制品,在使用油脂时,对油脂应进行严格的选择。

第一,必须保证质量,即西点中所使用的油脂必须符合卫生标准。

第二,要配比适当。各种产品如果油脂的用量降低,会影响产品应有的品质,但是如果用量过多,则会出现过分松散、只酥不脆、过分油腻的现象,反会降低食用者的食欲,同时还会影响包装和携带等。

第三,制作酥性产品应选择起酥性好的油脂,可以使产品口感细腻酥松。如黄油、猪油、起酥油等。

第四,熔点高的油脂多用于酥皮类的皮层中,使制品起皮离酥,酥脆丰满,层次清晰美观。如氢化油、好的高熔点起酥油等。

第五,熔点较低的植物油多用于油炸类制品,这不仅使制品具有一定的感官色彩,且食用时酥脆油香而不腻。

第四节　水

面粉、食糖、油脂是生产西点的主要材料,水(Water)则是面包生产中的主要原料,其用量仅次于面粉。因此正确地认识和使用水,是面包制作的关键之一。

一、水的种类

(一)按形态分

气态——水蒸气。

液态——江、河、湖、海流动的地面、地下水等。

固态——冰、雪、霜。

(二)按来源分

雨水——从天上降下来的水,含有二氧化碳、氧等气体,是较好的软水。

地面水——江、河、湖、海等是地面水,含悬浮杂质很多。

地下水——指井水、泉水、自来水,一般因深浅不等,地方不同而其清洁、软硬程度各异。

(三)按含化学成分来分

1. 硬水

凡是含有矿物质的水就叫硬水,主要是由于水中有钙与镁的碳酸盐、酸式碳酸盐、硫酸盐、氯化物以及硝酸盐的存在而形成。

当水被煮沸,有钙与镁的酸式碳酸盐被分解,形成 $CaCO_3$ 沉淀而被除去的水称暂时硬水。

当水被煮沸,有钙与镁的硫酸盐、硝酸盐及氯化物但没有形成沉淀,不能除去的水称永久硬水。

水的硬度通常用"度"来表示,即 1 升水中含有钙盐及镁盐的总量相当于 10 毫克 CaO 时即称为 1 度。

水的硬度可分为以下六类:0～4度称极软水,4～8度称软水,8～12度称中硬水,12～18度称较硬水,18～30度称硬水,30度以上称极硬水。

2. 软水

不含矿物质或含矿物质很少的水称为软水,如雨水、处理过的水、蒸馏水等。

3. 碱性水

碱性水一般多含碳酸钠,或多含重碳酸盐、碳酸盐和氢氧化物。

水中含氯化物多,呈咸味;含硫酸盐多,呈苦味;含铁盐多,呈涩味。自来水一般呈微碱性,pH值在7.2～8.5之间,pH值超过10的则不能饮用。

4. 酸性水

多含硫的化合物、酸类等,使水呈酸性。

在实用中,水的pH范围如下:

中性水的pH 6.5～8.0

弱酸性水的pH 4.0～6.4

强酸性水的pH 4.0以下

强碱性水的pH 10.0以上

二、水在西点中的作用

1. 溶剂作用

溶解各种原材料,使各种原料成分混合,成为均匀一致的面团。

2. 水化作用

使蛋白质胀润,促进面筋形成;使淀粉膨胀和糊化。

3. 帮助生化反应

生化反应需要一定的水来作为反应介质和运载工具,水促进酶对蛋白质和淀粉的分解。水也有利于酵母繁殖,促进发酵。

4. 控制面团的黏稠度

加水量决定面团软硬,以便于操作。

5. 控制面团温度

通过所加的水的温度可以达到调节面团温度的目的,以适应酵母的发酵条件和某些西点对面团温度的要求。

6. 传热介质

水分在烘烤蒸煮时受热成为水蒸气,带动热量帮助产品成熟,因此水分是传热介质。

7. 帮助蓬松

水分受热产气使制品疏松。

8. 延长保鲜期

使制品合理含水,保持柔软湿润,可以延长产品的新鲜度。

三、西点产品对水的选用

1. 对水卫生标准的选用

生产西点的用水,应是透明、无色、无异味、无有害金属、无有害微生物、无沉淀、硬度适中的完全符合国家饮用水质标准的水。

2. 对水种类的选用

为确保成品质量,对不同品质的西点产品,应精心选用水质不同的水。

极软水能使面筋质趋于柔软、发黏,可降低面筋的韧性,软水有利于面粉中蛋白质和淀粉的吸水胀润,可促进面筋的生成与淀粉的糊化。中硬水能增强面筋的筋力,但硬度过大会降低蛋白质的溶解,使面筋质地趋硬而变脆。所以,一般对软质、筋力较弱的面粉,配用偏硬水为好,对硬质、筋力较强的面粉配用偏软水为好。

面包制品中配用偏硬水,不仅可增强面筋的筋力,而且能提供酵母发育所需的养料,使面包成品体大、色白,但切片易碎,柔软性差,使人口感粗糙。

微酸、碱性水,对西点生产关系不大,但过高需分别用醋或者乳酸或石灰中和,使之呈中性。

咸水主要是含有过多的食盐或者是含有硫、铁等物质,会使面筋韧化、变硬,影响酵母的发酵,且产品中会有咸味,可以进行适当过滤和减少配方中盐的用量。

3. 对水温度的选用

根据不同品种可适当选用不同温度的水,如使用开水、热水、温水、冷水、冰水可分别制出不同特点的产品。

4. 对水用量的选用

水用量的多少,直接影响着工艺操作和成品质量,在生产中对于不同种类的制品,应按原材料性能、季节、气候等环境因素进行调节,尽量做到准确用水。

第五节　蛋及蛋制品

蛋(Egg)及蛋制品具有独特的滋味,营养丰富,不仅是人们日常生活中的重要食品,而且也是制作西点的重要原料。西点制作中蛋的用处很多,蛋对于西点制作的作用也很大,西点制作通常选用的是新鲜鸡蛋。蛋制品是鲜蛋经过一定加工后制成的制品,主要有冰蛋、蛋粉和再制蛋等。

一、蛋的结构

蛋主要是由蛋壳、蛋黄、蛋白三部分构成,蛋壳约占总量的 11%,蛋白约占 58%,蛋黄约占 31%,具体结构如下。

1. 蛋壳

蛋壳是蛋体最外层坚硬的蛋体,起着保护内容物的作用,壳厚 0.2～0.4 毫米,小头较大头的壳厚,壳色深的比壳色浅的厚,不易破损,蛋壳对于外压的抵抗力不同,纵向耐压性强,横向耐压性较弱,故运输和储存时将蛋体纵放较为科学,蛋壳上密布着气孔,气孔最多的在大头,它可使外面的新鲜空气入内,蛋内水分经它排出,所以鲜蛋贮藏久了会变轻。

2. 外蛋壳膜

蛋壳表面的一层胶质性黏液,叫外蛋壳膜,它能保护蛋不受微生物的浸入而污染,并防止内部水分挥发,这层薄膜易脱落,若经雨淋或水洗后最易脱落,只能在短期内起到保护作用。

3. 壳膜

打破蛋壳除去内容物,可以看到在壳内有两层薄膜,紧附于蛋壳的一层叫内蛋壳膜。附于内蛋壳膜里面的一层叫蛋白膜。这两层膜都是透明的,是具有弹性的有机纤维质。微生物可以通过内蛋壳膜,而不能通过蛋白膜,只有蛋白酶将蛋白膜破坏后,微生物才能侵入。

4. 气室

气室在蛋的大头部位,是蛋白膜和内蛋壳膜之间的一个空气囊。刚生下的鲜蛋并没有气室,而由于外界冷空气的影响,蛋的内容物收缩,蛋内暂时形成一个真空,这时空气便由壳表面的小孔挤入蛋内,其原真空处便形成气室。放置时间愈久的蛋,其气室也就愈大,故气室的大小可作为鉴定蛋新鲜程度的依据。

5. 蛋白

在壳膜内层呈无色透明的黏性半流体为蛋白。蛋白呈碱性,pH 值为 7.2~7.6,其中含固形物为 12%~18%,稀稠不一,愈近蛋壳愈稀,愈向内愈稠,因而有稀薄蛋白层和浓厚蛋白层之分,鲜蛋的浓厚蛋白较多,陈蛋的稀薄蛋白较多,故蛋白的浓厚程度是衡量蛋质量好坏的标志之一。

6. 蛋黄膜

在蛋黄与蛋白之间有一层透明的薄膜阻隔,即为蛋黄膜。它的作用在于避免蛋黄与蛋白相互混合,陈蛋的蛋黄膜弹性减弱,稍震动即破,使蛋白与蛋黄相混合,故蛋黄膜的紧致度是鉴定蛋的新鲜程度的依据。

7. 蛋黄

在蛋黄膜内的黄色黏稠不透明呈半流动的乳浊液即为蛋黄。它常呈弱酸性,pH 值为 6~6.4,含有固形物 50% 左右,由淡黄色和深黄色的蛋黄组成,内蛋黄层和外蛋黄层颜色都较浅,唯两者之间的蛋黄层较深。

8. 系带

在蛋黄两端各有一条浓厚的白色带状物即为系带。它由浓厚蛋白构成,能起到使蛋黄居蛋中央,不至于使蛋黄接触到蛋壳的作用,它会随着蛋的保管时间增长而变细变弱,直至逐渐脱离消失。

9. 胚珠

在蛋黄膜表面有一个色淡,细小,呈圆形的物质叫胚珠,又称胚胎,它的比重较蛋黄小,所以总位于蛋黄上部,它是专为受精孵雏之用。

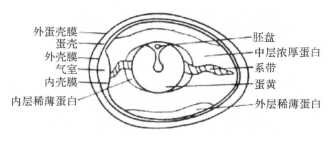

图 2-4　蛋的结构

二、蛋的成分及营养

全蛋含水约 75％，固体物约 25％，蛋的一般化学组成如下表所示。

表 2-10　鲜蛋的化学成分（以可食部分 100g 计）

成分	全蛋	蛋黄	蛋白
水分	73.0	50.0	86.0
蛋白质	14.0	17.0	12.0
脂肪	12.0	31.0	0.2
糖类	0.06	0.2	0
矿物质	1.0	1.5	1.0

1. 蛋白质

全蛋中，一般含蛋白质 14.5％～15％。蛋类的蛋白质中有丰富的必需氨基酸，是完全蛋白质，并高出一般食物蛋白质之上，几乎全被人体吸收。

2. 脂肪

全蛋中脂肪含量达 12％左右，绝大部分集中在蛋黄内，其中磷脂较多。磷脂对脑及神经组织的发育有重大作用，蛋黄的脂肪由于多由油酸、亚油酸、十六碳烯酸等不饱和脂肪酸，故在常温下为液体，易被人体消化吸收，消化率高达 95％。

3. 矿物质

全蛋中含矿物质达 1.1％，主要存在于蛋黄内，一般多含钙、磷、碘、铁，都易被人体吸收利用。

4. 维生素

蛋类中的维生素绝大部分集中在蛋黄内,含有丰富的维生素 A、D、E、B_1、B_3 及烟酸等。蛋白中的维生素以 B_3、烟酸较多,其他较少。

三、蛋的工艺性能

1. pH 值

全蛋为中性,蛋白为碱性,pH 7.2～7.6,蛋黄为酸性,pH 6.0～6.4。

2. 比重

蛋的比重为 1.07～1.09g/mL,随着蛋的新鲜程度的降低,蛋的比重不断下降。

3. 冰点

蛋白的冰点是零下 0.48℃,蛋黄的冰点是零下 0.58℃,因此蛋储存在 $-1℃$～2℃为佳。

4. 起泡性

蛋白是一种亲水胶体,具有良好的起泡性,将蛋白经过剧烈搅拌,蛋白薄膜可以将混入的空气包裹起来而形成泡沫。若加入黏度大的物质,比如糖,泡沫会变得稳定而厚实。蛋白的起泡性增加了面团的膨胀力和体积。当产品进行烘烤时,泡沫内的气体受热膨胀,使得制品疏松多孔并具有一定的弹性和韧性。因此蛋的起泡性使蛋成为一种非常理想的天然疏松剂。

影响蛋的起泡性的因素主要有黏度、油脂、pH 值、温度、蛋的质量。

5. 乳化性

蛋黄中含有较多的磷脂,磷脂具有亲水亲油性,是一种理想的天然乳化剂。因此蛋黄可以使油和水以及其他的原料均匀地分布到一起,使制品组织细腻,质地均匀,疏松可口,具有良好的光泽,并使制品保持一定的水分,在储存期间保持柔软。

6. 凝固性

蛋对热非常敏感,蛋白在 54℃～57℃时便开始凝固变性,蛋黄在 70℃以上开始凝固。达到 80℃蛋白完全凝固,100℃时蛋黄完全凝固。形成的凝固物体经高温烘烤后失水成为带脆性的有光泽的凝胶片。所以在西点的表面刷蛋,经过烘烤或者是油炸,可以增加制品的表皮的光亮度,使色彩更为美观,且口感酥脆宜人。

四、蛋制品

鲜蛋经过去壳或不去壳,使用化学防腐剂,干燥,冷冻等加工方法加工制成的制品统称为蛋制品,蛋制品按加工方法的不同,一般可分为下列三类。

1. 干蛋类

干蛋类是将质量好的蛋打破去壳,取其内容物烘干或用喷雾干燥法制成,可分为干全蛋、干蛋黄、干蛋白三种。

干全蛋及干蛋黄是将蛋液加高压喷射成雾状,将喷雾干燥而形成的粉末状的蛋粉。此过程不仅使蛋内大部分微生物被杀死,同时能保全使用价值,但因蛋白质已有变性,对提高西点产品的酥松度有影响。

干蛋白是将在一定温度下经过发酵,然后再经搅拌过滤的蛋白液,用勺浇入烘盘内,利用适当温度烘干。使蛋白液中水分蒸发而结成淡黄色透明光亮的薄晶片,这种干蛋白便于贮存,使用时按 1:4 加水浸泡一定时间即可见,经浸泡后的蛋白液应一次用完或放于冰箱中,不可久存,否则易发酵变臭,失去起泡性能。

2. 冰蛋类

冰蛋是将蛋的内容物倒出,装入容器内,于 $-26℃～-23℃$ 的温度下急冻并维持 $60～72$ 小时,即得到冰冻制品。可分为冰全蛋、冰蛋白和冰蛋黄三种,这种蛋制品,因蛋内水分多有微生物存在,极易变质,故应保藏在 $-21℃～-18℃$ 的冷库中,直到生产需要时才能解冻使用。在急冻过程中,由于温度低,冻结速度快,蛋液的胶体特性很少受到破坏,仍然保存其一般的特性,也是烘焙工业中普遍使用的蛋制品。

3. 再制蛋类

再制蛋中包括松花蛋、咸蛋、糟蛋等,在西点中应用不多。

五、蛋及蛋制品在西点中的作用

1. 提高制品的营养价值

蛋中含的营养素全面,蛋白质是完全蛋白质,脂肪多由不饱和脂肪酸构成,特别是蛋黄中的磷脂,对促进人体的生长发育有重要作用,所以加有蛋的西点的营养价值自然有所提高。

2. 改善了制品的色香味

加有蛋的西点制品,经烘烤后,能产生突出的蛋香味,在滋味和气味上给人以独特美好的享受。加有蛋的西点制品,经过烘烤后易呈金黄、棕黄或棕褐色泽,特别用蛋刷面,更会增加制品表面的光亮度,显著提高成品的外观质量,从而大大提高其制品的食用价值。

3. 理想的天然膨松剂

蛋中含有多量的蛋白质,是亲水胶体,具有一定的黏度和发泡性,在制品中经打擦,能包进大量空气,形成泡沫,然后经高温熟制,气体膨胀,使制品膨松体大,内部呈蜂窝状。加有蛋的制品更受消费者的青睐。

4. 改善制品的内部组织

加有蛋的西点制品,因为蛋具有良好的乳化作用,使得制品的内部组织更为细腻和柔软,口感更好。

5. 蛋的黏结作用

蛋含有丰富的蛋白质,蛋白搅拌而形成的泡沫具有稳定的气孔结构,可以承受其他的材料,所以黏稠度较大的蛋液可以将不同的原料黏结在一起,便于产品的制作。

6. 改善产品的储藏性能,延长保鲜期

六、蛋的鉴定

蛋的品质好坏,取决于蛋的新鲜程度,鉴定蛋的新鲜程度的方法有以下方面。

1. 蛋壳状况

壳纹清晰,手摸发涩,表面洁净具有新蛋的天然光泽者一般是新蛋或较

新蛋;反之,是陈蛋或较陈的蛋。

2. 蛋的重量

外形大小相同的蛋,如果重量不等,重者较新,轻者较陈。

3. 蛋的内容物状况

打破蛋壳观察内容物,蛋黄,蛋白,系带,胚珠等完整地各居其位,特别是蛋白浓厚、无色、透明者是新蛋,反之是陈蛋。

4. 气味和滋味

打开倒出内容物无不正常气味,煮熟后,蛋白无味,色洁白,蛋黄味淡而香是新蛋;反之,是陈蛋或较陈蛋。

七、蛋的贮藏

为了保证蛋的质量,对鲜蛋应进行贮藏。贮藏时,必须设法封闭蛋壳气孔,防止微生物侵入蛋内,降低保管温度,抑制蛋内酶的作用,使蛋内或蛋外壳上的微生物停止发育,故一般多采用如下方法。

1. 冷藏法

置鲜蛋于温度在－1℃,相对湿度为83％～85％的冷藏箱中,可以保存较长的时间。

2. 豆藏法

木箱底撒一层二寸厚的大豆,然后把蛋的大头朝上平摆一层,再撒一层大豆,再摆第二层鲜蛋,这样一层豆一层蛋摆满后,箱上加盖,一般可保存一年不坏。

第六节　乳及乳制品

乳及乳制品(Milk and Milk Products)含有大量的蛋白质和脂肪,且极易消化,能被人体很快吸收,具有很高的营养价值,在西点制作工艺中,乳及乳制品也是很重要的原料之一,除了提高制品的营养价值,还对西点的品质有很大的帮助。

西点中常用的乳品主要有鲜牛奶、乳粉、炼乳、淡奶、乳酪、鲜奶油、酸奶等。

一、乳的概念

哺乳动物产子后,从乳腺分泌的一种白色或微黄色的不透明液体为乳。乳因营养丰富,极易消化,能刺激消化液的分泌,而在人们的饮食中占有独特的地位。

二、乳的成分及营养

乳的成分很复杂。据测定至少有 100 种,但主要是由水、脂肪、磷脂、蛋白质、乳糖、盐类、维生素、酶类、免疫体、色素、气体等成分组成。几种乳的成分含量见表 2-10。

表 2-11　几种乳的成分含量(g/mL)

乳名	水分	总固物	蛋白质			脂肪	乳糖	灰分
			酪蛋白	乳清蛋白	总数			
牛乳	87.5	12.4	2.89	0.51	3.4	3.5	4.7	0.7
羊乳	83.57	16.4	4.17	0.98	5.15	6.18	4.73	0.96
人乳	87.58	12.6	0.8	1.21	2.01	3.74	6.37	0.30

因为牛乳为西点中最常用的乳及乳制品,在后面所讲述的乳通常指的是牛乳。

(一)脂肪

乳脂肪是乳中重要的成分之一,它不仅与乳的风味有关,同时也是黄油、稀奶油、全脂奶油等的重要成分。乳脂肪的分散颗粒细小,含量约为 3.5%,悬浮于乳液中,若把这些脂肪从牛奶中提炼出来,则成为奶油(白脱油),因为含有胡萝卜素和叶黄素,所以呈黄色,也称为黄油,其脂肪酸含量以饱和脂肪酸为多,故比较稳定。乳脂肪不但可以增强西点制品的润滑作用,还含有羰基化合物,如双乙酰等,所以乳脂肪会产生特殊的芳香。

(二)乳蛋白质

蛋白质在乳中平均含量为 3.4% 左右,可分为酪蛋白和乳清蛋白质,其中以酪蛋白为主,其次为乳清内所含的乳白蛋白质和乳球蛋白及少量的糖蛋白。

1. 酪蛋白

酪蛋白是含磷的蛋白质。它占乳中总蛋白质的80%以上,在乳中平均含量为2.9%。酪蛋白是制造干酪和干酪素的主要成分。

2. 乳清蛋白

乳清蛋白不含磷,含硫较多,占乳中总蛋白质的18%~20%。它主要分白蛋白、球蛋白及糖蛋白。

牛乳中的八种必需氨基酸的含量丰富且比例最接近人体所需的氨基酸模式,尤其是含有丰富的赖氨酸,而赖氨酸是面粉蛋白质中最为缺乏的,所以牛乳是一种营养价值很高的蛋白质,在西点中应用可以弥补面粉的不足之处。

(三)乳糖

乳糖只存在于哺乳动物和人的乳汁中,故称乳糖。

纯乳糖呈白色结晶或粉末,微溶于水,甜度仅为蔗糖的1/5,为16,乳糖属双糖,分子式同蔗糖。牛乳中含乳糖为4.7%,几乎全呈溶液状态,在人体消化率达100%。乳糖不被酵母菌发酵,但能被乳酸杆菌氧化成乳酸,所以乳糖容易发酸。由于乳糖易变酸,有利于肠内乳酸菌的繁殖,因而乳糖有治疗肠胃疾病的作用。

(四)矿物质

乳中含0.7%左右的矿物质,主要有磷、钙、镁、氯、钠、铁、硫、钾等元素;此外,还有碘、铜、锰、硅、铝、溴、锌、氟、钴等微量元素。

(五)维生素

乳中几乎含有一切已知的维生素,除维生素C外,乳在加工中其维生素基本都可以保留下来。

(六)水分

乳中水分含量为87.5%左右,水中溶解有有机物、无机盐类和气体等,总固体为 12.5% 左右。

三、西点中常用的乳及乳制品

鲜乳经过一些特殊加工,消灭或阻止细菌及酶的繁殖和活动,使乳保存时间延长的制品,即为乳制品。乳制品的种类很多,常见的有炼乳、乳粉、奶油、干酪、酸奶等。

(一)鲜牛乳(Milk)

鲜牛乳分为全脂牛乳和脱脂牛乳。全脂牛乳是对生牛乳进行杀菌处理后制成的,含有 3.5% 左右的乳脂肪。脱脂牛乳,除去了牛乳中绝大部分脂肪,脂肪含量在 0.5% 以下。

(二)乳粉(Dried Milk, Milk Powder, Powdered Milk)

用加热或冷冻的方法,除去乳中水分,干燥而成的粉末状物,即为乳粉。

乳粉分全脂乳粉、脱脂乳粉等。乳粉基本保持了鲜乳的营养和风味,使用方便,储存简单,在西点制作中应用较多。

1. 全脂乳粉

全脂乳粉是鲜乳经浓缩和喷雾干燥制成的粉粒,溶解度在 95%～99% 以上,色泽和香味均好。

2. 脱脂乳粉

脱脂乳粉是先把牛乳脱脂后,再经消毒、浓缩、喷雾、干燥制成。其含水量不超 5%,总干固物在 95% 以上。

乳粉易吸湿、结块,溶解度降低以至变质,脂肪易氧化酸败,应密封,贮于干燥、低温处。

(三)炼乳

炼乳分甜炼乳和淡炼乳两种。

1. 甜炼乳(Condensed Milk)

甜炼乳又称加糖炼乳。它是鲜牛乳加蔗糖,经消毒、浓缩、除去 60% 的水分,均质而成。甜炼乳应有甜味和纯净的奶香味,有良好的流动性,色泽浅黄,不应有蔗糖或乳糖结晶的粗糙感。

2. 淡炼乳(Evaporated Milk)

鲜牛乳经消毒浓缩除去约60％的水分,经均质、装缸、密封、灭菌处理后即为淡炼乳。组织细腻,色微黄有较好的奶香味。

(四)乳酪(Cheese)

乳酪的品种很多,在西点制作中常用的是奶油乳酪(Cream Cheese)。奶油乳酪质地柔软,未经过发酵,脂肪含量高达35％左右,主要用于制作乳酪蛋糕等一些特殊产品。

另外,还有马斯卡朋尼乳酪(Mascarpone),是意大利式的奶油乳酪(Italian Cream Cheese),原产意大利 Lombardy 地区,是一种将新鲜牛乳发酵凝结,继而去除部分水分后所形成的"新鲜乳酪",其固形物中乳酪脂肪成分含量为80％。软硬程度介于鲜奶油与奶油乳酪之间,带有轻微的甜味及浓郁的口感。由于未曾经过任何酝酿或成熟过程,遂而仍保留了洁白湿润的色泽与清新的奶香,带有微微的甜味与浓郁滑腻的口感。主要用于制作提拉米苏(Titamisu)。

(五)奶油(Cream)

各种新鲜奶油,因为其脂肪含量的不同,分为以下几种。

搅打奶油也称为淡奶油(Whipping Cream):脂肪含量为30％~40％,可以搅拌成稳定的泡沫状。

稀奶油(Light Cream)也称为咖啡奶油(Coffee Cream)或使用奶油,含脂肪量为16％~22％,通常用于调制咖啡。

(六)淡奶(Evaporated Milk)

又称花奶、奶水、蒸发奶。它是将牛乳蒸馏,去除一些水分后的结果。没有炼乳浓稠,但比牛乳稍浓。因此英文也叫 Evaporated Milk 或 Unsweetened Condensed Milk,它的乳糖含量较一般牛乳高,奶香味也较浓,可以给予西点特殊的风味。

(七)酸奶(Yogurt)

酸奶是以新鲜的全脂牛乳为原料,经过乳酸菌发酵制成的。酸奶不但含有鲜牛乳中的全部营养成分还含有很多益生菌和维生素,酸奶口味丰富宜人,是一种很好的功能独特的营养品。酸奶经过加热就会失去益生菌的活性,因此在西点制作中不宜用于需要烘烤的制品。

(八)酸奶油(Sour Cream)

酸奶油是一种富有脂肪的奶制品,由奶油和一些乳酸菌发酵而成。它因为发酵的乳酸菌和它酸的味道,所以被命名为酸奶油。

四、乳及乳制品在西点中的作用

1. 提高制品的营养价值

乳及乳制品的蛋白质含人体必需氨基酸的种类全、含量高,特别是独有的乳糖和人们已知的维生素几乎全有。所以,将它们加入制品,使制品营养成分全、含量多,易消化吸收,对增进人体健康,尤其对儿童的健康有着重要的作用。

2. 使产品增加浓郁的奶香味

乳品中的乳脂肪在经过烘烤时,会产生香味物质,使加有乳品的产品奶香浓郁,口感香浓,促进食欲。

3. 提高面团的吸水率和面筋的强度

乳粉的吸水率为100%,加入乳粉能使面团的吸水量增加,同时,加入乳粉,可以增强面筋,增加面包的体积。

4. 延长面团的搅拌耐性和发酵耐力

乳品加入面团中增强了面筋的韧性,也增加了面团的搅拌耐性。不会因为搅拌时间的增长而导致搅拌过度。同时乳品还提高了面团的发酵耐力,不至于因发酵时间延长而成为发酵过度的面团。

5. 改善制品的内部组织

乳本身是一种良好的乳化剂,在面粉中能改进面团的胶体性能,促进面团中油和水的乳化;同时,也能调节面筋的胀润度,使制品不易收缩变形,使其表面光滑,外观质量好。

6. 增加产品的色泽

在烘烤过程中,乳糖与蛋白质发生羰氨反应,生成褐色素,使制品表面产生金黄色的诱人色泽,乳粉用量越多,色泽越深。

7. 延缓产品老化

乳粉具有较强的保湿性,乳糖和矿物质都有抗老化作用,因此加有乳品的产品可减少水分的损失,保持产品的柔软性和延长保鲜期。

五、乳及乳制品在西点中的使用注意事项

第一,酸性物质如柠檬汁等不应直接加入鲜牛乳中,因为牛奶遇到酸会出现絮凝现象。

第二,乳粉在面包制作中用量最高不要超过6%,因为乳粉内含有多量的酪蛋白,可以增加面筋的强度,在制作时需要延长搅拌时间、基本发酵时间等,如果用量过高,则会影响到面包的内部组织。

第三,乳粉在某些产品中需要先加水还原。

第四,鲜奶油本身是液体,但含有相当量的油脂,因此在调制面团或者是面糊时,由于其双重作用,不能仅仅作为液体使用。

六、乳与乳制品的储存

乳品的营养丰富,也因此非常容易受到微生物的污染而引起变质,因此乳品的储存需要注意以下几个方面。

第一,鲜牛乳很容易受细菌的污染,在室温(26℃)下数小时就会变质。因此必须存放在1℃~5℃的冷藏箱内保存。打开后请尽快使用。

第二,淡奶一般用金属罐盛装,在使用前应检查表面是否生锈和是否有膨胀的现象。如果有,则表示已经遭受到细菌的污染,不能使用。淡奶可以储存在阴凉干燥的地方,温度过高或者贮存过久,都会使其变质,呈浓厚的黄褐色,失去应有的奶香。淡奶开盖后应置于冰箱内储存,开盖后应在五天内使用完。

第三,炼乳一般是罐装,应储存在阴凉的地方,开盖后如未使用完,要盖上盖子,可以存放数星期。开罐后的炼乳在使用之前要搅匀,因为底部会有部分糖的沉淀。

第四,乳粉应存储在干燥阴凉的地方,乳粉非常容易吸潮而结块,未使用完的乳粉要及时地密封保存。一旦发现结块的乳粉,需要经过过筛后再使用。

第五,淡奶油必须存放在1℃～5℃的冷藏箱内,打开后要尽快使用。储存温度不能低于0℃,低于冰点后,淡奶油的乳化组织被破坏,将无法搅拌。

第六,奶酪必须一直储存在冷藏箱内,处于冷藏状态。

第七节　果及果制品

在西点中有很多水果、果干和干果以及各种果制品(Fruits and Fruit Products)应用于其中,果及果制品可以改善西点的风味,增加品种的种类,营养丰富,风味独特,美观大方等。

一、果的分类

果品的分类,一种分法是按果成熟后含水分的多少分为:①鲜果,如桃、梨、杏、苹果、柑橘、香蕉、菠萝等;②果干,如葡萄干、枣子等;③干果,如杏仁、核桃、花生等。

二、果的主要化学成分

果是人们日常生活中重要的食物之一,它具有鲜美色泽,多样的风味和人体所需要的营养成分,它由水分、糖、有机酸、淀粉、纤维素、果胶、单宁、糖苷、含氮物、色素、芳香油、维生素、矿物质、酶等14种成分组成。下边就其中的主要成分作以简述。

(一)水分

水在果中占最大部分,一般含水量在70%～90%,干物质中有一部分可溶于水,叫可溶性物质,如糖、有机酸、果胶、单宁、矿物质、色素和维生素等。另外,还有非溶性物质如淀粉、纤维素、脂肪、某些色素和维生素等。

(二)碳水化合物

1.可溶性糖

果中普遍存有蔗糖、葡萄糖、果糖。糖是果甜味的来源,不同种类的果,含糖量及种类也不同,仁果类的苹果、梨等含果糖较多,核果类的桃、李、杏含蔗糖较多,果糖较少,浆果类的葡萄含葡萄糖和果糖较多,柑橘类果实含蔗糖较多,各种果的含糖量一般在 10%～21% 不等。

2. 纤维素

纤维素是构成果细胞壁和输导组织的主要成分,果中含纤维素的多少会影响果的品质,如含纤维素太多或较粗,使用时就感觉多渣,粗老。人体消化道中,没有促使纤维素水解的酶,食用后,纤维素不能被胃肠消化吸收,但它可促进肠的蠕动和刺激肠消化腺的分泌,起着帮助消化的作用。

果实中纤维素含量一般在 0.2%～4.1% 之间。

3. 果胶

果胶是植物组织中普遍存在的多糖化合物,是构成细胞壁的主要成分。它以原果胶、果胶和果胶酸三种不同的形态存在于果的组织中,各种形态的果胶物质具有不同的特性。

未成熟的果中,大多存在的是原果胶,不溶于水,与纤维素一起将细胞与细胞紧紧地结合起来,使果实显得坚实脆硬。随着果的成熟,原果胶在果实中原果胶酶的作用下,水解成果胶,果胶是溶于水的物质,与纤维素分离,进入果实细胞中,细胞间的结合便松弛,果实变得柔软。当果实进一步成熟时,果胶继续被果实中的果胶酶分解成为果胶酸和甲醇,果胶酸没有胶粘能力,果实便成水烂状态。

果胶溶于水,但不溶于酒精,这一特性在果实中提取果胶时常被利用。果胶与糖和酸结合,能形成果冻,被广泛用于果酱、果冻、果脯加工上。

一般果实含有果胶为 0.5%～1.5%,山楂多达 6.4%,常作为提取果胶的原料。

(三)有机酸

有机酸是影响果风味的另一重要物质,它是果实味的来源,果中含有有机酸主要是苹果酸、柠檬酸和酒石酸,这三种酸一般称为果酸。大多数果实都含有苹果酸和柠檬酸。一般果实含酸在 0.1%～0.5% 时比较适口,含酸在 0.8%～1% 时,便觉得酸味较浓,苹果、梨含酸在 1% 以下,葡萄含酸在 1% 左右,柠檬含酸量可达 5%～6%,只能用作饮料等。

(四)单宁

单宁,又称鞣质,是几种多酚类化合物的总称,存在于大多数种类的树体和果实中,它易溶于水,有涩味,在果中含量低时,使人口感有清凉味,含量高时有强烈的涩味,使人不能食用。一般果中单宁含量为 $0.02\%\sim0.3\%$,柿子含单宁极高,达 $0.5\%\sim2\%$,使用时需脱涩,常用酒精、温水、石灰水、混果、乙烯等方法脱涩。

苹果、梨等果实切开后,果肉不久就会变色,这是因为果肉中含有的单宁物质,在果实中多酚氧化酶的作用下,氧化生成一种深褐色的物质,也称根皮鞣红。果肉与空气接触的时间愈久,变色愈深。果肉变色的程度与单宁含量的多少有关,更与果肉中酶的活动状态有关,抑制果肉中酶的活性,就可以控制果肉变色。

单宁与铁质接触变深绿色,与锡加热呈玫瑰色,遇碱变黑色。

(五)糖苷

糖苷是糖与醇、醛、酚、单宁酸、含硫、含氮的化合物构成的酯化物,多数具有强烈的苦味和特殊的芳香,有些还具有毒性。果中主要的是苦杏仁苷和柑橘苷。

(六)含氮物质

含氮物质主要是蛋白质和游离氨基酸。新鲜水果中含量很少,在干果中含量很多,如核桃仁、杏仁中蛋白质含量为 $15\%\sim20\%$,甚至更高,其包含了十几种重要的氨基酸,易被人体吸收利用。

(七)芳香油

芳香油是果中的香味来源,多存在于果皮中,与其他化学物质(醇、醛、酚、酸、烯等)混合在一起。柑橘类中含量比较多。果中的芳香油决定了果实的香味,能刺激食欲,有助于人体对其他物质的吸收。

(八)色素

果中主要含有水溶性的色素,如花青素、花黄素等,还有油溶性色素,如叶绿素、胡萝卜素等。果中的色素因为种类、生长条件、成熟度等的变化而发生变化。

(九)维生素

果中维生素 C 的含量比较多,橙黄色的果中含胡萝卜素较高,另外还有维生素 P 等。干果中富含维生素 E。

(十)矿物质

果中主要含有的矿物质为钙、铁、磷等。

(十一)脂肪

主要存在于干果中。其主要为不饱和脂肪酸,对预防、保护心血管有一定的益处。

三、西点中常用的果及果制品

1. 新鲜水果

苹果、猕猴桃、木瓜、柠檬、草莓、橙子、芒果、黄桃、无花果、葡萄、樱桃、菠萝、甜瓜、梅子、柚子等,所选用的鲜果要色泽美观,口感新鲜,香味宜人。

2. 罐装及冷冻水果

各种水果罐头,如糖水樱桃、糖水苹果、糖水黄桃、糖水菠萝等,切成片状或者是块状或者是环状等。

3. 果干

果干主要有葡萄干、无花果干、杏干、枣子等。葡萄干的营养丰富全面,是西点制作中用得比较多的干果,经常应用在蛋糕、面包和西饼中,使用时可以先泡水 30 分钟,然后将水倒掉沥干,如果需要葡萄干具有特殊的香味,可以将葡萄干浸泡在果汁、咖啡液、酒或是其他的饮料中,使得葡萄干具有所浸泡的液体的味道。葡萄干应储存在阴凉干燥的地方,需要密闭保存。

4. 果制品

各种果酱,如草莓酱、蓝莓酱等。各种蜜饯,如什锦蜜饯,青梅、金橘皮等。各种果蓉,如蓝莓、芒果等。

5. 干果及干果制品

干果的营养成分高,而且具有果仁的香味,在西点中应用广泛。

杏仁是西点房重要的干果,有带皮和去皮的,还有各种形状的,整颗的,剖开的,碎块的及粉状的。

花生是价廉物美的干果。要注意花生的储存,若发生霉变,会产生黄曲霉素,不能食用。

核桃仁也是西点中主要的干果之一,核桃仁表面有一层苦涩的外皮,核桃仁本身也略带涩味,经油炸或烘烤可去掉部分苦涩味,在夏季应注意保存,防止生虫和气味变坏。

开心果外皮具有诱人的色彩,常用于装饰。

榛子使用前最好先烘烤,具有很好的香味。

瓜子仁籽粒扁平近似椭圆形,有黑色,黄褐色,经加工去皮后均为白色,用于制品。具有特殊的瓜仁香味。

芝麻仁按皮色分为白芝麻、黄芝麻和黑芝麻三种,颗粒饱满,皮色一致,无黑白间杂为好。

椰子粉用途很广,可以用于夹心,用于饼干制作,也可以用于装饰,等等。椰子粉香味浓郁,色泽洁白,价格较便宜。椰子粉要存储在干燥凉爽的地方,注意防虫,椰子粉还具有吸异味性,因此储存时不要靠近味道强烈的物品。

杏仁泥价格较高,但是用途广泛。由杏仁粉和糖按一定比例,加入适量的水调制而成的。常用于各种蛋糕、西饼和小饼干以及各种馅料中。

杏仁蛋白泥由杏仁泥、糖与蛋白调制而成,主要用于装饰。

四、果与果制品的使用

第一,可以单独使用,也可以用于馅料中,但用量要适当,过多会影响操作,影响质量和风味以及色泽。

第二,一般可根据具体产品加工成小丁块使用,过大或过小都会给制品的质量带来不利影响。

第三,对于发酵制品,特别是面包制品,不宜采用经硫或防腐剂处理过的果制品,这是因为,在果制品中残留的硫化物或防腐剂,都能抑制酵母繁殖,降低发酵制品的成品质量

第四,使用前要经过品质检验,因为果与果制品都很容易变质。

第五,注意保管。鲜果要根据水果的种类进行不同温度的低温储藏。蜜饯和果酱应放在干燥阴凉的地方,干果含有脂肪较多,要放在干燥低温处,防

止油脂酸败,还要注意防虫和防止霉变。

五、果及果制品在西点中的作用

1. 增加营养,提高质量

果品中含有人体所需的矿物质、维生素、有机酸、糖等,加之果仁含较多的脂肪和蛋白质,还有些成分对人体有益。因此,将它们加入西点制品中也就自然增加了制品的营养价值,提高了制品的质量。

2. 改善风味,促进食欲

不同的果及果制品,都各自具有独特的风味,当将它们加入制品,经工艺处理后,都能显现出各自的香气和味道,特别是含芳香油较多的干果制品,有促进人们食欲的显著效果。

3. 调节花色,增加品种

通过添加不同的果制品,可以制作出不同的西点产品。

4. 清新淡雅,色泽美观

在西点制品的表面装点鲜果和干果的鲜艳且自然的色彩,让西点产品更为美观大方。

第八节　可可粉与巧克力

可可粉与巧克力(Cocoa and Chocolate)广泛用于西点的很多品种中,不仅可以作为产品的表面涂层、夹馅,还可以进行精心的装饰,给予制品美好的外表、浓郁的香气和细腻柔滑的口感,同时还带给人们丰富的营养和热能。可可粉和巧克力一直都是西点制作的理想原料。

一、可可豆的概述

可可树生长于热带,可可树结出的可可豆荚经过发酵、干燥、烘烤后开裂,脱皮,裂开的粒籽就是可可豆,可可豆含有50%以上的可可脂。研磨可可豆,得到可可糊,这种糊状物称为巧克力液。然后将可可脂挤压出来,留下的就是可可粉。同时可对可可脂进行除味,脱色处理。制作巧克力,要将可可粉与糖混合,若制作牛奶巧克力,则需要加入奶块。将这些物质精炼,重新加入可可脂,通过研磨后形成细腻光滑的质地。精炼时间越长,巧克力的品质越好,质地越上乘。

可可脂呈象牙黄色或乳白色,外观有点像白蜡,具有一种令人愉快的特殊的可可脂香味。它因由 2/3 以上的饱和甘油酯和 1/3 不饱和甘油酯组成,所以坚实易裂,入口就化,在 27.7℃ 以下是脆性的,有可可的香味。超过其熔点后至 32℃～35℃ 则全部熔化。具有不感油腻,很稳定不易酸败的特点。西点制作中经常利用其低于熔点硬脆,超熔点迅速熔化的特性,沾挂表面、裱挤出各种花纹等,美观精致大方。

可可具有很高的营养价值,其主要成分是可可脂、可可碱和咖啡因,还有碳水化合物、脂肪、蛋白质和矿物质镁、钾。可可脂含有丰富的多酚,具有抗氧化功能,可以保护人体对抗一系列疾病。

二、可可粉

可可粉是指巧克力浆中除去部分可可脂后再经过干制而成的粉状物。可可粉主要性状如下:

pH 值——可可粉的 pH 值通常在 5.0～8.0。

油脂含量——不同的可可粉的油脂含量不同,通常在 10％～23％。

细度——不同的西点产品对可可粉的细度要求也不相同,作为装饰的可可粉,细度要高,用于烘烤的可可粉,可以略为粗些。通常要求至少 99％ 通过 140 目的筛子。

水分——一般为 6％～7％。

颜色——浅褐色到深棕褐色。

香味——巧克力的纯正香味。

可可粉一般分为无味可可粉和甜可可粉。无味可可粉可以和其他原料一起制作蛋糕、面包、饼干等,还可以与奶油一起调制巧克力奶油膏。甜可可粉多用于夹心巧克力、热饮或撒在西点的表面做表面装饰。

三、巧克力

各种不同的巧克力浆混合其他的材料如可可粉、可可脂、乳品、糖、香料等可以制造出不同的巧克力。

固体可可与糖的用量决定了巧克力的味道和种类,如甜、半甜、苦、特苦等。固体可可比例越高,糖的比例就越低,半甜巧克力一般含50%～60%的固体可可,苦巧克力的固体可可的比例可以达到75%～76%。牛奶巧克力除了固体可可和糖外,还含有固体奶,通常含有36%的固体可可和55%左右的糖以及9%的固体奶。白巧克力不含固体可可,只含有可可脂、糖、固体奶和调料等。

代可可脂由植物油加氢处理加工而成,其性状与可可脂十分相似,用代可可脂制造出来的巧克力价格较低,没有纯正的巧克力那样好的味道和口感,但是其性状更为稳定,经常用于烘焙和装饰中。

四、可可粉与巧克力在使用时的注意要点

可可粉和巧克力在西点中应用很多,在使用中需要注意以下几个方面。

第一,可可粉加入配方时,需要注意加水量,一般是添加的可可粉的量的1.5倍。同时调整发粉的用量。

第二,可可粉使用时可先溶于牛奶,再加入面糊中。或者是和面粉混合均匀再过筛后使用。

第三,使用巧克力时,需要融化巧克力,融化时要隔水化开,要注意控制好融化的温度和时间,具体要求见第二篇中的巧克力工艺部分。

第九节 食品添加剂

在不影响食品营养价值的基础上,为了防止食品的腐烂变质,增强食品的感官性状,提高食品的质量,会在食品生产加工、保存中加入适量化学合成或天然的物质,这些物质就是食品添加剂。

食品添加剂有很多,在西点制作过程中主要应用的有膨松剂、凝胶剂、赋香剂、着色剂、调味剂、乳化剂等。

一、膨松剂(Leavening Agent)

膨松作用是指面团或面糊中的空气或其他气体,在烘焙过程中受热膨胀,使产品体积增大,促使产品定型,达到预期对质地的要求。凡能使产品酥

松或膨大的物剂都可称为膨松剂。

西点的酥松和膨大,既在量上诱发人们喜爱的心理,又在口感上给人以舒美的享受。

(一)膨松剂的种类

膨松剂有两种:一类是化学膨松剂,多用于糖、油多的西点制品;另一类是生物膨松剂,多用于糖、油较少,需经发酵的西点制品。

1. 化学膨松剂

(1)化学膨松剂是指通过化学反应释放气体的物质。化学膨松剂要求:①安全性高,价格低廉;②以最小的使用量,产生较多量的气体;③在冷的面团里气体产生慢,一旦受热就能迅速而均匀地产生大量气体;④加热分解后的残留物不影响成品的风味和质量;⑤贮存方便,不易在贮存中分解失效。

(2)主要的化学膨松剂。

①碳酸氢钠。碳酸氢钠俗称小苏打,又叫重碳酸钠、酸式碳酸钠、重碱等。分子式为 $NaHCO_3$。碳酸氢钠为白色粉末,无臭,味咸,遇热强烈反应产生二氧化碳气体,水溶液呈碱性,pH 值为 8.3,分解温度为 $60℃\sim150℃$,产气量约 $261cm^3/g$,受热时的反应式为:

$$2NaHCO_3 \xrightarrow{\triangle} Na_2CO_3 + H_2O + CO_2 \uparrow$$

由于反应生成物为碱性,因此使用不当,如用量过多或者是混合不均匀,会使成品表面出现黄色斑点,并影响口味,对维生素也有较大的破坏。

②碳酸氢铵。俗称阿木尼、臭粉,又叫重碳酸铵,酸式碳酸铵。分子式为 NH_4HCO_3。碳酸氢铵为白色结晶,有氨臭,易溶于水,稍有吸湿性,水溶液呈碱性,pH 值为 7.8,对热不稳定,在空气中风化,分解温度为 $30℃\sim60℃$,产气量约 $700cm^3/g$,分解反应式为:

$$NH_4HCO_3 \xrightarrow{\triangle} NH_3 \uparrow + H_2O + CO_2 \uparrow$$

碳酸氢钠分解后残留碳酸钠,使成品呈碱味影响口味,使用不当时,会使成品表面呈黄色斑点,碳酸氢铵分解后产生气体的量比碳酸氢钠多,起发能力大,但容易造成成品过松,使成品内部或表面出现大的空洞。此外,加热时产生带强烈刺激性的氨气,虽然很容易挥发,但成品中还能残留一些,从而影响产品风味。所以,在使用时要适当控制其用量,一般将碳酸氢钠和碳酸氢铵混合使用,可以减弱各自的缺陷,获得理想的效果。

此外,食品中有些维生素在碱性条件下加热也易被破坏。

在实践中,操作者认为碳酸氢铵在制品中有使制品向上涨发的作用,而碳酸氢钠有使制品下滩的作用。刚成形的制品受热,碳酸氢铵就产生大量的二氧化碳和氨气,加之制品较软,同时氨气的比重小于二氧化碳气,因而向上冲力大,就使制品上涨;而当碳酸氢钠大量产气时,制品表面已开始凝固,制品继续向上涨的趋势受到阻碍而破裂,结果就是制品表面出现大量裂纹而呈下滩状态。

③发粉。发粉也称为泡打粉,是一种复合膨松剂。复合膨松剂一般是由碱剂、酸剂和填充剂组成。在受热过程中碱剂与酸剂发生中和反应,产生气体,制品中不残留碱性物质,从而提高制品的质量。

复合膨松剂的碱剂,常用的是碳酸氢钠,其用量占 20%～40%,作用是与酸反应产生气体。酸剂或酸式盐剂很多,常用的有柠檬酸、酒石酸氢钾、磷酸二氢钙、钾明矾等,其用量占 35%～50%,作用除同碱剂发生反应气外,还在于分解碳酸钠产气,降低成品的碱性。填充剂有淀粉、脂肪酸等,用量占 10%～40%,作用在于增加膨松剂的保存性,防止吸潮结块和失效,也有调节产气的速度和使气泡均匀等作用。

④食用老碱。化学名称为碳酸钠 Na_2CO_3,在酸性条件下可以产生少量的二氧化碳,膨松能力弱,产气均匀,对产品的不良影响比较少,可以提高皮层的光洁度,不会使产品变形,使用方便,储存期长。

2. 生物膨松剂

在面团中能产生气体,而不产生任何有害成分的微生物就是生物膨松剂,广泛用于西点发酵制品的生物膨松剂主要是酵母(Yeast)。

酵母在发酵制品中,不仅产生大量二氧化碳气与酒精,使制品膨松,味美,而且还因其本身含有大量蛋白质和多种维生素,是既营养又能起膨松作用的膨松剂。

(1)酵母的形态及构造。

酵母是一种单细胞的微生物,它的一个细胞就是一个个体,酵母细小得不能用肉眼看见,必须在显微镜下才能看到它的形状,它的形状大体上有圆形、卵形、椭圆形和腊肠形等。它的大小一般在(3～5)微米×(5～30)微米。制造面包的酵母,外观为椭圆形较多,其构造如图 2-5。

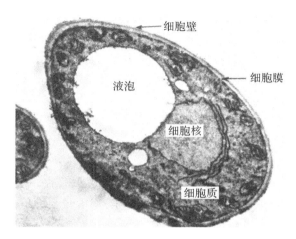

图 2-5 酵母的构造

（2）酵母的化学组成。

酵母主要由水分、蛋白质、糖、脂肪、灰分和维生素组成。

①水分。酵母含 63%～75% 的水分，低温干燥能除去酵母体内 85% 的水分，而使酵母内不发生强烈的变化。

②蛋白质。酵母含 13%～14% 的蛋白质，这些蛋白质是由人体所需的各种氨基酸组成，故酵母有很高的营养价值。

③糖。酵母中含 10% 左右的糖，糖是酵母在系列过程中所积聚的储备物质，酵母在缺乏营养的情况下，糖便逐渐被消耗，变成酒精、二氧化碳或醋酸等。

④脂肪。酵母中含 0.8% 左右的脂肪，酵母体内的脂肪是由碳水化合物经同化作用而产生的。酵母在含有丰富的碳水化合物以及氮源较少的培养中，接触充分的氧气时，即可进行同化作用产生脂肪。

⑤灰分。酵母中含 1.8%～2% 的灰分，常含的是磷、钾、镁、钠、钙、铁、硫等。

⑥维生素。酵母细胞内含有丰富的维生素 B 和维生素 D 源，具有很高的营养。

（3）酵母的繁殖。

酵母细胞在条件合适时就会繁殖，西点食品常用的酵母都是出芽繁殖。所谓出芽繁殖，就是在成熟酵母细胞的壁膜上先形成一个小突起包，然后小突起包逐渐增大,细胞核分裂;同时与母细胞体连接处内溢,最后断裂一分为二,即成独立生活的子细胞,子细胞经一定时间又出芽分裂为二。酵母就这样一分为二,二分为四,四分为八,八分为十六,愈来愈多。据试验,酵母每2小时能分裂出一代,它在24～48小时内是青年时代,这时它的生命力最强;48小时以后就衰退走向老化。

(4)影响酵母发酵的因素。

酵母在良好的条件下,才能进行经常旺盛的繁殖,一般影响酵母繁殖的因素有温度、pH值、渗透压、盐、杂菌等。

①温度的影响。酵母在60℃时死亡,但能忍受低温,甚至在0℃以下还不死亡。酵母繁殖的最适温度为25℃～28℃,发酵最适温度为28℃～32℃,酵母通常生长在25℃～35℃的温度中。

②pH值的影响。酵母的最适pH值是偏酸性,一般控制在4.5～6.0之间。

③糖的用量。糖多,渗透压大,酵母易被抑制,繁殖率降低,所以,一般用糖量为面粉的4%～6%为宜。如果配方中糖的用量超过面粉的8%～10%,则可能会影响到发酵。

④盐可以增强面筋的强度,但是使用量过多会抑制酵母发酵,所以盐的用量一般为面粉的1.5%～2%。

⑤杂菌的影响。各种杂菌会和酵母一起繁殖而消耗酵母液中的养分,或是分泌代谢产物影响酵母的繁殖和生长。

(5)西点中的常用酵母。

①压榨酵母(Fresh Yeast)。压榨酵母,又称鲜酵母,是经一定时间,酵母数量达一定标准的酵母液,用化学或微生物的方法使酵母沉淀,然后机械离心或板框过滤器分离,再将酵母压缩成块即为压榨酵母,正常的压榨酵母呈乳白色或淡黄色,具有酵母的特殊味道,无腐败气味,不发黏,无其他杂质,水分含量在60%～72%。

压榨酵母的使用量,可根据生产周期、具体品种,确定配方比例。一般使用量为面粉的3%～6%,使用方法:先用30℃的温水将压榨酵母溶化,使压榨酵母成酵母液,以便在调制面团时使酵母均匀地分布在面团里,酵母不能直接同食盐、浓度高的糖液和油脂等物质混合,否则会影响面团的正常发酵。鲜酵母也可以直接加入到面团中搅拌。

鲜酵母需要储存于2℃～10℃的冷藏环境中,一旦开封,最好在两周内用完。其优点是使用方便,可按配方中的用量任意称取,不足之处是不易保存,环境温度要求较严。在 4℃下保存,保存期 2～3 个月,13℃两个星期。22℃时 1 个星期,若温度过高,酵母会自溶腐败,丧失活力。

面包制作中选用鲜酵母发酵速度快、质量高。

②活性干酵母(Active Dry Yeast)。活性干酵母是由压榨酵母在低温条件下经脱水而成的淡褐色颗粒状物。其水分在 10％以下,这种状态的酵母呈休眠状态,在低温干燥的环境中可以维持稳定的活性,常用真空包装,故储存时间较久。储存于常温干燥处,保存期一般不超过两年(温度在 20℃左右)。贮藏温度愈高,则失效愈快。购买干酵母需留意其有效日期。

使用方法:先将酵母溶于 4 倍量左右的温水(32℃～38℃),浸泡 5～10 分钟,待其活化后再加入面团中搅拌。

③速效干酵母(Instant Yeast)。又称为速溶酵母。将抗氧化剂及乳化剂加入新鲜酵母中,在低温环境中干燥,最后得到浅褐色的针状小颗粒。含水量为 4％～6.5％。保存时间为 6 个月至 1 年。

使用方法:直接加入面粉中与其他原料一起搅拌。因颗粒小,溶解力强,发酵速度快,使用方便,储存简单,是目前使用较多的一种酵母。

(二)膨松剂的储存

化学膨松剂易于吸收空气中的水分,开封后容易受潮而失去应有的效力,因此必须储存于密闭容器中,并且置于阴凉干燥处。碳酸氢铵还需要储存在深色的密闭容器中。

鲜酵母需要储存于 2℃～10℃的冷藏环境中,干酵母和速效干酵母在阴凉干燥处常温储存。

二、凝胶剂(Jelling Agent)

在西点制作中有些产品需要增加其黏度,使之滑润适口,提高产品质量还能美化外观等,凝胶剂可以起到改善和稳定西点的物理性质或组织状态的作用。

凝胶剂的定义:一些亲水性强的胶体微粒,在一定温度下吸水,溶散,互相吸附,交织,形成密密层层的网状结构,冷却便凝结成柔软、富有弹性的胶冻,即凝胶。一般把具有这种特性的物质叫凝胶剂,如淀粉、糊精、琼脂、明胶、果胶、树胶等。

西点常用的凝胶剂,主要有琼脂、明胶、果胶和羧甲基纤维素钠等。

(一)琼脂(Agar)

琼脂,又名洋菜,是从石花菜中提取的一种半乳糖的多糖聚合体,琼脂有粉状、条状等两种形状。

琼脂不溶于冷水,可溶于80℃的热水中,吸水性很强,可以吸收20多倍的水分。使用方法:条状的琼脂使用前需先以冷水浸软,粉末状用热水调匀。

琼脂在西点中,主要和蛋白、糖等配合,制成琼脂蛋白膏,用于各种裱花西点,琼脂因不耐热,所以在熬制时不能加水过多,熬的时间也不宜过长;此外,酸、盐对琼脂的凝胶力有一定影响。

(二)明胶(Gelatin)

明胶是从动物的皮、骨、软骨、韧带、肌凝中提取的高分子多肽聚合物,是亲水性胶体。

明胶为白色或微黄色半透明的微带光泽的薄片或粉粒状,无挥发性,无特别臭味,不溶于冷水,但能缓缓地吸水膨胀而软化,能吸收5~10倍水,在热水中溶解,待到30℃便凝结成柔软而有弹性的凝胶,明胶与酸或碱同热则凝胶性丧失。使用方法:片状的明胶片使用前用冷水浸软,沥干水分后再与其他材料混匀。粉末状的明胶使用时先倒入冷水中(1∶5),待粉末吸足水分后,再加入其他材料拌匀。

明胶在不少西点产品中使用,如果冻、慕斯等,产品具有韧性和弹性的特殊口感,成品需要冷藏储存。

(三)果胶(Pectin)

果胶是从天然的水果内提取的,它是由半乳糖醛酸聚合起来的碳水化合物。

果胶很容易混合在水中,有较好的水果风味,能溶于水成乳浊胶溶液;果胶具有非常有效的增稠作用,经常用于各种水果馅料和果冻、果酱中。

三、着色剂(Pigment)

以食品产生颜色为目的食品添加剂就是着色剂。

色、香、味是人们对所有食品在感官方面的三个重要的质量要求,色先给人以直观印象,往往又是人们进而推测这种食品香和味的依据。色在某种程度上起到了提高或降低这种食品商品价值的作用,凡是色好的食品,不仅给人以精神上美的享受,更重要的是能刺激食欲,增进食用者在食用时的愉快感,能显著提高食品的食用价值。西点制作中着色剂往往用于制品的表面装饰,使得制品色调和谐宜人,提高西点制品的价值。

着色剂按照来源分为食用天然色素和食用合成色素,按照溶解性的不同分为脂溶性和水溶性两种。

(一)天然食用着色剂

天然食用着色剂,主要是从植物中提取,也有利用微生物合成,还有从动物组织中提取的。植物着色剂有胡萝卜素、咖啡、可可、叶绿素、姜黄等;微生物着色剂有核黄素及红曲色素等;动物着色剂有虫胶色素、胭脂虫红等。另外,还有我国传统制作的焦糖色。

天然食用着色剂,有些本身就是食品的正常成分,所以对人体不仅安全性高,且具有一定的营养及疗效作用,故用量不受限制,但它因质量不理想,价格较贵,还不能被广泛使用。

在西点中常用的天然食用着色剂有红曲色素、虫胶色素、姜黄色素、叶绿素铜钠、β-胡萝卜素、焦糖色素、红花黄色素、甜菜红、辣椒红素、花青素等。

(二)合成食用着色剂

合成食用着色剂,又称人造食用着色剂,种类很多。按应用范围分,有水溶性、油溶性等色素。

合成食用着色剂,大部分是以煤焦油中分离出来的苯胺染料为原料制成的,这是因为它不是食品中原有的成分,所以若用量不当,对人体有危害,但它色泽鲜艳,色调多样,着色力强,性质稳定,牢固度好,成本低廉,故被广泛使用。它需要按照食品安全规定来确定使用范围和使用量。

(三)色素使用注意事项

(1)可以不用色素的尽量不用色素。

(2)尽量选择天然色素或者是安全性高的人工合成色素。

(3)使用人工合成色素时,要注意在国家规定使用范围和使用标准之内。

（4）选择着色力强、耐热和耐酸碱的色素。

（5）色素溶液要溶解于冷水中，避免使用金属容器。

（6）色调选择素雅清淡的，尽量与产品原有色彩相协调。

四、赋香剂（Aromatizing Agent）

凡能增强食品的香气，借以改善食品风味的物质都可叫赋香剂。

香，指的是香气和香味，是一切食品很重要的一项感官质量要求。西点也是如此，为了有意改善或增强西点的香气和香味，往往在制作中添加适量的赋香剂，适量赋香剂的香能使人身心爽快舒服，消除疲劳，在人们的饮食中，不仅能促进食欲、帮助消化，而且可增加营养，具有抑制细菌和防止食品腐败的作用。

赋香剂多种多样，包括香料和香精，香料按来源可分为天然香料和人工合成香料两类。香精是由数种以上的香料经过调和制成的复合香料。

（一）西点中常用的香料

1. 香草（Vanilla）

又叫香草枝、香草荚，具有迷人的香味和独特的口感，是西点中非常重要的香料。香草荚中含有 250 种以上芳香成分及 17 种人体必需的氨基酸，具有极强的补肾、开胃、除胀、健脾等医学效果，是一种天然优良的香料，被称为香料皇后。

香草荚的使用方法：

（1）直接将香草荚加入热水中，使香味被热水吸收，然后取出。如果想得到更浓郁的味道，可将香草荚纵向切开，加入热水中。

（2）也可以用于不加热的配料中。

（3）可以将香草荚浸泡在酒精中，使用时加入相应的液体即可。

2. 橘子油

橘皮经压榨或蒸馏而得橘子油，为黄色的油状液体，具有清甜的橘子香气。

3. 柠檬油

柠檬皮经压榨或蒸馏而得柠檬油，呈鲜黄色澄明的油状体，具有清甜的柠檬果香气,味辛辣微苦。

4.香兰素

香兰素又称香草粉,香兰素主要由人工合成制得,为白色至微黄色的结晶,具特殊的香气,易溶于乙醇、乙醚、氯仿及热植物油,在冷的植物油中溶解度不高,略溶于水,但易溶于热水,受光照影响而变化,在空气中能徐徐氧化。

5.薄荷素油

薄荷素油,又称脱脑油,由蒸馏植物薄荷的茎、叶而得的薄荷原油,经脱薄荷脑后所剩的油即为薄荷素油。薄荷素油无色、淡黄色或黄茅台酒色澄明液体,具薄荷香气,味初辛后凉。

(二)西点中常用的香精种类

食用香精是用各种安全性高的香料和稀释剂等调和而成,并用于食品的香精,食用香精按稀释剂的不同分水溶性香精和油溶性香精。在香型方面,目前大多数食用香精是模仿各种果香而调和的果香型香精,其中使用最广的是橘子、柠檬、香蕉、菠萝、杨梅等。也有其他香型的,如香草香精、奶油香精等。

1.食用水溶性香精

食用水溶性香精是用蒸馏水、乙醇、甘油为稀释剂,调和以香料而成水溶性香精。食用水溶性香精一般应是透明的液体,其色泽、香气、香味与澄清度应符合该型号的标样,不呈现液体分层或浑浊现象,水溶性香精易于挥发,不宜用于经高温制作的制品。

2.食用油溶性香精

食用油溶性香精是用精炼植物油、甘油、丙二醇等做稀释剂,以香料调和而成的油溶性香精。食用油溶性香精一般应是透明的油状液体,其色泽、香气、香味与澄清度应符合该型号的标样,不呈现液体分层或浑浊现象,但以精炼植物油为稀释剂的在低温时允许有冻凝现象,因稀释剂沸点高,宜用于经高温的制品。

(三)食用香精的使用

食用香精在使用时应注意:

1. 配比适量

配比过多,使人有触鼻的刺激感觉,失去香精清雅醇和的气味;配比过少,就会香味不足,达不到应有的效果。

2. 用量准确

香精多为液体,用量杯、量筒计量会较方便,为了排除比重和温度引起的误差,用重量法比较准确。

3. 掌握加入的时机

香精都有一定的挥发性,对须加热的食品,应尽可能在加热后冷却时,或在加工处理后期添加,以减少香精的挥发损失,对因经高温挥发损失较大的可稍提高其用量。

4. 按产品性质选品种加入

对于甜度较大,酥、松、脆程度较高的西点制品,其香精的使用量应较低;反之,对于甜度较低而有嚼力的西点制品,其香精的用量应较高。选择用或合用两种以上香精时,要注意选用香精同配方中其他辅料的风味的相互影响,以及两种香型的矛盾。

5. 防止同碱直接接触

对配有碱性化学膨松剂的西点制品,在添加香精时,要避免和膨松剂直接接触,以免受碱性的影响,使成品质量降低。

(四)食用香精的保存

香精中由于含有各种香料与稀释剂,除了易于挥发之外,其中有些香料受外来的因素影响,往往容易变质。造成变质的原因比较复杂,但不外乎是氧化、聚合、水解等作用的结果,引起并加速这些作用的因素往往是温度、空气、水分、阳光、碱类、重金属等。

为了防止香精变质,必须给予有利的保存条件。现在,一般采用的办法是:

第一,盛装于深褐色玻璃瓶,盛装的量以尽量排除顶隙的空气为好,但也不宜过满,应适当留些空隙。

第二,密封。既利于防止低沸点的香料与稀释剂的挥发而导致的浑浊和油水分离,又利于避免与空气接触发生氧化及同其他气味混杂。所以,启封后的香精不宜保存,应尽早用完。

第三,防止曝光照射,要保存于阴凉处,一般保存以 10℃～30℃ 为宜,过低会造成结晶或油水分离,会产生加香不匀的缺点。

第四,有的香精,特别是酯类香精易燃,在转运和保存中要注意防火和防暴晒。

五、调味剂（Flavouring Agent）

凡能提高西点的滋味,调节口味,消除异味的添加剂都可称为调味剂。

人们食用各种食品,不仅要求有丰富的营养,而且还要求有美好的滋味。这种美好的滋味不仅给人以物质的享受,还给人以精神上的享受。所以,为了增强西点产品的美好滋味,消除某些原材料固有的异味,以刺激食欲,增加食量,达到提高食品的食用价值和商品价值的目的,在西点生产中,应加入适当的调味剂,以起到调味的作用。

（一）味的产生及种类

味是食物在口腔中的一种感觉,人的舌上有许多味蕾,当食物接触味蕾后,味蕾受到刺激,通过神经末梢将味觉细胞的兴奋传导到大脑的味觉神经中枢,经一番分析、比较就产生了对不同食物的各种味感。

人的味感有酸、甜、苦、辣、咸、鲜、涩、碱、凉、金属味十种。但生物学上只分为酸、甜、苦、咸四种基本味,人的舌头各部对不同的味感能力不同;舌尖对甜味最敏感,舌根对苦味最敏感,舌的两侧后半部对酸味最敏感,而对咸味最敏感的是舌尖和舌尖的两侧。

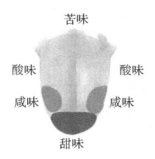

图 2-6　人的舌头各部不同的味感能力

（二）调味剂种类和西点常用的调味剂

调味剂的种类很多,按口味不同可分为:酸味剂,如醋酸、乳酸、柠檬酸等;甜味剂,如食糖、饴糖、蜂糖等;辣味剂,如辣椒粉、胡椒粉、生姜粉、五香粉、咖喱粉等;咸味剂,如食盐;鲜味剂,如味精、虾酱等。

1. 食盐（Salt）

食盐是味中之王,是咸味的主要来源,对人体有极重要的生理作用,能促进胃液分泌,增进食欲,可保持人体正常的渗透压和体内的酸碱平衡。人体缺盐,会引起食欲减退,消化不良,困乏无力。因此,每人每天需要摄入食盐10～15克;此外,食盐是食品的防腐剂,是重要的食品原料。

食盐在西点产品中的作用:

（1）增加品种,调节口味。西点多为甜味制品,但若在配方中少加或多加就成了甜咸味或咸味西点制品,这就提高了滋味,增加了西点的品种。同时,当人们由多食甜味制品改食咸味制品,特觉清新鲜美,促进食欲,调节口味。

（2）增强面团的弹性与筋力。食盐因有吸水性,在面团中使面粉吸水胀润增加弹性;同时,又使面粉的面筋质地变得紧密,增大强度,提高韧性面团或筋性面团的筋力。

（3）改进产品的色泽。在面团中适量添加食盐,可使面团组织细密,成品色泽发白,特别是对发酵制品效果更为显著。

（4）调节发酵面团的发酵速度。一般微生物对食盐渗透压的抵抗力较弱,但适量的食盐对酵母的生长和繁殖有促进作用,对杂菌的增殖有抑制作用,特别是对乳酸菌的抑制作用很突出。但用量过高,对酵母也不利。为此,必须严格控制用盐量,一般不得超过面粉总量的3%。所以,通过掌握用盐量可调节酵母面团的发酵速度。

2. 柠檬酸（Citric Acid）

天然的柠檬酸存在于柠檬、柑橘之中。柠檬酸含分子结晶水,是无色半透明结晶或白色结晶状粉末,无臭,味极酸,极易溶于水,水溶液呈酸性。

柠檬酸在西点中的用途:

（1）熬制转化糖的转化剂。

（2）打蛋白膏时添加,可使制品增白,口味好。

（3）熬制果酱时添加,可防止果酱腐败,阻止果酱返砂,提高果酱风味。

3. 塔塔粉（Tartar）

白色粉末，主要成分是酒石酸氢钾，属于酸性盐。主要用于蛋白打发过程中，以中和蛋白的碱性，便于蛋白的打发和增加蛋白的韧性。

4. 辛香料（Spices）

某些植物的根、茎、叶、花、种子、果实、皮、块茎中，含一定气味和滋味的成分，这些成分对于提高食品的风味，消除异味，增进食用者的食欲，扩大食量具有一定的作用，因此，把含这些成分的物质叫做辛香料。

辛香料使用少量就可以获得浓郁的味道，所以要保证称量的准确性。否则，会产生过于浓烈的味道，使产品无法食用。西点中常用的辛香料有香辣椒、八角、小豆蔻、肉豆蔻、芝麻、桂皮、丁香、姜、柠檬皮和橙皮等。

粉末状辛香料的气味较易丧失，需要先确定所使用的辛香料是否新鲜，并将之密封保存在阴凉干燥的地方。

5. 酒精（Alcohols）

各种酒精饮料是西点中常用的调味剂，主要有果味酒、朗姆酒、白兰地、葡萄酒等。酒精饮料可以帮助西点产品提香，使口味更佳。

第三章　西点工艺常用设备与器具

> 📖**知识目标：**
>
> 　　了解西点中常用的设备和器具的种类和名称，各种设备器具的使用注意事项以及清洗和保管的建议。
>
> 📖**能力目标：**
>
> 　　掌握西点制作中所需要的主要设备、主要器具以及清洗和维护的要领。
>
> 📖**预习导航：**
>
> 　　1. 你所了解的制作西点的工具设备有哪些？
>
> 　　2. 西点制作过程中应遵守的制作规范和个人卫生要求有哪些？

第一节　常用的设备与器具的介绍

一、常用设备

1. 工作台

工作台是指制作西点的操作台面。常见的有不锈钢台面、大理石台面和冷藏（冻）工作台等，以不锈钢的最为常见。使用时要注意四角平稳固定于地面，工作台的材料要选用无毒的材质。使用后要及时清洗干净。

2. 搅拌机

搅拌机是将各种原材料有效快速地拌和均匀,用于制作面包和蛋糕以及其他西点的工具。有马力较大的着地放置的搅拌机,有马力较小的放置桌上的小型搅拌机。

使用注意事项:(1)根据制作需要,选择适当的搅拌机。(2)最大搅拌量不超过搅拌缸的 2/3。(3)注意搅拌机的电压和电流是否合适,注意安全。(4)启动时应由低速开始,待转动顺畅后再增加转速。(5)注意防护网罩的开闭,在机器转动时不要将其他物品放入搅拌缸中。

3. 冷冻冷藏柜

利用低温来保存原料和产品,以延长原材料和产品的储存期,也是某些产品生产过程中必要的过程。冷冻食品中心温度要在−18℃以下,冷藏食品的中心温度在 0℃~7℃。

使用注意事项：(1)冷冻冷藏柜一般使用专用插座。(2)经常注意冷冻盒冷藏柜的温度和相对湿度。(3)存放的物品遵守先进先出的原则。(4)随时保持干净整洁,定期打扫整理。(5)物品应排放整齐,存放量占空间的50%～60%,以确保存放的物品能得到良好的低温保存。(6)避免物品反复冷冻和解冻。(7)不要经常将柜门开开关关,避免温度回升过高,使得食品的品质下降。

4. 醒发箱

醒发箱是供面团发酵、中间醒发和最终醒发使用的。在使用过程中,适当控制醒发箱的温度和湿度,是产品外观和内在品质的保证。

使用注意事项：(1)使用前注意水箱里的水是否足量,电源开启后,需要检查醒发箱的温度和湿度是否正常。(2)不要经常打开醒发箱,以免温度和湿度变化过大。(3)使用完毕关闭电源后,要及时擦干,并将门打开,以免箱内发生异味和霉变。

5. 和面机

和面机主要用于面包面团和韧性面团的搅拌。一般有快、慢两档,恒速转动的搅拌缸有倒、顺两个转向。

使用注意事项：(1)电源必须有接地保护,注意安全。(2)保持机器在平稳状态下工作,不可整机晃动工作。(3)不可超量搅拌,且水分在低于55%时应减少搅拌量。(4)取面团时,不要使用金属刮板、铲子之类的器具,防止划伤搅拌缸。

6.酥皮机

常用于包裹油脂的产品作为面团整形,是制作丹麦面包、起酥面团等的常用机械。经过压面机的折叠和擀压,可以获得产品的理想层次与厚度。

使用注意事项：(1)操作时要注意安全,避免操作过程中手被卷入机器中。(2)操作时要预先在面团和滚轮上撒上面粉,以免面团的粘连。(3)根据制作需要调节好滚轮的距离。(4)滚压后,折叠前,需要把多余的面粉除去。

7. 烤盘车

供产品烘烤出炉后的冷却、散热之用,以及平常存放烤盘之用。

使用注意事项:放置时从上往下放,取用时从下往上拿。

8. 烤箱

将西点产品经过烘烤加热变成色香味俱佳的产品。常用的有电热烤箱、瓦斯烤箱和蒸汽烤箱。外观上则有箱式、旋转式、隧道式和输送式等。

箱式烤箱:最常见,占用空间小,容易操作,但是烘焙数量少。

旋转式烤箱:受热均匀,但是较耗费能源。

隧道式烤箱:能精确控制温度,不受烤盘形式的限制,可连续生产,产量高,但是占用空间大。

输送式烤箱:温度控制好,制作产量高,但是占用空间大,成本高。

使用注意事项：(1)新烤箱第一次使用时，要先空烤，以去除异味。(2)使用时需要先预热烤箱达到设定的温度，以保证产品的质量。(3)在烘烤过程中，尽量减少开烤箱的次数，以免影响烤箱内产品的品质。(4)烘烤时必须使用烘烤手套，注意安全，以免烫伤。

二、常用器具

(一)称量工具

1. 电子秤

电子秤是最常见的称量器具，误差较小，有自动归零和扣除容器重量的特点，使用方便。

注意事项：(1)使用前要平放，归零。(2)选择适当的单位，如克或者千克。(3)使用后要及时整理干净，以免锈蚀机件。(4)定期校正，以维持其准确度。

2. 量杯

量杯是用于称量液体的容器，以毫升为计量单位。

使用注意事项:(1)注意所量取的液体的比重。(2)使用时,注意杯内的液体要呈水平状态。

3. 量匙

可用于称量少量的干性材料,如酵母、发粉等。

使用注意事项:注意确定每个量匙的分量,不要误用。使用时将称量的材料装满,然后用刮刀刮平为准。

4. 温度计

温度计用于测量面团的温度、醒发箱的温度以及油炸时的油温等。

　　使用注意事项：测量的温度不可超过规定测量的温度。将温度计插入需要测量的物体中，可测得准确的温度。

（二）制作器具

1. 不锈钢盆

　　不锈钢盆有大小不一的多种规格，可用于面糊的搅拌等。

　　使用注意事项：底部为圆弧形，可以使搅拌更顺畅，搅拌时底部可以垫一块湿毛巾，防止滑动，便于操作。

2. 面粉筛

　　在制作过程中用于过筛粉状的材质，去除杂质，也可以用于过滤液体中的杂质或气泡，使得成品更为细腻均匀。

使用注意事项：面粉筛的规格是以目为单位，有粗细之分，根据产品制作需要来选择。由于使用后的面粉筛经常有残留物粘连，容易滋生细菌，因此每次使用后要仔细清洗并晾干。

3. 刮板

刮板是用于搅拌面团和刮干净搅拌缸内的物品，还可以用于面糊的刮平。形状有多种。不锈钢材质的刮板往往用于切割面团、拌和各种皮料等。

使用注意事项：不同形状的刮板用于不同的操作。

4. 打蛋器

打蛋器主要用于搅打蛋白、奶油或面糊等。

使用注意事项：搅打时顺一个方向打发较好。

5. 长柄刮刀

长柄刮刀多用于蛋糕等西点的制作。

使用注意事项：不耐热，不可用于加热食物，以免产生毒素和造成刮刀的变形。

6. 擀面棍

擀面棍用于面团的整形，卷制和起酥面团的包裹擀叠等，以木制品为常见。

使用注意事项：使用前先擦拭干净。使用后要去除黏附在擀面杖上的残留物，然后洗净风干。

7. 不粘布

制作西点时，为了避免成品粘在烤盘上，可以将不粘布垫在烤盘底部。

使用注意事项：可耐高温，可以直接烘烤。洗净后可重复使用。

8. 毛刷

毛刷用于刷蛋液或糖水等帮助制品上色，用于刷去制品表面多余的干粉，用于将果胶等涂抹在蛋糕或是水果塔等产品表面，增加产品的美观。选择毛质柔软、不易掉毛且接口紧密的毛刷。

使用注意事项：使用后要清洗干净，然后用热水浸泡，去除油质和残留物，再自然风干保存。不然容易滋生细菌。

（三）装饰与整形器具

1. 裱花袋

裱花袋用于蛋糕的装饰、泡芙和小西饼等产品的重要的整形工具。有帆布、塑胶和尼龙等材质。

使用注意事项：结合处要紧密，以避免裱挤物外泄。使用后要洗净风干，

以免产生异味或者是发霉现象。

2. 裱花嘴

裱花嘴是金属模型管,用于裱挤各种蛋糕的装饰、乳沫类小西饼的面糊和泡芙等。有多种花嘴。

使用注意事项:根据需要选择适当形状和大小的花嘴。使用后要在热水中清洗干净并晾干后保存。

3. 抹刀

抹刀是具有弹性的不锈钢材质的圆角刀,用于蛋糕的抹平和果酱、奶油等馅料的涂抹等。

使用注意事项:根据不同的用途和产品的大小选择不同的抹刀。

4. 蛋糕转盘

蛋糕转盘用于蛋糕的装饰,主要是不锈钢材质。

使用注意事项:使用时要放平,使用后清洗干净抹干。

5. 滚轮

滚轮用于制作各种表面装饰,有多种纹路。

使用注意事项:使用后要清洗干净。

6. 齿形刮刀

齿形刮刀适用于制作蛋糕表面的装饰纹路和巧克力的装饰片。

7. 菠萝印

菠萝印用于菠萝面包的印模或是一些小西饼的印模。

使用注意事项：使用前先沾一些干粉，避免与产品的粘连。

(四)切割器具

1. 车轮刀

车轮刀有圆形的、不锋利的可以转动的薄刃，主要用于起酥类制品、派和饼干等产品的制作。

使用注意事项：使用时注意保护刀刃。

2. 锯齿刀

锯齿刀用于切割面包、吐司等产品。

使用注意事项:使用前注意刀具的清洁。使用后注意将刀具清洗干净,注意保存,避免割伤。

3. 西点刀

西点刀用于切割蛋糕等产品,或者是切割产品进行夹馅等操作。刀刃锋利,切割面整齐。

使用注意事项:同锯齿刀。

(五)模具

1. 吐司盒

吐司盒专供烘烤吐司之用。有不同规格,有带盖和不带盖等。有的内部经过处理,有防粘功能。若没有经过防粘处理,烘烤前需要涂油。

使用注意事项:使用后需洗净、晾干,排放整齐。

2. 蛋糕模型

供蛋糕烘烤用,有圆形、方形、心形、空心形以及其他形状等。

使用注意事项：模型在烘烤前，要刷油垫纸，利于脱模。烘烤出炉后，随即脱模，以免产品回缩，影响外观。

3. 饼干模具

饼干模具用于饼干的整形和压模，形状和材质多种多样。通常为不锈钢制成。

使用注意事项：适用于比较硬的小西饼和饼干等。

4. 派盘

派盘是制作派的专用模具，有不同的直径规格，可以根据需要来选择使用。

使用注意事项：使用后要及时清洗，烘干后放置。

5. 塔模

塔模是制作塔类产品的专用模型。有各种形状和不同的深度等。

使用注意事项:使用后要清洗干净,烘干后保存。

6. 布丁模

布丁模是制作布丁的专用模具。由多种材质制成,耐高温。

使用注意事项:模具内要事先涂抹油脂,再加入布丁浆液,便于脱模。

7. 慕斯模具

慕斯模具主要是用于慕斯蛋糕的制作,一般是不锈钢材质,形状多样,有心形、圆形、四方形、六角形等,还有多种大小不一的规格。

使用注意事项:使用前后要注意清洁工作,避免引起产品的二次污染。

8. 切模

切模也称为刻模、套模等,使用金属材质制作而成的模具,用于各种面团的分割和一些花色饼干的成形等。切模的形状有圆形、椭圆形、心形、梅花形等多种,一般都是数个大小不一的规格作为一套来使用。

使用注意事项:使用时注意用力得当,以免损坏模具。使用后要及时清洁,注意保存。

9. 巧克力模具

巧克力模具用于巧克力制品的造型等,有塑料、硅胶和金属等材质。

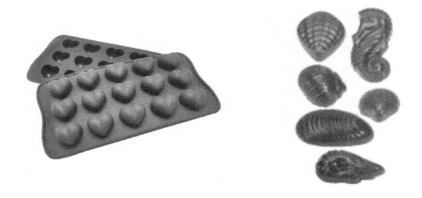

使用注意事项:模具使用前后务必要清洗干净。

(六)其他器具

1. 喷水器

当面团表面湿度不够时,可以使用喷水器进行喷水,以免产品表面的组织过于干硬。

使用注意事项:要经常更换喷水器中的水,以免污染食材。喷水器的喷嘴以细雾状为佳。

2. 烘烤手套

烘烤手套用于拿取烤盘,以免手被烫到。

使用注意事项:烘烤时要双手都戴上手套,以免失手烫伤。手套的长度最好到肘部。不可以用手套拿取产品,以免二次污染。

3. 冷却架

冷却架用来盛放刚出炉的产品,用于蛋糕的冷却,以免产品的回缩。

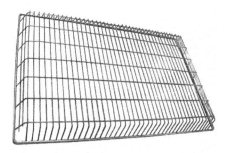

使用注意事项:使用前后都要清洗干净,以免对产品造成二次污染。

第二节　常用设备与器具的选购与维护

一、西点常用设备选购原则

(1)选购时要考虑现有可容纳的空间的大小。
(2)设备的设计要符合教学以及工作的要求。

（3）设备选购时要考虑设备的维修、耗材和零件的价格成本。

（4）选购设备需要了解设备的产能和使用频率。

（5）每台设备的保修内容和保修年限也是选购时必须要了解的。

（6）设备的材质要选择不易沾粘杂质异物的。设备的器械要容易拆卸清洗。

（7）设备的四角要选择圆弧形的设计，以避免撞伤等意外的发生，以及减少清洁的死角。

（8）设备的器材要符合国家食品安全规定，不得含有有害物质，并且在制作过程中也不会产生有害物质。

（9）接触食品的设备表面应该保持光滑，无凹陷或裂缝，容易清洗。

（10）设备应设计简单，易排水，易于保持干燥。

二、西点制作设备的材质选择

（一）金属

金属具有延展性，导热快，易于清洗和消毒，结实耐用，但是可能会有一定的毒性，在选择时一定要注意。

1. 铜

铜的导热性好，在空气中易于氧化，形成黑色的氧化铜，在高温高湿中易产生铜绿，可溶于酸性溶液中，造成食物中毒，所以使用时要注意保持表面干燥。

2. 铝

铝制设备具有质轻、导热快和价格便宜等优点，但是表面易被氧化而产生氧化铝，混入食品中会造成污染。

3. 铁

铁是最常见的设备材质原料，导热快，易于铸造，但是容易生锈。

4. 不锈钢

不锈钢是一种合金，种类比较多。优点是不生锈、耐酸碱、抗腐蚀、易清洗、易消毒、耐用，是厨房设备中最常使用的材质。

(二)塑胶

塑胶制品不吸水,抗腐蚀、不生锈、不易破损、易于造型,但是不耐热,易被刮伤破损,如果塑胶制品的原料是劣质品,则会致使甲醛等有毒物质溶出,因此塑胶制品可以作为盛装的容器或者是不需要加热的模具等。

(三)木制品

木制品具有质轻、便宜等特点。但是有保温性差,导热性差,易于受潮而发霉,易被虫蛀,不易清洗等不足之处。

三、西点设备与器具的清洁保养

器具与设备是西点制作过程中投入资金最多之处,定期清理、定期保养,才可以维持并提高设备的性能。清洁时需要注意各种设备的说明,根据不同的指示来进行不同程度的清洗、维修和养护,必须要认真做好养护工作,才能降低设备与器具的损耗,提高设备与器具的使用率和延长使用期限。

(1)各种容器使用后一定要清洗干净,并用干净的干布擦拭干或者是风干,以免遗留先前材料的风味,也可避免发霉或被其他微生物污染。

(2)搅拌机在使用后必须彻底擦拭干净,并定期保养。需要特别保养搅拌机的变速器,应注意机油勿过量使用,以免造成对搅拌机内搅拌之物的污染。

(3)压面机在使用完毕后要将机器内残留的面团彻底清除干净,并定期保养。

(4)烤箱使用后,要及时切断电源,拉开通气开关,以利降温,并要定期保养,以保证烘烤温度的准确性。

(5)冷冻冷藏柜需要定期清理空气滤网,注意冷冻冷藏柜内空气的流通,保持冷冻设备的最佳状态。同时还需要定期除霜清洁,所有物品要排列整齐,根据进货的日期,依据先进先出原则来使用发货。

(6)烤盘使用后,待其冷却至室温,清洗干净后放于烤盘车上。

第四章　配方设计与平衡

📖 **知识目标：**

了解西点中的配方设计与平衡的原则，了解各种原料的功能性质。

📖 **能力目标：**

掌握配方平衡概念，学习并掌握烘焙百分比的概念和运用配方百分比进行原料配比计算。对西点的配方平衡原则进行深入理解和灵活运用。

📖 **预习导航：**

1. 西点各种原辅料对西点产品制作的影响如何？

2. 了解原料配比的数学计算方法。

第一节　配方平衡的原则

一、配方平衡概述

所谓的配方平衡，就是指在一个产品的配方中，各种原辅料在量上互成一定的比例，从而达到产品应该具有的质量标准。

配方平衡是西点产品制作的关键，同时也是产品质量分析、调整配方和新产品设计的主要依据。

二、原料功能性质的分类

1. 干性原料

干性原料主要是指固体状态的原料，使产品产生干的特性，需要有一定量的液体原料来溶解。主要的干性原料有面粉、糖、奶粉、发粉、盐、可可粉等。

2. 湿性原料

湿性原料也称液体原料,主要提供足够的液体来溶解干性原料,保持制品的湿润。主要的湿性原料有水、鸡蛋、牛奶等。

3. 柔性原料

柔性原料是指使产品保持蓬松柔软的原料。主要的柔性原料有油脂、糖、蛋黄、酵母、化学膨松剂等。

4. 韧性原料

韧性原料是构成产品骨架的主要原料。主要的韧性原料有面粉、盐、蛋白、奶粉、可可粉等。

5. 风味原料

风味原料是可以使产品芳香可口、回味美好的各种原料。主要的风味原料有黄油、巧克力、可可粉、干果、蜜饯、水果等。

三、配方平衡的原则

配方平衡的原则是各种干性、湿性、柔性、韧性原料在比例上互相平衡。如果其中一种原料在量上发生了变化,那么其他一种或者是多种原料的量都需要做出适当的调整,以保证产品的质量。

1. 干性原料和湿性原料的平衡

不同的产品在调制时所需要的液体的量是不同的,同时在调制时还需要考虑到产品的需要,通过配方中各种干性原料对液体原料的不同影响,来确定配方中干湿性原料的平衡。干性与湿性原料的配比平衡会影响产品面团的调制、制作工艺和产品质量。

2. 柔性原料和韧性原料之间的平衡

柔性原料能使产品组织柔软,韧性原料可以构成产品的结构。因此柔性原料和韧性原料在比例上平衡才可以保证产品有一个良好的构造和组织。如果柔性原料过多,产品容易坍塌变形;反之,韧性原料过多则会使得产品的内部组织过于坚韧而不够疏松,体积过小,口感发硬。

3. 柔性原料之间的平衡

柔性原料在配方中有一定的比例,因此各种柔性原料之间也需要保持一定的平衡。比如油脂含量多,则相应地减少膨松剂的用量。

4. 其他应注意的问题

配方中使用糖浆代替白砂糖时,需要考虑到糖浆中的水分和含糖量,从而调整配方中液体的总量。

可可粉有天然的和碱处理的两种,在制作可可蛋糕的时候,要根据选用的可可粉的种类来调整膨松剂的用量。

第二节　烘焙原料的计算与损耗

一、烘焙百分比

1. 烘焙百分比的概念

烘焙百分比是烘焙业专用的百分比,它与一般的百分比有所不同。在实际百分比中,配方总百分比为100%,而在烘焙百分比中,则以配方中面粉的重量为100%,配方中其他各原料的百分比是相对于面粉的多少而定,故总百分总量超过100%。

烘焙百分比已经是国际上认同的计量方法,对西点制作尤其是对面包制作具有重要意义。其优点如下:

(1)从配方中可以一目了然地看出各原料的相对比例,简单明了,容易记忆。

(2)可以快速计算出配方中各原料的实际用量,计算快捷、精确。

(3)方便调整、修改配方,以适应生产需要。

(4)可以预测产品的性质和品质。

2. 配方用料量计算

当确定配方后,只要再确定下列条件中的任意一项,便可以求出整个配方的各原料的实际用料量。

(1)已知面粉重量,求其他原料用料。

原料质量＝面粉质量×原料%

(2)已知实用面团重量,求其他原料用量。

在这个条件下,应先计算出配方总百分比,然后按下述公式求得面粉质量,再通过面粉质量求出其他原料重量。

面粉质量＝(实际面团总重×100％)÷配方总百分比

(3)已知每个面包分割面团质量及数量,求各原料用量。

一般面包生产中经常是以分割面团的重量来计算生产用料量的。因此计算实用面团重量时应该考虑基本发酵的损耗和分割操作的损耗,即基本损耗,其损耗量一般按8％计算。根据公式先计算出应用面团总量(即分割面团总量)再计算出实用面团总量,然后计算求得面粉总量,进而算出其他各原料重量。

应用面团总量＝分割面团质量×数量

实用面团总量＝应用面团总量÷(1—基本损耗)

(4)已知每个面包成品重量及数量,求各原料用量。

第一步求出产品总量:

产品总量＝成品面包质量×数量

第二步求实用面包团总量:通过产品总量计算实用面团总量时,应同时考虑到发酵、分割过程中的基本损耗以及醒发、烘焙、冷却等过程中的烘焙损耗。产品的烘焙损耗一般以10％计算。

实用面团总量＝产品总量÷[(1—基本损耗)×(1—烘焙损耗)]

第三步求面粉重量和其他各原料用量。

3.面粉系数

面粉系数是配方中面粉的烘焙百分比除以配方总百分比所得的商。即把整个面团看做1,而求得面粉在其中所占的比重。从面粉系数可以看出面粉在配方中的实际百分比。

面粉系数＝面粉百分比÷配方总百分比

根据面粉系数可以快捷地求出面团内面粉用量和其他用料原料用量以及生产一定数量产品所需的面粉用量。

面粉用量＝实用面团总量×面粉系数

实际用面团总量＝面粉总量÷面粉系数

二、面团温度控制

面团在搅拌时,往往温度会逐渐升高。引起面团升温的主要原因是面团内部分子间的摩擦和面团的搅拌缸之间的摩擦而产生的摩擦热。由摩擦热引起面团升温的高低取决于以下因素。

1. 搅拌机的种类

搅拌机机型不同,其摩擦升温差异较大。目前应用的搅拌机机型主要有直立式搅拌机和横卧式搅拌机,直立式搅拌机的摩擦升温最大。

2. 搅拌速度及时间

使用高速搅拌机(转速 60 转/分或更高),产生的摩擦热相当大。若使用转度低于 30 转/分的搅拌机(或调粉机),单位时间内升温幅度不是很大,但随着搅拌时间延长仍会产生较大摩擦升温。

3. 面粉的面筋含量(即蛋白质含量)

面粉筋度高,完成搅拌所需时间较长,搅拌过程中产生的摩擦升温较高。

4. 面团的软硬程度

吸水量较少的面团能产生的热高于吸水量较多的面团。因此用水量少、较硬的面团其摩擦升温较大。

5. 面团种类与面团数量

面团种类依面包成分可分为低成分面包和高成分面包,配方成分的高低均影响面团搅拌时间。原则上配方成分越高则搅拌时间越长。合理的面团数量应是搅拌缸容量的 3/4 左右,过多或过少,除了影响面团温度,还会影响面筋形成。

控制面团升温的方法有两种:一种是利用设备控制面团升温,如使用双层搅拌缸,中间层通入空气或冷水,吸收热量;另一种是通过水温控制面团温度,如使用冰水和面来降低面团升温。

搅拌面团时,必须明确知道摩擦升温的值,才能决定加入多少水或什么温度的水。摩擦升温的高低与面包生产方法、面团搅拌时间和面团配方等因素有非常大的关系。

1. 摩擦升温的计算

在直接法面包面团搅拌中及二次法中种面团中,摩擦升温的计算方法如下:

摩擦升温＝(3×搅拌后面团温度)—(室温＋粉温＋水温)

在二次法主面团中,主面团在搅拌时多了中种面团这个因素,故在摩擦升温计算中应考虑中种面团温度。其计算公式如下：

主面团摩擦升温＝（4×搅拌后面团温度）—（室温＋粉温＋水温＋发酵后中种面团温度）

适合水温是指用此温度的水搅拌面团后，能使面团达到理想温度的水温。实际生产中，我们可以通过实验，求出各种生产方法和生产不同品种面团时的摩擦升温，作为一个常数。这样就可以按生产时的操作间温度以及面团计划发酵时间来确定所需面团的理想温度，进而求出实用水温。

2. 适用水温计算

直接发酵中种面团适用水温：

适用水温＝（3×面团理想温度）—（室温＋粉温＋摩擦升温）

主面团适用水温：

适用水温＝（4×面团理想温度）—（室温＋粉温＋摩擦升温＋发酵后中种面团温度）

3. 用冰量的计算

经计算得出的适用水温可能比自来水温度高，也可能比自来水温度低，前者可通过加热水或温水来调整达到适用水温，而后者则需要通过加冰水来调整。

加冰量可通过如下公式计算求得：

加冰量＝配方总水量×（自来水温—适用水温）÷（自来水温＋80）

自来水量＝配方总水量—加冰量

第二篇

西点制作工艺

📖 **知识目标：**

　　了解各类西点的制作工艺原理，熟悉各类西点的制作工艺流程，熟悉各类西点制作对原料的要求，熟知各类西点的制作工艺影响因素等。

📖 **能力目标：**

　　掌握各类西点制作的工艺流程和制作工艺条件，包括原料的选用、面团的调制方法、成形方法、装饰基本技巧、烘焙要求以及制作过程中的各种影响因素，并且学习分析在制作过程中出现的问题。

📖 **预习导航：**

　　1.各类西点的代表品种。

　　2.各类西点的中英文名称。

第五章　面包制作工艺

第一节　面包的起源与发展

一、面包的概念

　　面包是一种经过发酵的烘焙食品，是焙烤食品中历史最悠久、消费量最大、品种繁多的一大类食品，是欧美等许多国家的主食。英语中把面包称为

Bread，是食物、粮食的同义词。

面包是以小麦粉、酵母、盐和水为基本原料，添加适量糖、油脂、乳品、鸡蛋、果料、添加剂等，经搅拌、发酵、成形、醒发、烘烤而制成的膨松的方便食品。

二、面包发展简史

1. 手工制作面包阶段

发酵史上的最早记载表明，奠定现代烘焙食品工业的先驱者是古代埃及人。当时，古埃及人用谷物制作各种食品，例如将捣碎的小麦粉掺水调制成面团，很可能一些面团剩余下来，发生自然发酵。当人们用这剩余的发酵面团制作食品时，惊奇地发现得到了松软而有弹性的面包，于是这一方法一直流传至今。这就是至今仍在广泛使用的方法，即用保留一部分已发酵的面团掺入下次待发酵的面团中去的技术。公元前 6000 年，埃及人将小麦粉加水和马铃薯、盐拌在一起，放在温度高的地方，利用空气中的野生酵母来发酵。等面团发好后，再掺上面粉揉成面团放入泥土做的土窖中烤。但那时人们只知道发酵的方法而不懂得其原理，一直到 17 世纪后才发现酵母菌发酵的原理。但直到 19 世纪中叶才生产出酵母。面包酵母的生产和应用使面包制作技术发生了深刻的变化，使不规律、不稳定的面团发酵法变为比较成熟的生产工艺，并生产出较大体积的面包。

在公元前 8 世纪，埃及人将发酵技术传到了地中海沿岸的巴勒斯坦。到了耶稣时代，巴勒斯坦所有城市都有出售面包的作坊。

发酵面包于公元前 600 年传到希腊后，希腊人成了制作面包的能手。希腊人不仅改进了烤炉，而且在面包制作技术方面也做了很大的改进。他们在面包中加入牛奶、奶油和奶酪、蜂蜜，大大改善了面包的品质和风味。后来，罗马人征服了希腊和埃及，面包制作技术又传到了罗马。罗马人进一步改进了制作面包的方法，发明了圆顶厚壁长柄木柄炉，还发明了水推磨和最早的面团搅拌机。

随后，罗马人又将面包制作技术传到了匈牙利、英国、德国和欧洲各地。

中世纪的欧洲人一般都吃粗糙的黑面包，最初白色面包只用于教堂仪式。关于面包最富有灵感的创新，大概出现于 18 世纪的英国。那时有一个放荡不羁、名叫约翰·蒙塔古的贵族三明治四世伯爵，叫人在两片面包之间夹点肉,使他能一边吃一边赌博。这种粗制的三明治从此改变了欧洲、美洲人的饮食习惯,这就是后来风靡全世界并得到更大发展的三明治(Sandwich)面包。

在英国,随着产业革命的发生,面包的生产得到迅速发展,并成为城市居民的主食。随着加拿大和澳大利亚沦为殖民地,面包生产技术又传到了这两个出产小麦的国家。后来又传到了美国。据介绍,大约在 1850 年,美国消费面包中的 90％是由家庭制作的,而只有 10％是由手工面包厂制作的。当时制作技术非常简单,没有机械化生产,且产量也很小。

2. 机械化制作面包阶段

18 世纪末欧洲的工业革命,使大批家庭主妇离开家庭纷纷走进工厂,从此面包工业兴起。同时,制作面包的机械开始出现:1870 年发明了调粉机,1880 年发明了整形机,1888 年出现了烤炉,1890 年出现了面团分块机。机械化的出现使面包生产得到了飞跃发展,出现了一些大面包厂和公司。

20 世纪初,面包工业开始运用谷物化学技术和科学实验成果,使面包质量和生产有了很大的提高。同时,大面包厂已经发展成为较大的面包公司,向周围方圆几百公里的超级市场供应面包产品。到了 1980 年,在美国所有的消费面包中,90％是由工业化生产提供的,仅有 10％是由家庭作坊制作的。

3. 新工艺制作面包阶段

第二次世界大战前,虽然面包制作已由手工发展到机器操作,但制作方法仍采用传统方法进行,并没有大的进展。第二次世界大战后,欧美工业国家百业待兴,传统的机器生产已不能达到大规模生产的要求。因此,1950 年出现了面包连续制作法或称液体发酵法的新工艺。新工艺采用液体发酵,从原材料搅拌、分块、整形、装盘、醒发全部由机器自动操作,面包烘焙、出炉、冷却、切片、包装全部是机器操作。这种方法必须使用大量面包酵母,没有经过正常发酵过程,缺少面包应有的香味。

4. 冷冻面团制作阶段

20 世纪 70 年代以后,为了使消费者能吃到更新鲜的面包,又出现了冷冻面团新工艺。即由大面包厂将面团发酵整形后快速冷冻,将此冷冻面团销到各面包零售店冰箱贮存,各零售店只需备有醒发室、烤炉即可。随时将冷冻面团取出放在醒发室内解冻松弛,然后烘焙。这样可使顾客在任何时间都可以买到刚出炉的新鲜面包。

三、各国面包的特点

面包生产技术传入各国以后,各个国家都依据本国的条件和饮食习惯,逐渐形成了具有本国特点的面包类型。欧洲的面包大部分为硬式面包,亚洲的面包大部分为软式面包。

意大利人发明了辫子面包或绞搓面团而成的链式面包,将这种面包切开,每一片看来都不一样。另外,还有一种厚皮面包上撒些茴香或芝麻,或者在里面夹入火腿、香肠、奶酪等。

法国人创造了细长的棍棒式面包,最长达 1 米多,具有特殊风味,稍有点咸味,又有点酸,质地细致。牛角面包里面是一层层奶油,现在正风行世界。还有奶油鸡蛋面包,顶上有个松软的圆球,这些都是法国人的杰作。

丹麦人发明了著名的起酥、起层面包,采用冷藏技术,在面团中包入奶油,再进行反复折叠和压片,利用油脂将面团分层,产生清晰的层次,这种丹麦面包入口即化,特别酥松,成为世界面包家族中最受欢迎、最著名的产品之一。

犹太面包师傅也有他们的拿手面包制品,如发酵裸麦面包,上面撒上香料,又松又脆。德国人也会做裸麦面包,从浅色的软面包到黑色的硬面包,一应俱全。最黑最酸的面包是俄罗斯又粗又大的黑面包。

各种面包在配方和原材料使用方面都存在着很大差异。例如,欧洲南部、北美洲和亚洲以小麦粉为主要原料。而在欧洲北部以及东欧一些国家,除小麦粉外,还使用相当一部分的黑麦粉。

面包制作技术是由国外传入我国的,所以属于西点的范畴。面包传入我国的途径有两条:一是在明朝万历年间,由意大利传教士利马窦和明末清初德国传教士汤若望将面包制法传入我国东南沿海城市广州、上海等地,继而传入内地;二是 1867 年苏俄修建东清铁路时,将面包制作技术传入我国东北。至今在我国东北的哈尔滨、长春、沈阳等地还有许多传统的俄式风味面包。

第二节　面包的分类

目前,国际上尚无统一的面包分类标准,分类方法较多,主要有以下几种分类方法。

一、按面包的柔软度分类

硬式面包:如法国面包、荷兰面包、维也纳面包、英国面包和俄罗斯的大列巴面包等。

软式面包:如大部分亚洲和美洲国家生产的面包,著名的有汉堡包、热狗、三明治等。

二、按质量档次和用途分类

主食面包:亦称配餐面包,配方中辅助原料较少,主要原料为面粉、酵母、盐和糖,含糖量不超过面粉的 7%。

点心面包:配方中含有较多的糖、奶油、奶粉、鸡蛋等高级原料。

三、按成形方法分类

普通面包:成形比较简单的面包。

花色面包:成形比较复杂,形状多样化的面包,如各种动物面包、夹馅面包、起酥面包等。

四、按用料不同分类

奶油面包、水果面包、鸡蛋面包、椰蓉面包、巧克力面包、全麦面包、杂粮面包等。

五、根据面包的内部组织分类

软质面包:比较柔软的面包。

硬质面包:内部组织比较结实的面包。

脆皮面包:表皮较干、易于折断的面包。

松质面包:内部组织分层次的面包。

第三节　面包制作中原辅材料的选择

生产面包所需的原辅材料分为基本材料和辅助材料两大类。

基本材料是生产面包的要素原料，只要具备这些原料就可以生产出面包。为了增加面包的营养价值，改善面包的风味，提高面包的品质，则可以另外添加辅助原料。原辅材料的物理化学特性、化学成分、作用、质量及使用量对面包生产及其品质有着十分重要的影响，必须全面掌握，才能运用自如，确保面包的加工品质和食用品质。

基本材料：包括小麦粉、水、酵母、盐。

辅助材料：包括糖、蛋品、乳品、油脂、改良剂、甜味剂、馅料、装饰料、营养强化剂、保健原料等。

一、面粉

小麦粉（俗称面粉）是生产烘焙食品的主要原料。不同的面包制品对小麦粉的性能和质量有不同要求，而小麦粉的性能和质量又取决于小麦的种类、品质和制粉方法。

（一）小麦和面粉的化学成分

小麦和面粉的化学成分不仅决定其营养价值，而且对面包制品的加工工艺也有很大影响。这里的化学成分主要指碳水化合物、蛋白质、脂肪、矿物质、水分和少量的维生素、酶和其他成分。

1. 蛋白质

小麦籽粒中蛋白质的含量和品质不仅决定小麦的营养价值，而且小麦蛋白质还是构成面筋的主要成分，因此它与面粉的烘焙性能有着极为密切的关系。在各种谷物粉中，只有小麦粉中的蛋白质能吸水而形成面筋。小麦和面粉中蛋白质含量随小麦类型、品种、产地和面粉的等级而异。一般来说，蛋白质含量越高的小麦质量越好。

小麦籽粒中各个不同部分蛋白质的分布是不均匀的。胚部的蛋白质含量最高，达30.4%。胚乳部分蛋白质的含量，由内向外逐渐增加。糊粉层蛋白质含量也高达 18.0%。果皮蛋白质含量最低。因胚乳占小麦籽粒的比例最大,约 82.5%,因此,胚乳蛋白质含量占麦粒蛋白质含量的比例也最大,约为 70%。由于糊粉层和胚部的蛋白质含量高于胚乳,因而出粉率高而精度低的面粉其蛋白质含量往往高于出粉率低而精度高的面粉。

面粉中的蛋白质根据溶解性质不同可分为麦胶蛋白(醇溶蛋白)、麦谷蛋白、麦球蛋白、麦清蛋白和酸溶蛋白等五种。主要是由麦胶蛋白和麦谷蛋白组成,其他三种数量很少。

麦胶蛋白和麦谷蛋白占蛋白质总量的 80% 以上,与水结合形成面筋。面筋富有弹性和延伸性,有保持面粉发酵时产生的二氧化碳气体的作用,使烘焙的面包多孔松软。因此,面筋的数量和品质对面包的质量有重要影响。

2. 碳水化合物

碳水化合物是小麦和面粉中含量最高的化学成分,约占麦粒重的 70%,面粉重的 75%。它主要包括淀粉、糊精、纤维素以及各种游离糖和戊聚糖。在制粉过程中,纤维素和戊聚糖的大部分被除去。因此,纯面粉的碳水化合物主要有淀粉、糊精和少量糖。

淀粉是小麦和面粉中最主要的碳水化合物,约占小麦籽粒重的 57%,面粉重的 67%。淀粉是葡萄糖的自然聚合体,根据葡萄糖分子之间连接方式的不同而分为直链淀粉和支链淀粉两种。在小麦淀粉中,直链淀粉约占 1/4,支链淀粉占 3/4。

淀粉在面粉中以淀粉粒的形式存在,在小麦制粉时,由于机械碾压作用,有少量淀粉外层细胞膜被损伤而使淀粉粒被裸露出来,称为损伤淀粉。损伤淀粉含量越高,意味着淀粉酶活性也越高。不同种类的小麦粉的损伤淀粉含量不同。一般来说,硬麦比软麦、春麦比冬麦磨制的面粉具有更高的损伤淀粉含量。

损伤的淀粉颗粒在酶或酸的作用下,可水解为糊精、高糖、麦芽糖、葡萄糖。淀粉的这种性质在面包的发酵、烘烤和营养等方面具有重要意义。

损伤淀粉的作用和意义表现在以下几个方面:

(1)面团发酵时,淀粉产生充分的二氧化碳气体,使烘烤时面包形成无数孔隙,松软适口。

(2)在烘烤期间产生糊精的程度。

(3)决定烘焙时的吸水量。

面团发酵需要一定数量损伤的淀粉粒。但是,面粉中淀粉粒损伤过多,烘烤所得面包的体积小,质量差。淀粉损伤的允许程度与面粉蛋白质含量有关,最佳淀粉损伤程度在 $4.5\%\sim4.8\%$ 的范围内,具体要根据面粉蛋白质含量来确定。

面粉中的淀粉也具有硬质和软质之分。一般情况下,小麦籽粒如果质地硬,蛋白质含量通常较多,淀粉粒同样也有硬质倾向。相反,小麦籽粒如果质地软,淀粉粒同样也是软质。淀粉粒软硬直接影响到淀粉糊化程度和面包的老化程度。硬质淀粉吸水较慢,糊化时间长。软质淀粉吸水快,糊化时间短,糊化充分,面包不易老化。

面包之所以能保持一定的形状,是与淀粉的作用分不开的。就像盖房子浇注钢筋混凝土一样,面筋好比是钢筋,起着骨架作用,淀粉好比是水泥,填充在钢筋之间,形成了一个稳定的组织结构。

3. 酶

酶是生物化学反应中不可缺的催化剂,一种酶只能作用于一种特定的物质。小麦和面粉中重要的酶有淀粉酶、蛋白酶、脂肪酶、脂肪氧化酶、植酸酶等。其中淀粉酶和蛋白酶对于面粉的烘焙性能和面包的品质影响最大。

(1)淀粉酶。

淀粉酶主要有 α-淀粉酶和 β-淀粉酶。

α-淀粉酶水解淀粉时,开始速度很快,使庞大的淀粉分子断裂成较小的分子,淀粉液的黏度也急速降低,这种作用称为液化作用。因此,α-淀粉酶又称淀粉液化酶。

β-淀粉酶水解淀粉时,会迅速形成麦芽糖,还原能力不断增加,故它又称"糖化酶"。

正常的面粉含有足够的 β-淀粉酶,而 α-淀粉酶则不足。为了利用 α-淀粉酶以改善面包的质量、皮色、风味、结构,增大面包体积,可以在制粉最后阶段在面团中加入一定数量的 α-淀粉酶制剂或加入约占面粉重量 $0.2\%\sim0.4\%$ 的麦芽粉或者是在调制面团时加入含有淀粉酶的糖浆。这样可以增加发酵的糖分的含量,改善面包组织,提高面包品质。

(2)蛋白酶。

蛋白酶的作用是分解蛋白质,小麦和面粉中含有少量的蛋白酶。

当面粉筋度过高时,搅拌的时间过长,为缩短搅拌时间,可加入适量的蛋白酶制剂,以降低面筋的强度,适当降低面粉筋度,软化面筋,有助于面筋完全扩展,增加面筋的弹性。但蛋白酶制剂的用量必须严格控制,而且仅适合于用快速法生产面包。

(二)面包面粉的选择

面粉是生产面包的最重要原料,只有高质量的面粉才能生产出高质量的面包。因此,选择面包面粉时要注意以下几点:

1. 面粉筋力

面粉中的面筋形成网状结构,构成面包的"骨架"。面筋筋力不足,影响面包的组织和形状。因此,面粉要有足够数量的蛋白质和优质的面筋。

2. 面粉粉色

面粉颜色影响面包的颜色。愈靠近麦粒中心部位磨制的面粉颜色愈白,品质愈好。所以面粉颜色可以判断面粉品质的好坏。为保证成品的色泽,一般情况下要求粉色以白净为好。

3. 发酵耐力

发酵耐力即面团超过预定的发酵时间还能生产出良好质量的面包。面粉发酵耐力强,对生产中各种特殊情况适应性就强,有利于保证面包质量。

4. 吸水率

面粉吸水率高低不仅影响面包质量,而且直接关系到经济效益。吸水率高,出品率亦高,能降低产品成本,有利于产品贮存和保鲜。

二、酵母

(一)面包制作所用酵母的种类及使用方法

烘焙常用的酵母可分为三种:

1. 鲜酵母

鲜酵母又称浓缩酵母或压榨酵母,是将酵母液除去一定的水之后压榨而成。使用方法:先用30℃的温水将压榨酵母溶化,使压榨酵母成酵母液,以便在调制面团时使酵母均匀地分布在面团里。

2. 干酵母

干酵母又叫活性干酵母,是由鲜酵母经低温干燥而成,有粒状和粉状两种。干酵母在干燥环境时已处于休眠状态,因此使用时要经过活化处理——以 30℃～40℃,4～5 倍酵母重量的温水溶解并放置 15～30 分钟,使酵母重新恢复原来新鲜酵母状态的发酵活力。

3. 速效干酵母

速效干酵母溶解速度快,一般无须经活化这道手续,可直接加于搅拌缸内。

各种酵母的互换比例为:鲜酵母∶干酵母∶速效干酵母＝3∶2∶1。

这是因为鲜酵母有 70％的水分,30％为干物质,而干酵母含 6％的水分,干物质含量为 92％,如按干物质的含量其使用比例为 3∶1,但因干酵母在干燥状态时,会损失一部分活性,为保持一定的发酵活力,所以一般的比例为 2∶1或 3∶1。

(二)酵母的烘焙工艺特性

1. 酵母在面包制品中的功能

酵母在面包生产中起着关键作用,主要功能有:

(1)生物膨松作用——酵母在面团发酵中产生大量的 CO_2,并由于面筋网状组织结构的形成,而被留在网状组织内,使面包疏松多孔,体积变大膨松。

(2)面筋扩展作用——酵母发酵除产生 CO_2 外,还有增加面筋扩展的作用,使酵母所产生的 CO_2 能保留在面团内,提高面团的保气能力,如用化学膨松剂则无此作用。

(3)提高面包的香与味——酵母在发酵时,能使面包产生面包产品特有的发酵味道。另外,面团在发酵时除产生酒精外,同时还伴随有许多其他的与面包风味有关的挥发性和不挥发性的化合物生成,形成面包产品所特有的烘焙气味。

(4)增加营养价值——因为酵母的主要成分是蛋白质,在酵母体内,蛋白质含量几乎占一半,且主要氨基酸含量充足,尤其是谷物中较缺乏的赖氨酸有较多的含量。另一方面,含有大量的 VB_1、VB_2 及烟酸,每克干重物质含 20～40μgVB_1,60 ～85μgVB_2,280μg 烟酸,所以,提高了发酵食品的营养价值。

2. 发酵代谢产物

发酵代谢产物有 CO_2 气体、酒精、有机酸、热。

3. 发酵作用对面团及面包制品的影响

(1)酵母在面团内,可以帮助蛋白质的子链的形成。

(2)面团在搅拌时会包入一些氧分子,搅拌后的面团延展性大,阻力小,但经 30 分钟松弛后,则面团由于氧化作用而使面筋链互相结合,从而增加面筋强度。

(3)面团 pH 值降低,一般搅拌好的面团其 pH 值为 6.0,发酵完成后约为 4.5,烘焙后约为 5.4,面团 pH 值的降低(适当的降低)有助于酵母的发酵,因为发酵最适宜的 pH 值为 4.2~4.5,增加面团的胶体膨化及吸水作用,改善面包的物理性质。

(4)产生挥发性有机物质,形成面包特有的烘焙气味。

(5)发酵时间长短,发酵程度影响醒发、烘焙等环节,发酵时间过长,因面团内蛋白酶的作用,分解蛋白质链,减弱面筋的强度,影响面包组织结构。同时,对于含糖量低的配方,发酵时间过长,酵母消耗的糖量就多,剩余糖少,会使面包表皮颜色浅淡、苍白、无金黄色的颜色。当然,发酵时间不足,又无适当措施加以补救,其结果则无疑是面包成品体积缩小。

(三)影响酵母发酵的因素

在面包的实际生产中,酵母的发酵受到下列因素的影响:

1. 温度

在一定的温度范围内,随着温度的增加,酵母的发酵速度也加快,产气量也增加,但最高不要超过 38℃,实际生产也表明:一般的发酵面团温度应控制在 26℃~27℃ 的范围内。如用快速生产法,则发酵不要超过 30℃。

2. pH 值

面团的 pH 值最适于 4~6 之间。

3. 糖的影响

可被酵母直接采用的糖是葡萄糖、果糖。蔗糖则需经过酵母中的转化酶的作用,分解为葡萄糖和果糖后,为发酵提供能源。还有一种麦芽糖,是由面粉中的淀粉酶分解面粉内的破碎淀粉而得到的,经酵母中的麦芽糖酶转化变成2分子葡萄糖后也可以被利用。

4.渗透压的影响

外界介质的浓度会直接影响酵母的活力,高浓度的糖、盐、无机盐及其他可溶性的固体物质都会造成较高的渗透压力,抑制酵母的发酵。干酵母比鲜酵母有更强的适应力。在面包生产中,影响渗透压大小的主要是糖、盐这两种原料。当配方中的糖量为0~5％时,对酵母的发酵不起抑制作用,相反可促进酵母发酵作用;当超过6％时,便会抑制发酵作用;如超过10％,发酵速度会明显减慢。考虑到渗透压的影响,故主食面包配方中糖的用量一般为6％左右。

盐的渗透压则更高,对酵母发酵的抑制作用更大,当盐的用量达到2％,发酵即受影响。

三、盐

盐与面粉、酵母、水是面包工业的四种基本原料。

(一)盐在面包制品中的功能及烘焙影响

一是增加风味。盐可以引出原料的风味。

二是强化面筋。盐可使面筋质地变密,增加弹性,从而增加面筋的筋力,尤其是生产用水为软水时,适当多加些盐,可减少面团的软、黏的性质。

三是调节发酵速度。超过一定量的盐,对酵母发酵有抑制作用,因此可以通过增加或减少配方中盐的用量,调节、抑制发酵速率。

四是改善品质。适量的盐,可以改善面包心的色泽和组织,使色泽好看,组织细软。

(二)盐对生产工艺的影响

第一,如果缺少盐,则面团发酵过快,且面筋的筋力不强,在发酵期间,便会出现面团发起后又下陷的现象。

第二,对搅拌时间的影响。盐的加入,使搅拌时间增加。

(三)盐的用量及选择

用量:一般在1.0％~2％之间。

选择：一般选用精盐。要求选用溶解速度最快的。

(四)最后加盐法(迟加盐搅样法)

1. 目的

(1)缩短搅拌时间；(2)较好的水化作用；(3)适当降低面包温度；(4)减少能源损耗。

2. 加入时间

在面团搅拌的较后阶段加入，一般在面团的面筋扩展阶段后尚未完全扩展完成之前加入，即待面团已能离开搅拌缸的缸壁时，盐作为最后原料才加入，然后继续搅拌 2～3 分钟即可。

四、水

水是面包生产的四大要素原料之一，其用量要占面粉的 50% 以上，仅次于面粉而居第二位。因此，正确认识和使用水，是保证面包质量的关键。

(一)水在烘焙食品中的作用

(1)使蛋白质吸水、胀润形成面筋网络，构成制品的骨架。使淀粉吸水糊化，有利于人体消化吸收。

(2)溶剂作用。溶解各种干性原辅料，使各种原辅料充分混合，成为均匀一体的面团。

(3)调节和控制面团的黏稠度(软硬度)。

(4)调节和控制面团温度。

(5)帮助生物反应，一切生物活动均需在水溶液中进行，生物化学的反应包括酵母发酵都需要有一定量的水做反应介质及运载工具，尤其是酶。水可促进酵母的生长及酶的水解作用。

(6)延长制品的保鲜期。

(7)作为传热介质。

(二)水质对面团和面包品质的影响及处理方法

水质对面团发酵和面包的品质影响很大。

水中的矿物质一方面可提供酵母营养，另一方面可增强面筋韧性，但矿物质过量的硬水,导致面筋韧性太强,反而会抑制发酵,与添加过多的面团改良剂现象相似。

1. 硬水的影响

水质硬度太高,易使面筋硬化,过度增强面筋的韧性,抑制面团发酵,面包体积小,口感粗糙,易掉渣。

遇到硬水,可采用煮沸的方法降低其硬度。在工艺上可采用增加酵母用量,减少面团改良剂用量,提高发酵温度,延长发酵时间等。

2. 软水的影响

易使面筋过度软化,面团黏度大,吸水率下降。虽然面团内的产气量正常,但面团的持气性却下降,面团不易起发,易塌陷,体积小,出品率下降,影响效益。

改良软水的方法主要是添加酵母食物,这种添加剂中含有定量的各种矿物质,如碳酸钙、硫酸钙等钙盐,来达到一定的水质硬度。

3. 酸性水的影响

水的 pH 值呈微酸性,有助于酵母的发酵作用。但若酸性过大,即 pH 值过低,则会使发酵速度太快,并软化面筋,导致面团的持气性差,面包酸味重,口感不佳,品质差。

酸性水可用碱来中和。

4. 碱性水的影响

水中的碱性物质会中和面团中的酸度,得不到需要的面团 pH 值,抑制了酶的活性,影响面筋成熟,延缓发酵,使面团变软。如果碱性过大,还会溶解部分面筋,使面筋变软,使面团缺乏弹性,降低了面团的持气性,面包制品颜色发黄,内部组织不均匀,并有不愉快的异味。

可通过加入少量食用醋酸、乳酸等有机酸来中和碱性物质,或增加酵母用量。

(三)面包用水的选择

面包生产用水的选择,首先应达到下述要求:

透明、无色、无臭、无异味、无有害微生物、无致病菌的存在。

水的 pH 值为 5～6。

水的硬度为中硬度(8～12 度)。

五、油脂

1. 油脂在面包生产中的作用

(1)润滑作用,使得面包组织均匀、细腻、光滑并有增大体积的效果。

(2)增加面团的烤盘流性,改善面团的操作性能。

(3)减少面团的水分挥发,增加面包的保鲜期。

(4)改善面包表皮性质,使表皮柔软。

(5)增加面包的营养,提供较高的热能和脂溶性维生素等。

2. 面包制品对油脂的选择

面包用油脂可选用黄油、氢化油等。这些油脂在面包中能够均匀地分散,润滑面筋网络,增大面包体积,增强面团持气性,不影响酵母发酵力,有利于面包保鲜。此外,还能改善面包内部组织,表皮色泽,口感柔软,易于切片等。如果制作含糖量 20% 以上的甜面包,以含有乳化剂的氢化油为好。

六、糖和糖浆

在烘焙食品中除了小麦粉外,糖是用量最多的一种原料。

1. 糖在面包生产中的主要作用

(1)糖是酵母发酵的主要能源来源。

(2)提供甜味和营养。

(3)增加面包的色泽和香味。

(4)增加柔软度和延长保鲜期。

2. 糖对面包生产及成品的影响

(1)面包吸水量和搅拌时间。

正常用量的糖对面团吸水率影响不大。但随着糖量的增加,糖的反水化作用也越强烈。大约每增加 1% 的糖,面团吸水率降低 0.6%。高糖面团(20%～25%糖量)若不减少水分或延长搅拌时间,则面团搅拌不足,面筋不能充分扩展,产品体积小,内部组织粗糙。因此,一般高糖配方的面包面团,搅拌时间要比低糖面团增加 50% 左右。故制作高糖面包时,最好使用高速搅拌机。

（2）表皮颜色。

面包的表面色泽决定于酵母发酵完后剩余的糖量。一般 2％ 的糖就可以提供发酵所需要的糖,但通常面包配方中的糖量均超过 2％,约为 6％～8％,故有剩余糖残留,剩余的糖越多,面包表皮着色越快,颜色越深。配方中不加糖的面包,表皮为浅黄色。

（3）面包风味。

剩余糖在面包烘焙时易着色,凝结并密封面包表皮,使面包内部发酵作用产生的挥发性物质不至于过量蒸发散失,因而增强面包的烘焙特有风味。剩余糖越多,面包的香气越浓厚,引人食欲。

（4）柔软性。

糖可以在面包内保存更多的水分,使面包柔软。

3. 面包用糖的选择

面包生产中所加的糖一般为蔗糖,也可以根据不同品种的需要选择糖浆或者糖蜜等。

七、蛋及蛋制品

蛋品是生产花式面包及甜面包时要用到的原料。

1. 蛋在面包制品中的功能

（1）提高面包的营养价值。蛋品中含有丰富的营养成分,提高了面包的营养价值。此外,鸡蛋和乳品在营养上具有互补性。鸡蛋中铁相对较多,钙较少;而乳品中钙相对较多,铁较少。因此,在面包中将蛋品和乳品混合使用,在营养上可以互补。

（2）增加面包的色、香、味。在面包的表面涂上一层蛋液,经烘焙后呈漂亮的红褐色,这是羰氨反应引起的褐变作用,即美拉德反应;加蛋的面包成熟后具有特殊的蛋香味,从而增加色、香、味。

（3）改善面包制品的组织及内部颗粒,增进柔软度。

（4）提供乳化作用,改善面包成品的储藏性,延长保鲜期。

2. 面包制品对蛋及蛋制品的选择

在面包中使用最多的是鸡蛋。

八、乳及乳制品

乳品是生产面包的重要辅料。乳品不但具有很高的营养价值,而且在工艺性能方面也发挥着重要作用。

1. 乳在面包生产中的工艺性能和对面包品质的影响

(1)提高面团的吸水率。

乳粉中含有大量蛋白质,其中酪蛋白占总蛋白质含量的 $75\%\sim80\%$,酪蛋白影响面团的吸水率。乳粉的吸水率约为自重的 $100\%\sim125\%$。因此,每次增加 1% 的乳粉,面团吸水率就要相应地增加 $1\%\sim1.25\%$。吸水率增加,产量和出品率相应增加,成本下降。

(2)提高面团筋力和搅拌耐力。

乳粉中虽无面筋蛋白质,但含有的大量乳蛋白质对面筋却具有一定的增强作用,提高了面团筋力和面团强度,不会因搅拌时间延长而导致搅拌过度,特别是对于低筋面粉更有利。加入乳粉的面团更适合于高速搅拌,高速搅拌能改善面包的组织和体积。

(3)提高面团的发酵耐力。

乳粉可以提高面团发酵耐力,不至于因发酵时间延长而成为发酵过度的老面团。

(4)乳品还有上色作用。

乳粉中唯一的糖就是乳糖,大约占乳粉总重的 5%。乳糖具有还原性,不能被酵母所利用。因此,发酵后仍全部残留在面团中。在烘焙期间,乳糖与蛋白质中的氨基酸发生褐变反应,形成诱人的色泽。乳粉用量越多,制品的表皮颜色越深。乳糖的熔点较低,在烘焙期间着色快。因此,凡是使用较多乳粉的制品,都要适当降低烘焙温度和延长烘焙时间。否则,制品着色过快,易造成外焦内生。

(5)改善制品的组织。

由于乳粉提高了面筋筋力,改善了面团发酵耐力和持气性。因此,含有乳粉的制品组织均匀、柔软、疏松并富有弹性。

(6)延缓制品的老化。

乳粉中含有大量蛋白质,使面团吸水率提高,面筋性能得到改善,面包体积增大,这些因素都使制品老化速度减慢,延长了保鲜期。

（7）提高营养价值。

乳粉中含有丰富的蛋白质和几乎所有的必需氨基酸,维生素和矿物质亦很丰富,是对面粉营养的很好补充。

2.面包制作中对乳品的选择

乳品中用于面包生产的主要是牛乳及其制品,如奶粉等。乳粉使用方便,直接拌入面粉中,因此使用较多的是乳粉。

九、添加剂

（一）乳化剂

乳化剂是一种多功能的表面活性剂,具有多种功能,因此也称为保鲜剂或抗老化剂、柔软剂、发泡剂等。

1.乳化剂的作用

（1）对面包面团的作用。

①面团搅拌阶段。提高面团弹性、韧性、强度和搅拌耐力,增强面团机械加工耐力,减小面团损伤程度;使各种原辅料分散混合均匀,形成均质的面团,提高面团吸水率;使面团干燥、柔软,具有延伸性。

②面团发酵阶段。提高发酵耐力,改善面团的持气性。

③提高面团对静置时间的耐力,没有严格的时间要求,有利于生产加工。

④分块阶段。面团不发黏,有利于分块。

⑤搓圆阶段。防止面团机械损伤。

⑥醒发阶段。提高了面团醒发耐力和机械冲撞、振动耐力。面团醒发成熟后必须及时入炉烘焙,否则极易塌陷。醒发后面团表面形成一层薄膜,内部包含着大量气体,然后经过传送带或架子车送入烤炉。在传送过程中必然产生机械冲撞和振动,易使面团产生变形、收缩、泄气而无法烘焙。加入乳化剂后提高了面团醒发耐力和抗振动的能力,保证面包的正常生产。

⑦烘焙阶段。增大了烘焙体积,防止面包塌陷。

⑧面包品质。增大了面包体积和柔软度,改善了内部组织,均匀细腻,壁薄有光泽,延缓了面包老化,增强了切片性。增强了面包边壁的强度,提高了堆积能力,有利于面包的包装、堆放和运输。

（2）抗老化保鲜作用。

谷物食品的老化主要是由淀粉引起的。而延缓面包等老化的最有效办法就是添加乳化剂,因乳化剂是最理想的抗老化剂和保鲜剂。乳化剂能够同时与参与面包老化的所有物质相互发生作用,因此乳化剂在面包保鲜剂中占有重要地位。

2. 乳化剂的使用方法

乳化剂使用正确与否,直接影响到其作用效果好坏。乳化剂在面包中的添加量一般不超过面粉的 1%,通常为 $0.3\%\sim0.5\%$。如果添加目的主要是乳化,则应以配方中的油脂总量为添加基准,一般为油脂的 $2\%\sim4\%$。

乳化剂的种类较多,其物理化学性质也各不相同。使用时应按各自的说明书和理化性质来添加。目前,使用最普遍的是各种蒸馏单甘酯、SSL、CSL 和大豆磷脂。大豆磷脂有一定异味,在烘焙食品中添加量一般为面粉的 1% $\sim1.5\%$。

(二)面团改良剂

面团改良剂是指能够改善面团加工性能的一类添加剂的统称,主要包括氧化剂和还原剂。它们是面包生产过程中最重要的添加剂之一。这里主要讲述氧化剂。

1. 氧化剂

氧化剂是指能够增强面团筋力,提高面团弹性、韧性和持气性,增大产品体积的一类化学合成物质。

氧化剂的使用方法是非常关键的。

(1)氧化剂的添加方法。

氧化剂一般很少单独添加使用,因为用量极少无法与面粉混合均匀。一般都是配成复合型的面包添加剂来使用。目前国内市场上已有几十种复合型的面包添加剂。其中主要成分包括氧化剂、乳化剂、抗坏血酸、酶制剂、填充剂等。大量生产实践证明,将几种氧化剂和其他添加剂复合使用,可以大大提高氧化剂的作用效果。

(2)氧化剂的添加量。

氧化剂的添加量可根据不同情况来调整,高筋面粉需要较少的氧化剂,低筋面粉则需要较多的氧化剂。保管不好的酵母或死酵母细胞中含有谷胱甘肽,未高温处理的乳制品中含有硫氢基团,它们都具有还原性,故需要较多的氧化剂来消除。

2. 还原剂

还原剂的作用与氧化剂相反,是断开面团中的双硫键,形成硫氢键,从而减少面筋中的网状组织,减弱筋度,增加流动性,减少搅拌时间,节省能源。常用的还原剂有半胱氨酸。一般使用量为 10～70ppm。使用量掌握在面团搅拌的减少时间不多于 25％为宜。

(三)酶添加剂

主要有 α-淀粉酶和蛋白酶。

1. α-淀粉酶

α-淀粉酶的作用是改变淀粉的胶体特性,从而增加面包的体积,增加柔软度,延缓面包的老化等。加入量一般为 0.2％～0.4％,不能过多,否则会适得其反。

2. 蛋白酶

蛋白酶的作用是分解蛋白质的结构,减少面团的韧性,增加延展性,并能增加面团的气体保留性,增大面包体积。用量要根据所使用的面粉种类和添加的氧化剂的种类和数量来决定。

第四节　面包制作工艺

面包生产从投料开始直到产品出炉,一般需四五个小时,甚至更长。这是因为无论是手工制作或机械化生产,传统的面包生产工艺均要经过搅拌、发酵、整形、醒发、烘烤五个主要工序,还有冷却和包装等成品处理工序。这些工序一环扣一环,每一环对产品品质都有影响。

面包制作工艺流程:

面团搅拌→面团发酵→分割→搓圆→中间醒发→造型→装盘和装饰→最后醒发→烘烤→烘烤后装饰→冷却→包装。

一、搅拌(Mixing)

面团的搅拌是面包生产中的第一个关键步骤,又称和面、调粉。是将各种原辅料按照配方,根据一定的顺序进行投料,并调制成适宜后面制作过程的面团的一个过程。搅拌很大程度上影响着以后的工序,也是影响面包质量的决定性因素。

(一)搅拌的目的

(1)充分混合所有原料,使其成为一个完全均匀的混合物。

(2)使面粉等干性原料得到完全的水化作用,加速面筋的形成。

当面粉与其他原料和水一起放入搅拌缸时,水湿润面粉颗粒的表面部分,形成一层胶韧的膜。如不搅拌,则面粉颗粒的中心部分很难受到水的湿润,使面粉水化不均匀。因为面团中水的分布决定面粉水化作用的速率,水在面粉颗粒的表面分布越均匀,则进入颗粒内部的速度越快,水化作用也越快,均匀的水化作用是面筋形成、扩展的先决条件,搅拌的目的之一是使所有面粉在短时间内都吸收到足够的水分,以达到均匀水化。

(3)扩展面筋,使面团成为具有一定弹性、延伸性和粘流性的均匀面团。

(4)使面团具有强韧的胀力,在发酵和烘烤过程中可以保存适量的 CO_2 气体,并能承受面团膨胀时所产生的张力,使 CO_2 气体不致逸出,保证成品达到最大体积。

(5)使面团在烤盘内(面包听内)具有良好的烤盘流动性,能填充在烤盘的每个部位,产生良好的成品形状。

(6)使空气进入面团中,且分布均匀,可以给酵母生长繁殖提供氧气。

(二)面团搅拌过程及其工艺特性

1. 拾起阶段

在这个阶段,配方中的干性原料与湿性原料混合,成为一个粗糙且黏湿的面块,用手触摸面团较硬,无弹性,也无延伸性,整个面团显得粗糙,易散落,表面不整齐。

2. 卷起阶段

此时面筋已开始形成,配方中的水分已经全部被面粉等干性原料均匀地吸收。由于面筋的形成,面团产生了强大的筋力而将整个面团达成一体,并附在搅拌钩上,随着搅拌轴的转动而转动。此时,面团已不再黏附在搅拌缸的缸壁和缸底。用手触摸面团时仍会粘手,表面很湿,用手拉取面团时无良好的延伸性,容易断裂,面团仍较硬且缺少弹性。

3. 面筋扩展阶段

面团性质由坚硬变为少许松弛。面团表面渐趋于干燥,而且较为光滑且有光泽,用手触摸面团已具有弹性并较柔软,黏性较少,已具有延伸性,但用手拉取面团时仍断裂。

4. 面筋完成阶段

由于机械作用,面团很快变得非常柔软,干燥且不粘手,面团内的面筋已达到充分扩展,且具有良好的延伸性,此时随着搅拌钩转动的面团又会黏附在缸壁。但当搅拌钩离开时,面团又会随钩离开缸壁,并不时发出"噼啪"的打击声和"唧唧"的粘缸声。这时面团的表面干燥而有光泽,细腻整洁无粗糙感,用手拉取面团时有良好的弹性和延伸性,面团柔软。

判断面团是否搅拌到了适当的程度,除了用感官凭经验来确定外,目前还没有更好的方法。一般来说,搅拌到适当程度的面团,可用双手将其拉展成一张像玻璃纸那样的薄膜,整个薄膜分布很平均,光滑,无不整齐的裂痕。把面团放在发酵缸中,用手触摸其顶部感觉到有黏性,但离开面团不会粘手,且面团表面有手指黏附的痕迹,但很快消失。

5. 搅拌过度阶段

当面团搅拌到完成阶段后仍继续搅拌,则此时面团外表会再度出现含水的光泽,面团开始黏附在缸壁而不再随搅拌钩的转动而离开。在这个阶段中,当停止搅拌时,可看到面团向缸的四周流动,用手拉取面团时已失去良好的弹性,且变得粘手。过度的机械作用减弱了面筋的韧性,使面筋开始断裂,面筋分子间的水分从结合键中漏出。

搅拌到这个程度的面团,会严重影响面包成品的质量。

6. 面筋打断阶段

到了这个阶段,面团已开始水化,表面很湿,非常粘手,当停机后面团很快流向缸的四周,搅拌钩已无法再将面团卷起,用手拉取面团时,手掌会粘有丝状的面糊。若用来洗筋时,已无面筋可洗出。

搅拌到这个程度的面团,已不能用于面包制作。

(三)搅拌对面包品质的影响

1. 搅拌不足

面团若搅拌不足,则面筋不能充分扩展,没有良好弹性和延伸性,不能保留发酵过程中所产生的二氧化碳气体,也无法使面筋软化,故做出的面包体积小,两侧微向内陷入,内部组织粗糙,颗粒较多,颜色呈褐黄色,结构不均匀且有条纹,在整形操作上,因面团较湿较硬,故甚为困难。且面团在分割、整形时表皮往往会被机器撕破,使面包成品外表不整齐。

2. 搅拌过度

面团搅拌过度,则过分湿润、粘手,整形操作十分困难,面团滚圆后无法挺立,而是向四周流淌。烤出的面包无法保留膨大的气体而使面包体积小,内部有较多的大孔洞,组织粗糙且多颗粒,品质极差。

(四)面团搅拌工艺要求

1. 面团投料顺序

首先,将干性原料加入搅拌缸,用慢速搅拌混合均匀。其次,加入蛋液和水慢速搅拌均匀成团。再次,当面团已经形成,还未充分扩展时加入油脂。最后加盐,在面筋已经扩展但未完全扩展之前加入。

2. 面团温度的控制

面团温度的控制是发酵品质及面团性质能达到理想效果的一种科学的使用方法。面团经搅拌后的温度过高或偏低都将直接影响到发酵品质及面团的性质。原则上温度偏低的面团发酵较慢,虽对面团影响不大,却常会产生发酵不足的现象。过高的温度对面团发酵有加速作用,但对面团本身的性质有很大的伤害,致使发酵不稳,品质亦不稳定。

为求面包制作具有稳定性,对面团的温度必须加以控制,才能使面包的品质达到理想。根据专家实验结果,一般制法的面包,搅拌好的面团温度以25℃~28℃最为理想。为使每次搅拌的面团能够达到这个理想的温度,因此必须使用各种方法来控制。而控制面团温度的方法有很多,但其中以使用水和冰量来调节及控制面团温度的方法最为经济,而且实惠。此种方法也被广为采用。

使用水和冰来调节面团温度的计算方法很多。下面是一个面团适用水温表：

表 5-1　面团适用水温表

室内温度(℃)	直接法适用水温表				中种法适用水温表		
	搅拌 15 分钟		搅拌 20 分钟		中种面团		基本发酵 120 分钟每增加 1 小时加入水温应减 2℃
	吐司	甜面包	吐司	甜面包	吐司	甜面包	主面团
	适用水温(℃)						
30	0	0	全冰	3/4 冰	12	12	90％冰
29	2	2	3/4 冰	1/2 冰	14	14	80％冰
28	4	4	1/2 冰	0	16	16	70％冰
27	6	6	0	2	18	18	60％冰
26	8	8	2	4	20	20	60％冰
25	18	18	15	17	22	22	50％冰
24	20	20	17	19	24	24	12
23	22	22	19	21	26	26	16
22	24	24	21	23	28	28	18
21	26	26	23	25	30	30	20
20	28	28	25	27	32	32	22
19	30	30	27	29	34	34	24
18	32	32	29	31	36	36	26
17	34	34	31	33	38	38	28
16	36	36	33	35	40	40	30
15	38	38	35	37	42	42	32
14	40	40	37	39	44	44	34
13	42	42	39	41	46	46	36

室内温度(℃)	直接法适用水温表				中种法适用水温表		
	搅拌 15 分钟		搅拌 20 分钟		中种面团		基本发酵 120 分钟每增加 1 小时加入水温应减 2℃
	吐司	甜面包	吐司	甜面包	吐司	甜面包	主面团
	适用水温(℃)						
12	44	44	41	43	48	48	38
11	46	46	43	45	50	50	40
10	48	48	45	47	52	52	42

　　根据此表,我们依照室内温度以及搅拌时间来对照使用,很快地知道适当的水温后,再用冰或温水来调节水的温度加入面团内搅拌。

　　依照上述表格的方法,搅拌好的面团温度保持在 26℃～28℃之间。若需使搅拌好的面团温度偏高或偏低,可在适用水温中加以调整,增加或减少即可。

3. 搅拌时间与速度

　　面团搅拌的速度需要根据产品的不同而有所变化,要根据面团的软硬程度和面团的分量来进行适当的调整。如过硬的面团要适当降低搅拌速度。面团分量过大,如果高速搅拌则容易损坏机器,也无法搅拌均匀。

　　在使用搅拌机搅拌面团时,要根据搅拌机的容量、性能和操作说明来进行。如果转速不够快,则应适当延长搅拌时间,才可以保证得到相同品质的产品。一般使用低速搅拌比用高速搅拌的时间大约延长一倍的时间。脂肪含量高的面团,通常不需要充分搅拌,以免面筋形成太多而破坏其原有的柔软度。黑麦面包也不需要充分搅拌,因为其面筋质地较软,过度搅拌会使面筋撕开,进而破坏其原有质地。

二、发酵(Fermentation)

　　发酵,是继搅拌后面包生产中的第二个关键环节。发酵好与否,对面包产品的质量影响极大。

(一)发酵过程

　　面团的发酵是个复杂的生化反应过程,所涉及的因素很多,尤其是诸如水分、温度、湿度、酸度、酵母营养物质等环境因素对整个发酵过程影响较大。

面团在发酵期间，酵母吸取面团的糖，释放出二氧化碳气体，使面团膨胀，其体积约为原来的五倍左右，形成疏松、似海绵状的性质，其原因为受面粉及酵母内的蛋白质分解酶的作用，发酵产物如酒精和各种有机酸及无机酸，增加面团的酸度，由于各种不同的变化会改变面筋的胶体性质，因此形成薄而能保留气体的薄膜，同时保留面筋的延展性和弹性，因而能忍受机械作用所加的压力，如分割、整形等，而不致使薄膜破裂。

在面团发酵初期，面团内有充足的氧气，酵母进行有氧呼吸，产生二氧化碳和水并发出热量。随着发酵的进一步进行，氧气被消耗，酵母进行的无氧呼吸即酒精发酵，产生酒精。在发酵的过程中，也伴随着其他发酵过程，如乳酸发酵、醋酸发酵等，使得面团的酸度增高。在发酵过程中形成的酒精、有机酸、酯类、羰基化合物等物质是面包发酵风味的重要来源。

(二)发酵控制与调整

1.面包的气体产生与气体保留性能

气体产生的原理我们已知道，是由于酵母和各种酶的共同作用，把碳水化合物逐渐分解，最终产生二氧化碳气体。要增加产气量，一是增加酵母用量；二是增加糖的用量或添加含有淀粉酶的麦芽糖或麦芽粉；三是加入一定量的改良剂；四是提高面团温度到35℃。

气体能保留在面团内部，是由于面团内的面筋经发酵后已得到充分扩展，整个面筋网络已成为既有一定的韧性又有一定的弹性和延展性的均匀薄膜，其强度足以承受气体膨胀的压力而不会破裂，从而使气体不会逸出而保留在面团内。气体保留性能实质来自面团的扩展程度，当面团发酵至最佳扩展范围时，其气体保留性也最好。影响气体保留性的因素有蛋白质分解酶、矿物质含量、pH值、发酵室温度、漂白剂及氧化剂的用量以及一些机械因素等。

2.产气量与保气力的关系及对面包品质的影响

要使面包质量好，就必须有发酵程度最适当的面团。即在发酵工序时，要控制面团的气体产生与气体保留这两种性能都达到最高范围，亦即要使产气量与保气力同时达到最高点。

当两者同时达到最大时，做出的面包体积最大，内部组织、颗粒状况及表皮颜色都非常良好。面团的理想发酵时间是一个范围而不是一个点,气体的保留性和气体产生量都能保持较大的程度,即保持适当的平衡,这个范围称作发酵耐力。

而面团在发酵期间还未达到最高扩展以前,产气量便已达到最大程度,则气体产生再多也无法将面团膨胀到最大体积,因为面筋韧性过强,而当面团到达发酵阶段的最高扩展阶段时,即保气力最大时,产气量已下降,也不能使面团膨胀到最大体积,做出的面包体积小,组织不良,颗粒粗。在这种情况下,补救方法可在面团搅拌时添加少量蛋白质分解酶以加快面筋的软化程度,使气体的气室能膨胀;或加入含有淀粉酶的物质(如麦芽粉、麦芽糖等),以延长产气能力,适应面团在发酵期间的扩展。

当面团在发酵期间的扩展比气体产生快时,虽然面团扩展达到最佳程度,但因没有足够的气体,面团也无法膨胀到最大体积,做出的面包体积也小,品质亦差,在这种情况下可增加糖的用量,使产气量的最高点提前,或使用筋度较强的面粉,以延长面筋的扩展时间。

3. 面团在发酵阶段的状况

以中种面团为例,当完成发酵时间要 3 小时,发酵后升温 5.5℃,可以看到:面团的顶部下陷,用手向上提起面团时,有非常明显的立体状网络结构,延展性良好,整个面团干爽、柔软、韧性很小,不易脆裂,完全成熟,成为干燥、柔软的薄网状组织。

当发酵时间不足,例如只有原来的 1/3 时间,即 1 个小时的时候,这时的面团结实,网状结构紧密,向上提时韧性大,有如扯橡皮一样的感觉。但面团中已有气体产生。

当面团发酵至总发酵时间的 2/3,即 2 小时的时候,由于发酵作用的继续进行,面团逐渐软化,面筋所形成的网状结构已较薄,用手提面团时感觉到韧性减少,且柔软。但面团仍较紧密,还有湿黏的感觉。

当面团超过了发酵时间后,又变得湿黏、易脆裂、鼓气等,此时称之为老面团。

(三)发酵操作技术

1. 发酵的温度及湿度

一般理想的发酵温度为 27℃,相对湿度 75%。

温度太低,因酵母活性较弱而减慢发酵速度,延长了发酵所需时间,温度过高,则发酵速度过快。

湿度低于70％,面团表面由于水分蒸发过多而结皮,不但影响发酵,而且使成品质量不均匀。适于面团发酵的相对湿度,应等于或高于面团的实际含水量,即面粉本身的含水量(14％)加上搅拌时加入的水量(60％)。

面团在发酵后,温度会升高4℃～6℃。若面团温度低些,可适量增加酵母用量,以提高发酵速度。

2. 发酵时间

面团的发酵时间,不能一概而论,而要按所用的原料性质、酵母用量、糖用量、搅拌情况、发酵温度及湿度、产品种类、制作工艺(手工或机械)等许多相关因素来确定。

通常情形是:在正常环境条件下,鲜酵母用量为3％的中种面团,经3～4小时即可完成发酵。或者观察面团的体积,当发酵至原来体积的4～5倍时即可认为发酵完成。

3. 翻面技术

翻面,是指面团发酵到一定时间后,用手拍击发酵中的面团,或将四周面团提向中间,使一部分二氧化碳气体放出,缩减面团体积。

翻面的目的在于:(1)充入新鲜空气,促进酵母发酵;(2)促进面筋扩展,增加气体保留性,加速面团膨胀;(3)使面团温度一致,发酵均匀。

翻面这道工序只是直接法需要,而中种面团则不需要。

翻面时,不要过于剧烈,否则会使已成熟的面筋变脆,影响醒发。

观察面团是否到达翻面时间,可将手指稍微沾水,插入面团后迅速抽出,面团无法恢复原状,同时手指插入部位有些收缩,此时,即可做第一次翻面。

第一次翻面时间约为总发酵时间的60％,第二次翻面时间,等于开始发酵至第一次翻面所需时间的一半。例如,从开始发酵至第一次翻面时间为120分钟,亦即等于总发酵时间的60％,故计算得出总发酵时间为200分钟,可知第二次翻面应在第一次翻面后的60分钟进行,亦即在总发酵时间的第180分钟进行。

上述计算是一般方法,实际生产中则应视与发酵有关的各个因素及环境条件来做出具体每槽面团的翻面时间,尤其是所用的面粉的性质。例如,通常使用的都是已经熟化了的面粉,翻面次数不可过多,故可省略第二次翻面,只做一次翻面,其时间在总发酵时间的三分之二至四分之三,大多数都在四分之三时进行,这样,既减了一次翻面,又缩短了发酵时间。这种面团称为"嫩面团"。

如使用的是蛋白质含量高、筋力强的面粉,则要酌量增加翻面次数,约需4～5次,同时提前进行第一次翻面。这种面团称为"老面团"。

4. 发酵成熟的时间控制以及判断

每个面包品种都有适合其生产条件的程序,发酵时间也基本固定,改变较少,当实际生产中要求必须延长或缩短发酵时间时,可通过改变酵母用量或改变面团温度等来实现。

在其他条件都相同的情况下,在一定的范围内,酵母的用量与发酵时间成反比,即:减少酵母用量,发酵时间延长;增加酵母用量,发酵时间缩短。

发酵时间的调整涉及的另一个因素是改良剂用量,一般来说,缩短发酵时间,改良剂用量要增加,反之则减少。但增减幅度不能超过原来用量的25%。

同时可以采用各种方法来判断发酵成熟的面团。回落法:面团顶端高鼓,而摸上去很干燥。用手一提,面团很自然地被拉长,一松手,又慢慢地缩回去。拉丝法:面团内部有很多气孔。手触法:食指沾些干面粉,然后插入面团中心,抽出手指,如果凹孔很稳定,并且收缩很缓慢,表明发酵完成。嗅觉法:闻之有酒香味。pH值测定法:pH值为4～4.5。

(四)发酵损耗

发酵有损耗,是因为发酵过程中面团水分的蒸发以及酵母分解糖而失去某些物质,使发酵后的面团重量有些减少。

由于水分蒸发而引起的损耗在0.5%以上。

其他失去的物质则是由于糖类(包括淀粉转化成的糖类)被分解,除生成二氧化碳和酒精外,还有一些挥发性物质产生,这些物质在发酵时间有部分被挥发。

发酵损耗依照配方及制作方法的不同而有差异,一般在1%～2%。

三、面团制作(Dough Shaping)

面团的制作,是为了把已经发酵好的面团通过称量分割和整形而使其变成符合要求的初步形状。面团的整形制作,分为手工操作与机械操作两种。

1. 分割(Scaling)

分割是通过称量把大面团分割成所需重量的小面团。分割重量是成品重量的 110%。

(1)手工分割。

先把大面团搓成(或切成)适当大小的条状,再按重量分切成小面团。手工分割比机械分割不易损坏面筋,尤其是筋力软弱的面粉,用手工分割比机械分割更适宜。

(2)机械分割。

按照体积来分割而使面团变成一定重量的小面团,并不是直接称量分割得到的,所以操作时必须经常称量所分割出的面团重量,及时调整活塞缸的空间,以免出现分割得到的面团过轻或过重。因为面团虽然完成了发酵阶段进入分割机的盛料槽,但发酵作用并未结束,仍在继续进行,并且其发酵速度也不减弱,相反有增加的趋势。从分割开始到最后,面团的比重均在变化,后头的面团比重小于前头的面团比重,而由于分割机是按体积切割面团的,所以需调整容器出口的大小,以控制不同比重的面团保持同样的重量。

另一个要注意的是,不论是手工分割还是机械操作,一槽面团的全部分切应控制在 20 分钟内完成,不可超出,因为同一槽面团若分割时间拖得太长,无形中使得最后分割时的面团超过了预定的发酵时间,使得其性质与整槽面团的性质有所差异,影响以下各道工序尤其是醒发时间的掌握。还有,就面团的发酵程度来说,机器分割与手工分割的要求也有所不同。机器操作时,为减少机器分割对面筋所引起的损害,要求面团柔软一些,即要求嫩一些的面团。

2. 滚圆(Rounding)

滚圆,即把分割得到的一定重量的面团,通过手工或特殊的机器——滚圆机搓成圆形。

分割后的面团不能立即进行整形,而要进行滚圆,使面团外表有一层薄的表皮,以保留新产生的气体,使面团膨胀。在滚圆操作中要注意撒粉不要太多,防止面团分离。

滚圆的作用:

(1)使分割后的面团形成完整的球形,为下一步的工序做好准备。

(2)形成完整而光滑的表皮将切口覆盖,便于烘烤时形成光滑美观的表皮。

(3)恢复分割时破坏的面筋网络。

(4)排出部分二氧化碳,利于酵母的生长繁殖,发酵充分。

3. 中间醒发(Intermediate Proofing)

中间醒发,是指从滚圆后到整形前的这一段时间,通常需要 15 分钟,也有短至 2 分钟及长至 20 分钟的,具体时间根据面团性质是否达到整形所要求的特性来确定。

中间醒发的目的是使面团重新产生气体,让面筋松弛,恢复其柔软性,便于整形的顺利进行。

中间醒发箱的相对湿度通常为 70%～75%。若湿度太小,面团表面极易结皮,面包成品内部有大孔洞;若湿度太大,则面团表面会发黏,整形时需要较多撒粉,导致面包内部组织不良。

温度,以 27℃～29℃ 为宜。因为温度过高,醒发太快,面团老化也快,使面团气体保留性差;温度太低,则松弛不足影响生产。

4. 整形(Makeup)

整形是把面包做成产品所要求的形状。

整形工序实际上包括压片及成形两部分。

压片是把旧气体排掉使面团内新产生的气体均匀分布,保证面包成品内部组织均匀。

成形是把压片后的面团薄块做成产品所需的形状,使面包外观一致,式样整齐。

面包造型的主要方法有滚、搓、包、捏、压、挤、擀、折叠、切、割、扭转等。

5. 装盘(Panning)

即把整形后的面团移放到面包盒内,送去醒发室醒发。

手工生产是用人工将面团放到盒内,机械化生产则可自动落入盒内,再由输送带运到醒发室。

装盘时注意以下几点:

(1)面包盒的预处理。

装入面包前,面包盒内壁必须先涂层薄薄的油,可用猪油或其他油脂。现在多数用混合植物油,如花生油、大豆油、棉籽油或其他混合食用油。油用量不可太多,以免影响面包形状及表皮颜色;也不可太少,以免面包脱盘困难。一般用量以面团分割重量的 0.1%～0.2% 为好。

目前有一些模具是用聚硅酮树脂涂剂来处理烤盘,而不再用涂油方法。其优点是经济、干净,处理一次便可用几百次,且面包盒内无乌黑的油污。

（2）面包盒温度。

装面包前,面包盒的温度必须与室温大致相同,太高或太低都不利于醒发。在实际生产中,尤其要注意这一点,刚出炉的面包盒不能立即用于装盘,必须冷却到 32℃ 才能使用。

（3）面团的放置情况。

放置时,面团应放在面包盒底的中央,且面团接缝处必须向下,以防面团在醒发时或烘烤时表皮裂开,致面包表皮粗糙、不光滑或有裂痕。

（4）面包盒容积与面团大小的关系。

面包盒太大,会使面包成品内部组织不均匀,颗粒粗糙;太小,则影响面包体积,且顶部胀裂太厉害,形状不佳。一般不带盖的主食面包,即每立方厘米可容面团 0.29～0.3 克,或每克面团需要 3.35～3.47 立方厘米的容积。

（5）烤盘要进行预处理,清洁干净后均匀地涂上一层油脂。

（6）烤盘中摆放的间距要合适,间距过大,则烘烤的面包上色快,容易烤糊。如果间距过小,则面包在胀发的过程中粘连在一起,面包易变形和不易熟。

（7）不同大小和不同性质的面包不能放在同一个烤盘中烘烤。

四、醒发（Proofing）

醒发是发酵过程的延续,是面包的最后一次发酵,使其达到应有的体积和形状。

醒发的目的,是使面团重新产气、膨松,以得到制成品所需的体积,并使面包成品有较好的食用品质。因为面团经过整形操作后,尤其是经压薄、卷折、压平后,面团内的气体大部分已被赶出,面筋也失去原有柔软性而显得硬、脆,故若此时立即进炉烘烤,面包成品必然是体积小、内部组织粗糙、颗粒紧密,且顶部会形成一层壳。所以要做出体积大、组织好的面包,必须使整形后的面团进行醒发,重新产生气体,使面筋柔软,进一步积累发酵产物,改善面包的内部组织,得到大小适当的体积。

醒发对面包质量的影响因素主要有温度、湿度、时间等。

1. 温度

醒发温度范围,一般控制在 35℃～39℃。

温度太高,面团内外的温差较大,使面团醒发不均匀,导致面包成品内部组织不一致,有的地方颗粒较好,有的地方却很粗。同时,过高的温度会使面团表皮的水分蒸发过多、过快,从而造成表面结皮,影响面包的表皮质量。

温度太低,则醒发过慢,时间过长,有时会造成内部颗粒粗。

2. 湿度

醒发湿度对面包的体积、组织、颗粒影响不大,但对面包形状、外观及表皮等影响较大。

湿度太小,面团表面水分蒸发过快,容易结皮,使表皮失去弹性,影响面包进炉烘烤时膨胀,使面包成品体积小,顶部表皮过硬。同时,表皮太干,会抑制淀粉酶的作用,减少糖量及糊精的生成,导致面包表皮颜色浅,欠缺光泽,且有许多斑点。另外,低湿度的醒发时间比高湿度的要慢,醒发损耗及烘焙损耗也大。

湿度太大,对面包品质也有影响。尽管高湿度醒发的面包经烘烤后表皮颜色深、均匀,且醒发时间少、醒发损耗也少,但会使面包表皮出现气泡,同时表皮的韧性过大,影响外观及食用质量。

通常醒发湿度为 80%～85%。

3. 时间

醒发时间,是醒发阶段需要控制的第三个重要因素。其长短依照醒发室的温度、湿度及其他相关因素(如产品类型、烘炉温度、发酵程度、搅拌情况等)来确定。通常是 55～65 分钟。

醒发过度,面包内部组织不好、颗粒粗、表皮呆白、味道不正常(太酸)、存放时间减短。如果所用的是新磨的面粉或筋力弱的面粉,则醒发过度时面团体积会在烘炉内收缩。

醒发不足,面包体积小,顶部形成一层盖,表皮呈红褐色,边皮有如燃焦的现象。

4. 醒发的判断

一般以达到成品体积的 80%～90% 为准,体积与醒发的关系:每个品种的面包,其正确的醒发时间只能通过实际试验来确定。而一个值得推荐的方法,则是通过量度面团在醒发后的高度来决定是否入炉,即经过若干次试验后,找出面团的最佳膨胀高度(相对于面包盒本身高度而言),然后照此形状画制一块高度板(呈凹入的弧形,如凹),生产中便以该量度板为标准,达到高度后即入炉烘烤,未到的则继续醒发。

比较法:可以以面包整形时的体积为标准,膨胀至原体积的 3～4 倍。

观察法:面包呈柔软、膜薄的半透明状态。用手轻轻触碰按压,被压的痕迹不回弹、不回落,即完成醒发过程。

五、面包的烘烤(Baking)

烘烤,是面包变为成品的最后一个阶段,也是较为关键的一个阶段,在烘炉内热的作用下,生的面团从不能食用变成了松软、多孔、易于消化和味道芳香的可食用的诱人食品。

整个烘烤过程,包括了很多的复杂作用。在这个过程中,直至醒发时间仍在不断进行的生物活动被制止,微生物及酶被破坏,不稳定的胶体变成凝固物体,淀粉、蛋白质的性质也由于高温而发生凝固变性,与此同时,焦糖、糊精、类黑素及其他使面包产生特有香味的化合物如羰基化合物等物质生成。所以,面包的烘烤是综合了物理、生物、化学、微生物学等反应的变化结果。

(一)烘焙反应

1. 烘烤急胀

面团进炉后,由于受热而立即膨胀,几分钟内,所增加的体积便为原来醒发后面团的三分之一,这个作用称为烘烤急胀。产生烘烤急胀的原因是:第一,气体受热后压力增大,当这些气体被密闭在由弹性材料构成的一定空间内,受热后则会使体积膨胀。同时热使面团内某些低沸点物质变成蒸汽,这些蒸汽的产生也使气孔内的气压增大,促使气室膨胀而导致面团胀大,这些低沸点物质以酒精为多,也是最主要的被蒸发物质。第二,从生化方面来说,温度的升高促进了酵母的活性,使面团发酵迅速,也是形成烘烤急胀的原因之一。同时,面团温度升高,面团内的淀粉酶和淀粉酶活性也增强,促进了酵母的发酵作用,也促进了烘烤急胀。

2. 淀粉糊化

当烘烤温度达到 54℃时,淀粉开始糊化,而使烘烤弹性现象消失。淀粉糊化时,吸收了面筋原来持有的水分,使淀粉颗粒本身膨胀,体积增加。而面筋组织则因失去了水分而变得凝固,使已糊化了的淀粉能固定在面筋的网状结构内。

3. 面筋的凝固

随着淀粉糊化的继续进行,面筋内所含的水不断被吸走,当面筋失去了一定的水分,并且面团内温度达到74℃时,面筋便凝固,这个作用一直延续到面包出炉为止。在这个过程中,面筋所包围住的气孔壁,变成了半硬性的薄网组织,随着气孔的膨胀,淀粉颗粒也趋于柔软,使颗粒组织变得更有延伸性,也使面筋薄膜变得更薄,促进了面团的胀大。

4. 酶的作用

淀粉酶的作用,在烘烤阶段即开始。在一定的温度范围内,每上升10℃,酶的活性便增加一倍。超过一定温度,热抑制了酶的活性,最后停止,使淀粉的糊化也终止。

α-淀粉酶适温在 65℃~95℃,烘烤时间约占 4 分钟,而在 68℃~83℃时活性最大。β-淀粉酶适温在 57℃~72℃。

5. 香味物质

面包制品所持有的香味,主要存在于面包表皮,并通过面包内剩余的水分,渗入到面包中。形成这些香味的物质是羰基化合物,因为面团内有多量糖及氨基酸,所以褐色作用对于颜色形成及面包特殊味道有很大的影响。

6. 气孔组织

面包内部组织的气孔特性及形状,可通过切开的面包片来观察。

影响气孔组织的因素很多,如发酵程度、发酵速度、搅拌程度、整形制作、面包盒大小、醒发等。在烘烤期间,则是烘烤速度的影响为主,烘烤速度太快,面包表皮层形成过早,且强韧,限制了面包内部的继续膨胀,严重影响面包的内部组织质量,使小气孔破裂,粘连在一起,结果导致气孔壁厚、颗粒粗糙、组织不均匀。

优良的面包内部组织应当是气孔小,气孔壁薄,气孔形状呈圆形稍长,大小一致,无大孔洞,用手触摸时有松软、光滑的感觉。

(二)烘烤过程

整个烘烤过程大致可分五个阶段。

1. 烘烤急胀阶段

大约是进炉后的 5～6 分钟之内,在这个阶段,面团的体积由于烘烤急胀作用而急速扩大。

2. 酵母继续作用阶段

在这个阶段,面团的温度在 60℃ 以下,酵母的发酵作用仍可进行,超过此温度,酵母活动即停止。

3. 体积形成阶段

此时温度在 60℃～82℃ 之间,淀粉吸水膨化而胀大,固定填充在已凝固的面筋网状组织内,基本形成了最终成品的体积。

4. 表皮颜色形成阶段

这阶段,由于焦糖化反应和褐变作用,面包的表皮颜色逐渐加深,最后成棕黄色。

5. 烘烤完成阶段

此时面团内的水分已蒸发到一定程度,面包中心部位也完全成熟,成为可食用的食品。

(三)烘烤条件及影响

烘烤条件的选择,最主要的因素仍然是温度、湿度、时间。

1. 温度

一般生产时的烘烤温度在 190℃～230℃ 范围内。

若炉温过高,面包表皮形成过早,会减弱烘烤急胀作用,限制面团的膨胀,使面包成品体积小,内部组织有大的孔洞,颗粒太小。尤其是高成分面包,内部及四边尚未完全烘熟,但表皮颜色已太深。当以表皮颜色为出炉标准时,则面包内部发粘,未成熟,也无味道;但当以包心完全成熟时,则表皮已成焦黑色。同时,炉温过高,容易使表皮产生气泡。

若炉温过低,酶的作用时间增加,面筋凝固也随之推迟,而烘烤急胀作用则太大,使面包成品体积超过正常情况,内部组织则粗糙,颗粒大。炉温低必然要延长烘烤时间,使得表皮干燥时间太长,面包皮太厚,且因温度不足,表皮无法充分焦化而颜色较浅。同时,水分蒸发过多,挥发性物质挥发也多,导致面包重量减轻,增加烘烤损耗。

其他与炉温有关的还有炉温的均匀度,面包听的间隔影响空气循环及热的渗透等。

2. 湿度

炉内湿度的选择,与产品类型、品种有关,一般主食面包(不带盖的)即使不通入蒸汽,其湿度也已适宜,而硬式面包的烘烤,则必须通入蒸汽,约 6～12 秒,以保持较高的湿度,烘得真正的硬式面包。

湿度过大,炉内蒸汽过多,面团表皮容易结露,致使产品表皮熟韧及起气泡,影响食用品质。

湿度过小,表皮结皮太快,容易使面包表皮与内层分离,形成一层空壳,尤其是不带盖的主食面包更要注意。

3. 时间

烘烤时间取决于炉温、面团重量和体积、配方成分高低、面团是否加盖等。一般范围为 18～35 分钟。

炉温高,烘烤时间短,反之则长;重量大、体积大的面包,烘烤时间也需较长;高成分配方需要较长时间烘烤(用较低的温度),低成分面包则需要较高温度而较短时间的烘烤。

(四)烘焙损耗

烘焙损耗,是指由于水分的蒸发和一些挥发性物质的失去而使面包重量减少,其范围从 7％～13％,一般为 10％或以下,如主食面包为 3％～10％。

通常所说的烘焙损耗是指广义的烘焙损耗,它包括分割损耗、整形损耗、醒发损耗、烘烤损耗、冷却损耗、切片损耗等。狭义的烘焙损耗则指面团在烘炉内的纯烘烤损耗而已。

影响烘焙损耗的因素有:(1)配方成分。如水分含量、糖用量、蛋用量等。(2)烘烤温度。温度越高,损耗越大。(3)烘烤时间。时间越长,损耗越大。(4)烘烤湿度。湿度越小,损耗越大。(5)面团重量和产品形状。面团重量越大损耗越小。重量相同时,放置于空气中的表面积越大,损耗也越大。故盒式面包的损耗小于非盒式面包。(6)环境条件。如室温、室内湿度等。

六、面包的冷却与包装(Cooling and Storing)

(一)面包的冷却

冷却工序是面包生产中必不可少的生产程序,因为面包刚出炉时,温度较高,表皮干脆,包心则很柔软,缺乏弹性。此时如果立即进行切片,由于面包太软,没有一定的机械承受力,容易破碎,增加损耗,且很难顺利进行,切好后面包两边也会凹陷;若立即进行包装,则因面包温度过高,容易凝结出水珠,导致面包容易发霉。

1.冷却过程的变化

(1)温度。面包出炉时,除了表皮温度高于100℃(最高不应超过150℃)外,其余部分的温度相差无几,约为98℃～99℃;出炉后,面包置于室温下,由于存在着较大的温差,聚集在面包表皮的热便在辐射作用下迅速散去,而内部散热则较慢。测定面包切片中温度以包心为准。

(2)水分。面包出炉时,水分很不均匀,表皮在烘烤时接触的温度高且时间长,水分蒸发很多,显得干燥、硬脆。面包内部的温度则较低,在烘烤阶段的最后几分钟才达到99℃,故水分蒸发少,显得较为柔软。出炉后,面包的水分进行重新分布,水分从面包内部散发到面包外表,再由外表蒸发出去。最后,达到水分动态平衡,表皮也由干、脆变成柔软,适宜于切片或包装了。

2.冷却工艺

(1)冷却要求。冷却后的面包,其中心温度要降到32℃,整体水分含量为34%～44%,总的要求是:既要有效、迅速地降低面包温度,又不能过多地蒸发水分,以保证面包有一定的柔软度,提高食用品质和延长保鲜期。

面包在冷却阶段损失的水分为多少才算理想,很难确定,必须视烘烤情况而定。烘烤时面包水分损失较多,冷却时便要尽量减少损失;反之,则可让其蒸发较多水分。一般损失水分在2%～3%之间。

盒形面包出炉后立即倒出冷却。不能让面包再在面包盒内,以免影响冷却速度和面包盒流转。圆形面包(包括汉堡包等)出炉后可暂缓倒出,待冷却到表皮变软并恢复弹性后,再倒出冷却。

(2)冷却方法。

冷却方法有好几种:

①自然冷却。该法无须添置冷却设备,节省资金,但不能有效地控制损耗,冷却时间也太长,受季节影响也较大。

②通风冷却。冷却室是一个圆形旋转密闭室,空气从底部吸入,由顶部排出。面包出炉后倒在输送带上,随着输送带慢慢运转,由上而下直到出口,由于空气的对流,辐射热被带走,水分蒸发,面包得到冷却。这种方法的冷却时间比自然冷却少得多,但仍不能有效地控制水分损耗。

③空调冷却。该法是通过调节冷却空气的温度和湿度,使冷却时间减少,同时可控制面包水分的损耗。

④真空冷却。其优点是在适当温度、湿度下和一段时间的真空下,面包能在极短时间内冷却(只需半小时),而不受季节的影响。

(二)面包包装

为了保证面包品质和符合卫生要求,冷却后或切片后的面包应立即包装,以免污染。面包经包装后可保持清洁卫生,避免在运输、贮存、销售过程中受污染,同时,有包装的面包可以避免面包水分过多损失,较长时间地保持面包的新鲜度,有效地防止面包老化变硬,延长保鲜期。还有美观漂亮的包装,能增强产品对人的吸引力,扩大销售的竞争能力,提高经济效益。

对包装材料的选择,首先要符合食品卫生要求,无毒、无臭、无味,不会直接或间接污染面包;其次要求密闭性能好,不透水,不透气,免使面包变得干硬,香气散失;再次要求材料价格适宜,在一定的成本范围内尽量提高包装质量;包装材料的费用最好不超过面包费用的 3%～4%。对于机械包装来说,还要考虑包装材料的强度,以适应机械的操作,保护产品免受机械损伤。

常用包装材料分纸类、塑料类。纸类有耐油纸、蜡纸。

另外,包装袋(包装纸)除了要求美观外,还应印有产品成分重量的说明及生产和保质日期。

第五节　面包生产方法

面包的生产制作方法很多,采用哪种方法主要应根据设备、场地、原料的情况甚至以顾客的口味要求等因素来决定。所谓生产方法不同,是指发酵工序以前各工序的不同,从整形工序以后都是相同的。目前世界各国普遍使用的基本方法共有五种,即一次发酵法或称直接发酵法,二次发酵法或称中种发酵法,快速法、基本中种面团发酵法、连续发酵法(液体发酵法)等,其中以一次发酵法和二次发酵法为最基本的生产法。

一、一次发酵法

(一)一次发酵法的特点

一次发酵法又称为直接法。这种方法最普遍,无论是生产规模较大的工厂还是家庭式的面包作坊都可采用一次发酵法制作各种面包,这种方法的优点是:

(1)只使用一次搅拌,节省人工与机器的操作。

(2)发酵时间较二次发酵法短,减少面团的发酵损耗。

(3)由此法做出的面包具有较佳的发酵香味。

(4)发酵时间短,面包体积比二次发酵法要小,并容易老化。一旦一次发酵法发酵出现错误,没有机会纠正。

(二)一次发酵法工艺

1. 搅拌

把配方内的糖、盐和改良剂等干性原料先放进搅拌缸内,然后把配方中适温的水倒入,再按次序放进奶粉和面粉,然后把速效干酵母加在面粉上面,就可将搅拌缸升起,启动开关先用慢速搅拌,使搅拌缸内的干性原料和湿性原料全部搅匀成为一个表面粗糙的面团,才可改为中速继续把面团搅拌至表面呈光滑状,这表明所有原料已经均匀分布在面团的每一部分,就可将机器停止,把配方中的油脂加入,继续用中速搅拌至面筋完成扩展。搅拌中延迟配方中油的加入,是因为防止油在水与面粉未充分均匀混合的情况下,首先包住面粉,造成部分面粉的水化作用欠佳。

搅拌后面团的温度对发酵时间的控制以及烤好后面包的质量影响很大,所以在搅拌前就应根据当时的室温和面粉等原料的温度,利用冰或热水来调整适当理想的水温,使搅拌完成后面团温度为26℃。这样的面团在发酵过程中每小时平均升高1.1℃左右,经过约3小时的发酵,面团内部温度不会超过30℃,

即使经过整形等工序后,面团内部也不会超过32℃,这就可以避免乳酸菌的大量繁殖,保持面包没有不正常的酸味。如果搅拌后面团温度太高,不但使烤后的面包味道不正,而且发酵速度难以控制,往往造成面团发酵过头,但如果面团温度太低,则易造成发酵不足、面包体积小、内部组织粗糙等毛病。

搅拌时间一般为15~20分钟。

2. 基本发酵

搅拌好后的面团应进入基本发酵室使面团发酵。理想发酵室的温度应为28℃,相对湿度为75%~80%,盖发酵缸或槽的材料宜选择塑料或金属,不宜用布,这是因为如果布太干,则会吸去面团的水分,太湿则易引起面团表面凝结成一层薄膜。

一般一次发酵法的面团发酵时间,在其他条件相同的情况下,可以根据酵母的使用量来调节,通常在正常情况下(搅拌后面团温度26℃,发酵室温度28℃,相对湿度75%~80%,搅拌程度合适),使用2%~3%新鲜酵母的主食面包,其面团发酵时间共约3小时,即基本发酵2小时,经翻面后再延续发酵1小时。如果要调整发酵时间,在配方其他材料不变的前提下,以调整酵母和盐的使用量为合适。

3. 翻面

一次发酵法的面团在发酵期间"翻面",观察发酵中的面团是否达到翻面的程度可由下列几点来决定:

(1)发酵面团的体积较开始增加1倍左右;

(2)用手指在面团中间压下不会感到有很大的阻力,手指从面团中抽出后,压下的指印会留在原处,面团既不会很快地升起把指印重新填满,周围面团也不会很快地随着降下,这表明面团已到合适翻面的时间;

(3)如果测试的手指从面团中抽出后,面团很快恢复原状,表示翻面的时间尚未到达;

(4)如果测试的手指从面团中抽出后,指印附近的面口很快向下陷入,则表示已超过翻面时间,这时应马上做翻面工作,以免发酵过久。

翻面后的面团,需要重新发酵一段时间,这一步骤在烘焙学上叫延续发酵。此两段发酵时间的长短,视面粉的性质和配方的情况而定。

以上为一次发酵法或称为直接发酵法的面包生产方法,在生产中除了严守各个步骤操作的顺序外,应该充分理解本法易失败的地方及缺点。一般来说,一次发酵法的发酵时间缓冲性很小,没有什么余地,发酵完成便要马上取出分割整形,时间稍微超过或不够,就会影响产品质量,所以面团发酵的实践经验和工作时间的计划安排甚为重要。面团一经搅拌,则面团数量和生产时间的安排已无法改变。

二、二次发酵法

(一)二次发酵法的特点

二次发酵法又称为中种发酵法或间接发酵法,是使用二次搅拌、二次发酵的面包生产方法。二次发酵法比起一次发酵法有如下特点:

(1)在接种面团的发酵过程中,面团内的酵母有理想条件来繁殖,所以配方中酵母的用量较一次发酵法节省20%左右。

(2)用二次发酵法所做的面包,一般体积较一次发酵法的要大,而且面包内部结构与组织均较细密和柔软,面包的发酵香味好。

(3)一次发酵法的工作时间固定,面团发好后须马上分割整形,不可稍有耽搁,但二次发酵法发酵时间弹性较大,发酵后的面团如因遇其他情况不能立即操作时可以在下一工序补救处理。

(4)需要较多的劳力来做二次搅拌和发酵工作,需要较多和较大的发酵设备和场地。

(二)二次发酵法工艺

二次发酵法的发酵工作分为基本发酵和延续发酵。

1. 基本发酵

即中种面团的发酵。第一次搅拌时将配方中60%～80%的面粉,55%～60%的水,以及所有的酵母、改良剂全部倒入搅拌缸中用慢速搅匀,成表面粗糙而均匀的面团,此面团就叫中种面团(接种面团)。在温度26℃,相对湿度为75%的发酵环境中,所需的时间为2～3.5小时。观察接种面团是否完成发酵,可由面团的膨胀情况和两手拉扯发酵中面团的筋性来决定。

(1)发好的面团体积为原来搅拌好的面团体积的4～5倍。

(2)完成发酵后的面团顶部与缸侧齐平,甚至中央部分稍微下陷,此下陷的现象在烘焙学上称为"面团下陷",表示面团已发酵好。

（3）用手拉扯面团的筋性进行测试。可用中、食指捏取一部分发酵中的面团向上拉起,如果在轻轻拉起时很容易断裂,表示面团完全软化,发酵已完成;如拉扯时仍有伸展的弹性,则表示面筋尚未完全成熟,尚需继续发酵。

（4）面团表面干燥。

（5）面团内部会发现有很规则的网状结构,并有浓郁的酒精香味。

2. 延续发酵

即主面团的发酵。发酵好的中种面团放进搅拌缸中,与配方中剩余的面粉、水、糖、盐、奶粉和油脂等一起搅拌至面筋充分扩展,再经短时间的延续发酵(一般为 20～30 分钟)就可进行分割和整形处理。这第二次搅拌而成的面团叫主面团,材料则称为主面团的材料,面团经过延续发酵就可分割、整形,依照正常的程序和步骤来操作即可。

三、快速法

快速法是在应急和特殊情况下才采用的面包生产法。由于面团未经正常发酵,在味道和保存日期方面,与正常发酵的面包相差甚远。

1. 快速发酵法的特点

（1）生产周期短,生产效率高。

（2）节约劳力和设备,降低了能耗,占用的场地小。

（3）发酵损耗小,出品率提高。

（4）发酵时间过短,发酵的风味物质产生少,面包香气不足,口感回味少。

（5）面包容易老化,不易保鲜,不适用主食面包。

（6）制作中需要使用较多的酵母、改良剂和保鲜剂,提高了成本。

2. 快速发酵法的工艺

面团调制过程与一次发酵法基本相同,需要增加酵母用量,增加面团搅拌时间 20%～25%,搅拌至稍微过度。降低盐的用量,加快面筋的形成。整个生产周期需要 2～3 个小时。

四、冷冻面团法

冷冻面团法是 20 世纪 50 年代以来发展起来的面包新工艺。目前,在许多国家和地区已经相当普及。特别是国内外面包行业正流行连锁店经营方式,冷冻面团法得到了很大发展。冷冻面团法,就是由较大的面包厂(公司)或中心面包厂将已经搅拌、发酵、整形后的面团在冷库中快速冻结和冷藏,然后将此冷冻面团销往各个连锁店(包括超级市场、宾馆饭店、面包零售店等)的冰箱贮存起来,各连锁店只需备有醒发箱、烤炉即可。随时可以将冷冻面团从冰箱中取出,放入醒发室内解冻、醒发,然后烘焙即为新鲜面包。顾客在任何时间都能买到刚出炉的新鲜面包。

第六节　面包质量与问题分析

一、影响面包老化的主要因素

面包产品老化是指面包经烤焙离开烤炉后,本来香喷喷及松软湿润的产品发生了变化,表皮由脆而变坚韧,口感变硬,味道平淡不良,失去新鲜感。一般面包产品在未用防止老化的技术措施时,12~14 小时便会失去功效。

那么,影响面包产品老化的主要原因又是什么呢? 主要是温度及面包产品中淀粉的退化作用。

二、控制面包老化的方法

1. 温度的调整

热及冷冻均可防止面包产品的老化,延长销售时间,对面包产品持续加温,使其保持在较高的温度环境中,如 40℃～60℃或稍低,对面包保持较长时间的柔软有作用,但由于温度高又易导致发霉腐烂,同时失去部分水分与香味。冷冻是另一方法,但不同于冷藏,冷冻必须使温度降到－20℃以下才能防止过快老化,且降温和解冻速度不能过于缓慢,此种方法耗能大。

2. 包装

良好的包装可以防止水分的损失,保持产品的美观,虽然包装并不能抑制化学变化引起的老化,但较没有包装的面包能保持较长久的柔软性和香味。一般面包产品包装时温度以 37℃～40℃为宜,同时冷却温度不宜过快,以免面包皮的龟裂。

3.面粉的选择

使用高筋面粉制作的面包,吸水量多,而且由于蛋白质含量高,比例上淀粉含量少,面包的体积大,所以面包的硬化较慢,保持性能良好。选择高筋度的面粉制作面包,一定要保证水量充足,才有助于面筋的扩展,而且要使用速度较高的搅拌机,才能使面筋得到充分扩展。

4.α-淀粉酶的作用

一般面粉中均缺乏淀粉液化酶 α-淀粉酶,而这种淀粉酶于面团发酵及烤焙初期能改变部分淀粉为糊精,从而改变淀粉的结构,降低淀粉的退化作用,延长面包的硬化时间。一般麦芽粉的添加量为 $0.2\%\sim0.4\%$。

5.乳化剂的使用

使用乳化剂是改善面包品质,增加贮藏时间最有效、最简单的办法,一般使用量为 0.5%。

三、面包品质的鉴定

目前国际上多数采用的面包品质鉴定评比方法是由美国烘焙学院所设计的。

该评比方法把面包的评分定为 100 分,其中外部的品质占 30 分,共 5 项,内部品质占 70 分,共 5 项,一个标准的面包很难达到 95 分以上,但最低不可低于 75 分。

关于如何评定面包的品质,下面分两部分叙述。

(一)面包外表的评分

分为体积、表皮颜色、式样、烘焙均匀度、表皮质地等 5 个方面,共 30 分。

表 5-2　面包品质鉴定评分标准

外表 30 分		内部 70 分	
体积	10	颗粒状况	15
表皮颜色	8	内部颜色	10
式样	5	香味	10
烘焙均匀度	4	味道	20
表皮质地	3	组织与结构	15

1. 体积

由生面团至烤熟,面包必须膨胀至一定的程度,并不是说体积越大越好。因为体积膨胀过大,会影响内部的组织,使面包过分多孔而松软,如果体积膨胀不够,则会使组织紧密,颗粒粗糙,所以对体积有一定的规定。因此评定面包体积的得分,首先要订出这种面包体积合乎标准体积比,即体积与重量之比。体积的评分是 10 分。

2. 表皮颜色

面包的表皮颜色是由于适当的烤炉温度和配方内糖的使用而产生的,正确的表皮颜色应是金黄色,顶部较深而四边较浅,不应该有异白斑点的存在。正确的颜色不但会使面包看起来漂亮,而且能产生焦香的香味。如果表皮颜色过深,可能是因为炉火温度过高,或是配方内的用糖量太多,基本发酵不够等;如果颜色太浅,则多属于烤焙时间不够或者炉温太低,进炉时每盘之间没有间隔距离,配方中糖的用量过少或是面粉中糖化酶作用不足,基本发酵时间太长等原因。所以面包表皮颜色的正确与否不但影响外形的美观,同时也反映面包的品质。表皮颜色的满分是 8 分。

3. 外表式样

正确的式样不单是顾客选择的焦点,而且也直接影响内部的品质。各类面包均有一定的式样,外表式样的评分为 5 分。

4. 烤焙均匀度

这是指面包的全部颜色而言,上下及四边颜色必须均匀,一般顶部应较深。如果出炉后的面包上部黑而四周及底部呈白色,则这条面包一般是没有烤熟的。烤焙均匀度主要反映烤炉工序使用的上、下火的温度是否恰当。本项占 4 分。

5. 表皮质地

良好的面包表皮应该薄而柔软,不应该有粗糙破裂的现象,硬皮面包则相反,表皮以硬脆为佳。表皮质地占 3 分。

(二)面包内部的评分

共分颗粒状况、内部颜色、香味、味道、组织与结构等 5 项,占 70 分。

1. 颗粒状况

良好的面包烤好后,其内部的颗粒也较细小,且有弹性、柔软,面包切片时不易碎落;评定颗粒状况的整个面包内部组织应细柔而无不规则的孔洞。大孔洞的形成多数是整形不当引起的,但松弛的颗粒则为面筋发展不够,即搅拌发酵不当引起的。面包内部颗粒状况的评分占 15 分。

2. 内部颜色

面包内部颜色为淡白色或浅乳色并有丝样的光泽。一般颜色的深浅决定于面粉的本色,即受面粉精度的影响,如果制作得法,则会产生丝样的光泽,这只有在正确的搅拌和健全的发酵状态下才能产生,本项占 10 分。

3. 香味

面包的香味是由外表和内部两部分共同产生,外表的香味是由面团表面的糖分经过烤焙过程所发生的焦化作用,与面粉本身的麦芽香形成一种焦香,所以烤面包时一定要使其四周产生金黄的颜色,否则面包表皮不能达到焦化程度就无法得到这种特有的香味。面包内部的香味是靠面团发酵过程中所产生的酒精酯类,以及其他化学变化,综合面粉的麦香味及各种使用的材料形成的面包香味。正常的香味除了不能有过重的酸味外,不可有霉味、油的酸败味或其他怪味。另外,乏味一般说明面团发酵不够,也是不正常的。本项共 10 分。

4. 味道

各种面包由于配方的不同,入口咀嚼时味道各不相同,但正常的面包咬入口内应很容易嚼碎,且不粘牙,不可有酸和霉的味道。有时面包入嘴遇到唾液会结成一团,产生这种现象是由于面包没有烤熟的缘故。本项占 20 分。

5. 组织与结构

这与面包的颗粒状况有关。一般来说,内部的组织结构应该均匀,切片时面包屑越少结构越好。如果用手触摸面包的切割面,感觉柔软、细腻即为结构良好,反之触觉感到粗糙且硬即为组织结构不良。此项共 15 分。

四、问题面包

制作面包是一门实践之学问,很多问题须从实际生产中去领悟、体验。下面提出的面包缺点及补救办法只作一简略之参考而已。

(一)包身体积过小

原因	补救办法
1.酵母不足	干酵母量 1%～1.5%。
2.酵母失活性	注意储藏温度、保鲜期,失效酵母不用。
3.面粉筋度不足	改用 12%蛋白质之高筋粉。
4.面粉太新	面粉由小麦磨成后,需最少储藏一月使其氧化。
5.搅拌不足(或过长)	国内多搅拌不足,面筋还没打起,而国外用高速机常会超时而将筋打断。
6.糖太多	糖为软性物,太多会抑制酵母的活力。
7.面团温度不当	以 26℃～28℃为宜。
8.缺少改良剂	加入改良剂 0.5%。
9.盐不足或过多	盐 1.5%～2%为宜。
10.最后醒发不足	醒发室的温度为 38℃,体积发至 85%方可入炉。如果醒发 5～6 小时(冬天),但是在冬天不加温,酵母是不会达到最大活力的。

(二)面包内部组织粗糙

原因	补救办法
1.面粉品质不佳	改用硬麦的麦心粉,蛋白质 12%。
2.搅拌不当	将面筋充分打起。
3.面团太硬	称水,加水至最大的吸水量。
4.发酵过长	改为 3～3.5 小时。
5.造型太松	造型时须将老气压走,造型愈实将来包身愈细密。
6.撒粉太多	所用的生粉愈少愈好。
7.油脂不足	加入 4%～6%的油脂以润滑面团。

(三)面包的"香"与"味"不佳

原因	补救办法
1.生产方式不佳,如用快速法	改用传统的发酵方法,以增加发酵带来的香味。
2.原料不佳	改用较佳原料,如面粉改用麦心粉,油用氢化猪油或氢化油。
3.发酵不足或过长	发酵不足,则无香味。
4.面粉储藏不当	防潮,防高温,避免面粉"发烧"变坏。
5.醒发过长	适当的温度38℃及体积(85％入炉)。
6.面包不熟或烤焦	每种面包有不同的烘烤温度及时间。
7.面包太热包装	冷至室温才可包装。
8.面包盘及生产工具不洁	工具常常清洗,注重卫生。
9.面包受细菌污染	加入合法的防腐剂,包装时手需消毒及戴手套。

(四)面包表皮颜色过深

原因	补救办法
1.太多糖	减糖。
2.炉火太高	用正确的炉温,白面包用215℃。
3.发酵不足	延长发酵时间。
4.炉内水汽不足	炉内加喷水蒸气的设备或烤盘盛热水放炉内。
5.过分烘焙	减时间。
6.面火太大	炉上有抽气,或降低面火。

注:面包表皮颜色过淡可考虑上列相反之条件。

(五)面包表皮过厚

原因	补救办法
1. 油脂不足	增加油脂 4%～6%。
2. 炉火不足	低温久烤,则表皮必厚,用适当温度。
3. 面团太老	减少发酵时间。
4. 炉内水汽不足	喷水蒸气入内。
5. 糖、奶粉不足	提高此二者成分。
6. 烤焙太久	正常烘焙。
7. 醒发不当	醒发室 38℃,85% 湿度,过久醒发或无湿度醒发则表皮失水分,干硬。

(六)面包在入炉前或入炉初期下陷

原因	补救办法
1. 面粉筋度不足	加入干筋粉(GLUTEN POWDER),改用高筋粉。
2. 搅拌不足	加时搅拌,保证将筋打起。
3. 缺少改良剂	加入含溴(BROMATE)的改良剂。
4. 缺盐	加盐 1.5%～2%。
5. 醒发过长	在冬天时,常醒发 4～5 小时,那是绝不正常的,应提高酵母用量及加温醒发。
6. 醒发过大	醒发至 80%～90% 体积即须入炉,入炉后才能有"弹起"。如炉容量不足,发起后亦应移离醒发室。
7. 油、糖、水太多	油、糖皆为软性原料,太多时则面筋形成之骨架不能承担而下陷。
8. 移动时抖动太大	醒发后,入炉须轻放。

(七)面包保鲜期不长

原因	补救办法
1.油、糖不足	提高油、糖之成分。
2.醒发不足(或过长)	给予面团适当的发酵。
3.面团太硬	加入最大的吸水量,水愈多,则愈松软。
4.撒粉太多	减少操作用的生粉。
5.搅拌不当	应尽量将筋打起。
6.炉内水汽不足	尽量在入炉最初3~4分钟有水蒸气。
7.烘焙太久	面包熟即需离炉。
8.用次质量粉	用12%蛋白质粉,避免用变坏旧粉。
9.包装过热	冷至室温才可包装。
10.不加包装	在冬天干冷气候下,数小时即变硬,必须包装。
11.长霉	加防腐剂,如丙酸钠。

第六章　蛋糕制作工艺

第一节　蛋糕概述

一、定义

蛋糕(Cakes)是以蛋、糖、面粉为主要原料,经过机械搅拌、调制、烘烤后形成的一种或松软或有弹性的具有丰富营养的西点制品。

二、蛋糕的分类

按照蛋糕的用途可分为清蛋糕、油质蛋糕、复合型蛋糕、裱花蛋糕、样品蛋糕。

按照蛋糕的制作工艺分为:(1)乳沫类蛋糕,包括海绵类、蛋白类;(2)面糊类蛋糕;(3)戚风蛋糕。

三、蛋糕的膨胀原理

蛋糕的膨胀原理主要是物理膨胀作用,它是通过机械搅拌,使空气充分存在于坯料中,经过热空气膨胀,使坯料体积疏松膨大。蛋糕类用于膨松充气的原料,主要是蛋白和黄油。

1.蛋白的膨松作用

鸡蛋由蛋白和蛋黄两部分组成,蛋白是黏稠性的胶体,具有起泡性。当蛋液受到急速而连续的搅拌时,空气会混入蛋液内形成细小的气泡,并被均匀地包在蛋白膜内,受热后空气膨胀时,凭借胶体的韧性使其不至于破裂。由于以上原理,烘烤中面糊内气泡受热膨胀使蛋糕体积因此而膨大。蛋白保持气体的最佳状态是在呈现最大体积之前产生的。因此,过分的搅拌会破坏蛋白胶体物质的韧性,使其保持气体的能力下降。

2.黄油的膨松作用

制作油脂蛋糕时,糖、油在搅拌过程中,黄油里拌入了大量空气,并产生气泡。加入蛋液继续搅拌,油蛋糊中的气泡就随之增多。这些气泡受热膨胀会使蛋糕体积膨大,质地松软。

3.膨松剂的作用

在制作蛋糕类制品时,有时也加入一些化学膨松剂,如泡打粉等。它们在制品成熟过程中,能产生二氧化碳气体,从而使成品更加柔软,更加膨松。

四、蛋糕制作工艺流程

备料→搅拌→装盘或装模→烘烤→冷却→装饰。

第二节 蛋糕的原料选择

生产蛋糕所用原料有蛋、糖、面粉等,原料的好坏和选择的恰当与否将直接影响蛋糕的质量。在选择原料之前必须了解蛋糕所用原料在蛋糕制作中的用途。

一、蛋

蛋具有膨大作用,因此蛋是生产蛋糕的主要原料之一,蛋的品质好坏直接影响蛋糕的品质。常用的蛋有鸡蛋和鸭蛋两种。在选择蛋时,首先要考虑蛋的新鲜程度,因为新鲜蛋的打发性最佳;其次要考虑蛋表面的卫生程度,在使用时,应先洗清后再用。臭蛋和发霉蛋等均不能使用。

蛋含有75%左右的水分,在使用时要注意配方中的水分平衡。

二、面粉

面粉也是生产蛋糕的主要原料之一,它是蛋糕骨架形成的主要原料,是构成蛋糕的基本组织结构,并在搅拌过程中与其他原料黏合在一起形成面糊。

蛋糕制作中对面粉的要求:(1)应选择筋性较低的面粉,面筋含量在7%

～9％之间。(2)应选择有一定白度的面粉。(3)应选择干燥面粉。

三、糖

糖也是生产蛋糕的主要原料之一,糖在蛋糕制作过程中除了供给应有的甜味,同时还能增加蛋糕的柔软性,因为糖能使面粉内的蛋白质变得柔软,使面糊更为柔滑和湿润。糖还能产生焦糖化反应,使蛋糕的表面形成金黄色的表皮并产生美妙的香气。糖在蛋糕中需要有适量的水分来溶解,并以液体形式留在蛋糕内。

因此蛋糕对糖的要求主要在于选择它的粗细度,一般情况下选择颗粒细,容易溶解,色泽白净的糖。还可以选择糖粉用于制作油质蛋糕等,生产某些有特殊需要的蛋糕时,还可以选用糖浆、果糖等。

四、油脂

油脂在蛋糕生产中的作用是润滑面糊,使蛋糕柔软,因为油脂在搅拌过程中能吸入大量的空气,在烘烤时能使蛋糕膨胀。油脂除了能使蛋糕柔软和膨大之外,还能保存蛋糕内的水分,使蛋糕保存长久,提高蛋糕的品质。另外,油脂是一种柔性原料,在蛋糕内应确定适当的用量,过多使用会使蛋糕过于松软而破坏面粉的结构,使蛋糕崩溃。用量过少则使蛋糕坚硬而不好吃。

油脂的种类很多,在蛋糕生产中,面糊类蛋糕宜选用固态的油脂,如黄油、氢化油、麦琪淋等,其熔点在 38℃～42℃ 之间,具有良好的可塑性和融合性的为佳。可塑性好的油脂触摸时有粘连感,这类油脂与其他原料一起搅拌可以提高坯料保存空气的能力,使面糊内有足够的空气,促使蛋糕膨胀。融合性好的油脂,搅拌时令面团的充气性高,能产生更多的气泡。油的融合性和可塑性是相互作用的,前者易于拌入空气,后者易于保存空气。如果任何一方品质不良,要么面糊充气不足,要么充入的空气易于泄漏,都会影响制品的质量。乳沫类蛋糕也可选用液体的油脂。

五、蛋糕油

蛋糕油是近年来在蛋糕生产中用得较多的原料,蛋糕油是由多种乳化剂按一定的比例配制而成的一种有乳化等作用的发泡剂。它的主要成分是各种单甘酯、蔗糖酯、脂肪酯丙二醇酯等,它的主要作用可以概括成两点,即乳化作用、泡沫稳定作用。具体讲有以下五个优点：

（1）可以大大缩短蛋液的打发时间。

（2）可以使形成的面糊泡沫数量多、细小且均匀，从而使蛋糕体积增加20％～30％且较长时间保持湿柔软。

（3）由于有亲油烃全链基团的存在，乳化剂能在细小的油滴周围形成面膜，防止油脂的消泡作用，可增加实际中的油水用量。

（4）使形成的泡沫稳定性能提高，调制好的面糊可在户外放置较长时间。

（5）可以提高经济效益。

在选择蛋糕油时要选择发泡性好没有腐败变质的蛋糕油，用量应以2％～4％为宜。

六、膨松剂

膨松剂在蛋糕中的作用是帮助蛋糕体积增大，尤其在蛋量不足的情况下用得较多。膨松剂用量过多或者过少都会影响到蛋糕的体积、内部组织和外部式样，在使用时要注意配方中其他原料的用量以及搅拌等相关事项。

一般情况下，我们选用复合膨松剂。

七、牛奶

牛奶是构成蛋糕体积的主要原料，并具有极高的营养价值，牛奶中含有乳糖，还可以调节蛋糕的表皮颜色，提高蛋糕的香味并保留蛋糕的水分，延长蛋糕的储存期限。

可以选用纯牛奶、奶粉等。需要注意的是，一般鲜奶中含有约88％的水分，奶粉则是奶水总量的10％，加入90％的水分调制而成。

八、水

水能溶解配方中原料，形成蛋糕面糊，是蛋糕中最经济而最重要的一种原料。含有较多水分的蛋糕，新鲜并且好吃。水使面筋形成且产生韧性，还能帮助蛋糕膨大。

蛋糕配方中的水分，应根据蛋糕的种类和配方中其他液体原料，如蛋、牛奶等的量来决定水分的量。

九、盐

盐在蛋糕生产中有以下作用:调节蛋糕的甜度;增加蛋糕风味;增加蛋白液的韧性和白度;降低面糊的焦化作用,使蛋糕的表皮颜色更为美观。

在蛋糕生产中,根据口味的要求变化,一般添加量为粉量的 0.5％～1％,若选用的是精盐,采用先加法,跟糖、蛋同时搅拌。

十、食品添加剂

1. 酸类

酸在蛋糕生产中,用来调节酸度,使蛋白的打发性处于最佳的 pH 值范围(5～7),提高蛋液的打发性。常用的酸类有塔塔粉、柠檬酸、酒石酸、乳酸等,它们的酸度各不相同,以柠檬酸为例,一般添加粉量的 0.1％左右,采用先加法。

2. 香料

在蛋糕生产中,时常添加各种香料来增加蛋糕的风味和香味,增强人的食欲。在生产中,常用的品种有各种奶油香精、水果香精和香草粉等,它们的使用量一般为 0.5％左右,且采用后加法。

3. 其他

如果仁、蜜饯等,在蛋糕生产中也常用到,在使用时,也有不同的讲究,如酒类一般用白兰地酒、葡萄酒等,蜜饯如葡萄干等必须用水洗净后使用等。

第三节　蛋糕配方平衡

衡量一个好蛋糕的主要标准就是蛋糕水分是否充足,质地是否柔软。因此在蛋糕的配方中各种湿性、干性、柔性和韧性的原料要互相平衡。

一、面糊类蛋糕的配方平衡

面糊类蛋糕中强调水和糖来作为配方平衡的基础,从而使蛋糕能容纳多量的水分来保持蛋糕的柔软和湿润。在配方平衡中第一步先决定蛋糕使用糖的量（以面粉 100％为基础）。第二步再计算配方中可容纳的最大的水量，然后再决定适当数量的油脂、蛋以及其他原料的使用量，使其组成一个合乎需要的比例。

1. 高成分面糊类蛋糕的配方平衡

材料	烘焙百分比（％）
蛋	40～100
砂糖	75～125
软质黄油	40～100
粉	100
奶粉	11
盐	2～3
泡打粉	0～2.5

（1）蛋的使用量随糖使用量的增加而增加，或者随糖使用量的减少而减少。如果配方中蛋的量有所变动，则油脂的用量也要调整，因为蛋是韧性材料，而油脂是柔性材料。

（2）盐的用量随着糖的用量变化而变化，糖增加则盐增加。一般为 2％～3％。

（3）制作可可蛋糕时，要考虑到可可粉的干度和含脂量。配方中的总水量应提高，同时使用乳化油来融合增加的水量。

（4）奶粉与奶水的换算是奶粉为奶水总量的 10％，90％为水分。

（5）配方中如有巧克力，要注意巧克力中含可可粉 60％左右，脂肪含量为30％左右，需要从配方中减去油脂的量，来取得配方平衡。

2. 低成分面糊类蛋糕的配方平衡

材料	烘焙百分比（％）
蛋	40～60
砂糖	100

材料	烘焙百分比(%)
软质牛油或麦琪淋	30～60
粉	100
奶粉	5
水	50～60
盐	2～3
泡打粉	4～6

（1）制作低成分的可可蛋糕时，糖的用量应随着可可粉用量的增加而增加，同时配方中蛋的使用量也应适当增加。

（2）当使用糖浆或者是糖水代替白砂糖时，应考虑到糖浆或是糖水的含糖量，适当增加用量，使其含糖量与配方中的含糖量相当，多余的水分从奶水中减去。并在配方中添加少量酸性材料，如塔塔粉、柠檬汁等，以调节蛋糕外表的颜色。

（3）如使用未经碱处理的可可粉，可以用部分小苏打来代替发粉，用量为可可粉的 7％，以调节蛋糕的颜色。

（4）配方中油脂用量少，则需要增加发粉的量，一般为 4％～6％。

二、乳沫类蛋糕的配方平衡

1. 海绵类蛋糕的配方平衡

名称	烘焙百分比(%)
蛋	166（蛋黄比例为30％的为佳）
砂糖	100～166
低筋粉	100
油脂	20～40
泡打粉	1～2
盐	3
奶水	20

（1）制作海绵蛋糕最好是选用新鲜的鸡蛋，其中蛋黄的用量为全蛋的 $20\%\sim30\%$，可以达到较好的膨大效果。

（2）细砂糖是制作海绵蛋糕最理想的糖。在制作卷筒蛋糕时，为了增加蛋糕的柔软性，可以在配方中添加 $20\%\sim25\%$ 的糖浆来代替等量的砂糖，糖浆可以是玉米糖浆、果葡糖浆、麦芽糖和蜂蜜等，要注意不同的糖浆对表皮颜色的影响，可以通过调整配方中糖的量和烤箱的温度来调节。

（3）盐是海绵蛋糕中必需的原料，因为高糖量的海绵蛋糕必须用盐来降低蛋糕的甜度、增加蛋糕的香味，盐的使用量为 $2\%\sim3\%$。

（4）油脂一般选用液态的色拉油等，如果要添加黄油，需融化后再加入。使用量为 $20\%\sim40\%$，根据蛋的用量来决定，蛋的用量减少，则油的用量也要减少，不然无法乳化全部的油脂。

（5）牛奶用于调节蛋糕面糊的稠度，减低蛋糕的韧性和增加蛋糕的含水量。用量为 20% 左右。

（6）柠檬汁等酸性果汁可以促进蛋的快速发泡，缩短搅拌时间，同时还可以添加蛋糕的风味，使用量一般为 $5\%\sim10\%$。

（7）在低成分的配方中，蛋的使用量较少，可以添加 $1\%\sim2\%$ 的发粉，帮助增加蛋糕的膨松度，同时增加同样量的奶水的量。

（8）制作巧克力蛋糕时，可以用 $10\%\sim15\%$ 的可可粉取代面粉，注意可可粉中的含脂量。

2. 天使蛋糕类的配方平衡

名称	实际百分比（%）
蛋白	40～50
砂糖	30～42
低筋粉	15～18
盐	0.5～0.375
塔塔粉	0.5～0.625

（1）天使蛋糕中水分含量应在 $35\%\sim44\%$ 之间，水分由蛋白提供。因此，在制作天使蛋糕时要先确定蛋白的使用量，然后决定面粉的量。

（2）蛋白的用量决定之后，需要确定塔塔粉的量，塔塔粉可以增加蛋白的韧性，使蛋糕颜色洁白，用量在 $0.5\%\sim0.625\%$ 之间。然后可以确定盐的用量,盐和塔塔粉的总量为1%。

(3)如果制作其他品种的天使蛋糕,添加的原料需要注意该原料的干性、水分含量和酸度,然后再将配方中的蛋白、面粉和塔塔粉中减去适当的量。

(4)液体酸性原料如白醋和柠檬汁也可取代塔塔粉,其用量为3%～5%,同时要减少蛋白3%～5%的用量。但是用替代品制作出来的天使蛋糕内部组织较差。

三、戚风类蛋糕的配方平衡

步骤		原料	烘焙百分比(%)
第一部分 面糊类 69%	1	蛋黄	45～55
		幼砂糖	30
		盐	1.5～2.5
	2	色拉油	35～45
	3	奶水或果汁	50～65
	4	低筋粉	100
		泡打粉	2.5～5
第二部分 乳沫类 66%	5	蛋白	100
		幼砂糖	66
		塔塔粉	0.5～1.5

(1)戚风蛋糕的含水量较高,面粉需要选用新鲜并品质良好的低筋粉,来支持蛋糕的膨大。

(2)当总配方内的乳沫类部分的蛋白含量提高超出100%,则乳沫类部分的糖的量、塔塔粉的量也要随着蛋白的增加而增加,但是总的糖量不变,面糊部分要相应减少水分和发粉的数量,油脂则在原有的基础上随着蛋白增加而略有增加,以平衡蛋白的韧性。

(3)戚风蛋糕的种类很多,如果是巧克力戚风则需要注意可可粉的使用,要调整配方中的糖量和水分,其他水果戚风蛋糕则要根据果汁的添加量来调整水分和酸度。

第四节　蛋糕制作工艺

蛋糕的制作过程中,搅拌是最重要的。搅拌的作用:一是使配方中的原料混合均匀,形成光滑、细腻的面糊;二是运用搅拌桨的速度将空气打入面糊中,形成蛋糕蓬松柔软的体积和细腻的组织结构。

一、面糊类蛋糕的搅拌

面糊类蛋糕膨大的主要原因是油脂在机械搅拌过程中将空气打入。因此油脂应选用具有良好的可塑性和融合性的有较高熔点的饱和程度高的油脂。加入的糖的颗粒小可以结合更多的空气。加入的蛋可以溶解糖和润湿面粉,蛋黄中卵磷脂可以帮助油水乳化。合理的配方和正确的投料顺序帮助形成面糊类蛋糕良好的内部组织。

1.糖油搅拌法

糖油搅拌法制作出来的蛋糕体积较大,组织松软。这种方法使用较多,也称为传统乳化法。主要过程如下:

(1)将配方中所有的糖、盐和油脂倒入搅拌缸内进行搅拌,中速,时间为8~10分钟。直到所搅拌的糖和油脂蓬松呈绒毛状。停止转动,然后将缸底未搅拌均匀的油脂用刮刀刮起,再次搅拌均匀。

(2)将鸡蛋分次慢慢加入已经打发的糖油中,每次加入时都需要将缸底未搅拌均匀的原料刮匀,然后再次加入鸡蛋搅拌。待最后一次搅拌均匀后应该细腻柔滑,没有颗粒的存在。

(3)面粉过筛,与奶水交替分次加入糖油混合物中,低速将所有的物料搅拌均匀,中间需要停止搅拌,用刮刀将搅拌缸底部的物料刮匀,全部物料搅拌至光滑均匀即可,不要搅拌太久。

2.粉油拌和法

粉油拌和法制作的蛋糕体积较小,组织更为细密,也更为柔软。使用粉油拌和法制作的蛋糕,配方中油脂的用量需要在60%以上。如果太少,则会产生筋性而达不到应有的效果。主要过程如下:

(1)将配方中所有的面粉和发粉混合均匀过筛,与所有的油脂一起放入搅拌缸中,慢速搅打 1 分钟,使面粉表面全部被油脂黏附后再用中速将面粉和油脂搅拌均匀,在搅拌中途需要停机用刮刀将搅拌缸底部的原料刮匀,然后搅拌至蓬松,时间约 10 分钟。

(2)将配方中的糖和盐加入已打发的面粉和油脂中,继续用中速搅拌约 3 分钟。

(3)用慢速将配方中 3/4 的奶水慢慢加入使得面糊均匀混合后,改用中速将鸡蛋分次加入,每次加蛋后需要停机将搅拌缸底部的原料混合均匀。

(4)剩余 1/4 的奶水最后加入,中速搅拌至所有的糖粒溶解,面糊光滑细腻即可。

3. 两步拌和法

两步拌和法比较简便,但是不适合面粉筋度过高的原料。主要过程如下:

(1)将配方内所有的干性原料包括面粉、糖、盐、发粉、奶粉、油脂以及全部的水一起加入搅拌缸中,先慢速混合均匀,然后中速搅拌 3 分钟,停机,用刮刀将缸底的原料刮匀。

(2)全部鸡蛋和香草水一起混合,用慢速慢慢加入第一步的原料中,注意要及时将搅拌缸底的原料刮匀,然后用中速搅拌 4 分钟左右。

4. 糖水拌和法

糖水拌和法在拌和的过程中打入大量的气体,面糊的乳化作用较好,在制作过程中免除了必须经常要刮匀搅拌缸底部原料的麻烦。而且适合于砂糖颗粒较粗的情况,且发粉的量可以减少一至两成。主要过程如下:

(1)将配方中所有的糖和糖量 60% 的水放在搅拌缸内,用球状打蛋浆快速搅拌 1 分钟,直到全部的糖粒溶化。

(2)将所有的干性原料与油脂加入,用中速搅拌至均匀光滑。

(3)剩余的水和鸡蛋一起加入,中速搅拌至面糊均匀。

5. 直接法

直接法简单方便,可以节省人工和缩短搅拌时间,但需要控制好搅拌时间。发粉的量可减少 10%,面粉必须是低筋粉,油脂的可塑性要求高。主要过程如下:

(1)将所有的原料加入搅拌缸中,低速搅拌 1 分钟,使得所有的原料混合均匀。

（2）高速搅拌 2 分钟,再中速搅拌 2 分钟,面糊膨大。

（3）低速搅拌 1 分钟,消除不均匀的大气泡,使得面糊内的空气均匀细密。

二、乳沫类蛋糕的搅拌

乳沫类蛋糕的内部组织空洞均匀,口感绵软而富有弹性。其膨松原理是蛋液的发泡作用。蛋中的蛋白在经过剧烈的搅拌,形成薄膜包裹住空气,随着搅打的不断进行,包裹住的空气越来越多,气泡由开始时的大而透明逐渐分散,形成细密而均匀的小气泡,蛋液也因此变成乳白色的细密的泡沫状组织。

（一）海绵蛋糕的搅拌

1. 全蛋搅拌法

全蛋搅拌法是制作海绵蛋糕最传统的方法。制作出的蛋糕体积相对较小,口感不够柔软细腻。

（1）将鸡蛋与细砂糖、盐加入搅拌缸,快速搅拌至体积胀发约 3 倍,颜色呈现乳黄色,呈一定的稠度、光洁细腻的泡沫膏状。

（2）慢速搅拌下,加入奶水和香草粉等。

（3）加入过筛后的面粉,轻轻拌匀即可。

（4）最后加入融化的黄油或色拉油,用手轻轻混合均匀。

2. 混合（蛋糕油 SP）搅拌法

混合（蛋糕油 SP）搅拌法也称为乳化搅拌法、一步法等,添加了蛋糕乳化剂（SP）,制作过程简化,搅拌时间缩短,搅拌的泡沫均匀细腻,稳定性强,蛋糕的内部组织更为柔软细腻,孔洞均匀。

（1）将鸡蛋、细砂糖、盐和蛋糕油等放入搅拌缸中,搅拌至缸内原料混合均匀。

（2）将过筛后的面粉、发粉等干性原料加入,先慢速搅拌直至混合均匀。中途可用刮刀刮匀底部,避免面粉沉底。

（3）高速搅拌,中间可以将奶水等湿性原料缓缓加入。搅拌至泡沫细腻呈乳白色,浆液内无大气泡。

（4）慢速,最后加入融化的黄油或者色拉油,搅拌均匀即可。

3. 分蛋搅拌法

这种方法制作的蛋糕非常松软且富有弹性。但是可能会有大气孔,组织不够细腻。

(1)将蛋黄和蛋清分开。

(2)蛋清在干净的搅拌缸内中速搅拌至湿性发泡,然后加入蛋白数量的2/3的细砂糖搅拌至干性发泡。

(3)蛋黄中加入剩余的细砂糖、盐搅拌至呈乳黄色,将融化的黄油或者色拉油分数次加入,每次加入时都需要将油脂与蛋黄完全乳化后再继续。

(4)取 1/3 的蛋白泡沫与蛋黄用手搅拌均匀,再将剩余的蛋白泡沫加入拌匀。然后加入过筛后的面粉拌匀,最后加入奶水和果汁等,拌匀即可。

(二)天使蛋糕的搅拌

(1)将配方中所有蛋白倒入不含油脂的搅拌缸中,用网状搅拌桨中速将蛋白打至发泡。

(2)将配方中蛋白量的 2/3 的糖和所有的盐、塔塔粉等一起倒入已经发泡的蛋白中,继续搅拌至湿性发泡。

(3)面粉过筛,与剩余的糖慢速加入到蛋白泡中,拌匀即可,不可搅拌过久,以免产生筋性,影响蛋糕品质。

如配方中用新鲜果汁或醋来代替塔塔粉,则在第二个步骤后加入拌匀。

附注说明:

蛋白的发泡过程可以分为四个阶段:第一阶段是粗泡期,蛋白经过搅拌呈现液体状态,表面浮起很多不规则的气泡。第二阶段是湿性发泡期,蛋白经过进一步的搅拌渐渐地凝固起来,表面不规则的气泡消失,而变为许多均匀的细小气泡,蛋白洁白而具有光泽,用手指勾起时呈一细长的尖峰,尖峰呈弯曲状。第三阶段干性发泡期,蛋白继续搅拌,颜色雪白而没有光泽,泡沫逐渐看不出气泡的组织,用手指勾起泡沫,呈坚硬的尖峰状,此尖峰即便倒置也不会弯曲。第四阶段棉花期,蛋白已经完全呈球形凝固状,用手指无法勾起泡沫,无法呈尖峰状,形状似棉花。

三、戚风类蛋糕的搅拌

搅拌对戚风蛋糕产品的好坏关系甚大,如操作不当则会导致产品的失败。

1. 面糊部分

(1)将干性原料(低筋粉、糖、发粉、盐或者可可粉等)中的面粉和发粉过筛,然后将糖和盐加入混合均匀,直接放入搅拌缸中待用。

(2)先将流质原料中的色拉油倒入干性原料中央,蛋黄倒在色拉油的上部,再加入奶水、果汁等。

(3)将以上原料中速搅拌3分钟左右,将所有原料搅拌均匀。

2. 乳沫部分

乳沫部分按照天使蛋糕的搅拌顺序中速搅拌至湿性发泡,然后将糖加入继续打发至干性发泡。

3. 混合

(1)取1/3蛋白泡沫加入面糊部分,轻轻拌匀,然后再将此部分倒入剩余的2/3蛋白中,用手轻轻拌匀即可。注意混合时的手法,手掌面向上,把面糊由上至下轻轻拌和,不可用力过猛。

(2)正确的搅拌面糊方法与高成分的海绵蛋糕相似,应该是浓稠细腻的。

第五节　装盘与烘烤

一、装盘(模)

蛋糕坯成形一般要借助模具,蛋糕原料经过搅拌后即可装入模具中,用刮板刮平后进行烘烤。蛋糕坯的整体形状由蛋糕坯模具的形状决定,为了保证蛋糕成形的质量,蛋糕在成形时应注意以下几点。

1. 正确选择模具

常用模具的材料是不锈钢、马口铁、金属铝制成的,其形状有圆形、长方形、桃心形、花边形等,还有高边和低边之分,选用模具时要根据制品的特点及需要灵活掌握,如蛋糊中油脂含量较高,制品不易成熟,选择模具时不宜过大。相反,海绵蛋糕的蛋糊中油脂成分少,组织松软,容易成熟,选择模具的范围比较广泛。

2.注意蛋糕糊的定量标准

蛋糕糊的填充量是由模具的大小和蛋糕的规格决定的,蛋糕糊的填充量一般应以至模具的七至八成满为宜。因为蛋糕类制品在成熟过程体积继续胀发,如果量太多,加热后容易使蛋糕糊溢出模具,影响制品的外形美观,造成蛋糕糊料的浪费。相反,模具中蛋糊量太少,制品成熟过程中坯料因水分挥发过多,也会影响蛋糕成品的松软度。

3.应防止出现粘模现象

海绵蛋糕糊在入模前,只需在模中刷一层油或垫一张纸。油质蛋糕用垫纸法或刷油后撒上干粉的方法会容易脱模。

二、蛋糕的烘烤

烘烤是蛋糕熟制的过程,也是蛋糕制作工艺的关键,要获得高质量的蛋糕制品,就必须掌握烘烤的工艺要求。蛋糕烘烤是利用烤箱内的热量,通过辐射、传导、对流的作用,使制品成熟,经烘烤成熟的制品质量与烘烤温度和时间有密切关系。

1.烘烤的温度和时间

烘烤蛋糕的温度和时间与蛋糕糊的配料密切相关,比如在相同烘烤条件下,油质蛋糕要比海绵蛋糕的温度低,时间也长一些。因为油质蛋糕的油脂用量大,配料中各种干性原料较多,含水量少,面糊干燥、坚韧,如果烘烤温度高,时间短,就会发生内部过生、外部烤焦现象。而海绵蛋糕的油脂含量少,组织松软,易于成熟,烘烤时要求温度高一些,时间短一些。

烘烤蛋糕的温度和时间与制品的大小和厚薄有关,在相同的烘烤条件下,相同配料的蛋糕,因大小和薄厚不同,烘烤的时间和温度就不一样。例如,长方形的大蛋糕坯的烘烤温度就要低于小圆形蛋糕和花边形蛋糕,时间要长一些。蛋糕坯薄而面积大,为了保证其松软,要求烘烤温度高,时间短,否则,水分流失大,制品硬脆,难于卷成圆筒形,甚至会出现断裂现象。

根据经验,一般将蛋糕的烘烤分为以下三种情况:

(1)高温短时间法。适用于卷筒蛋糕(薄坯),温度为 230℃左右,时间在10 分钟以内。

(2)中温中时间法。适用于一般海绵蛋糕,厚薄均匀,在 2cm 左右,温度为 200℃～220℃,时间在 25 分钟左右。

(3)低温长时间法。适用于一般的重油蛋糕和大型蛋糕坯。温度在 160℃～180℃,时间在 45 分钟以上。

2. 烘烤的基本要求和注意事项

(1)烘烤蛋糕前应检查烤箱是否清洁、性能是否正常,并根据制品的需要,调整好烤箱的温度和时间。

(2)制品进入烤箱要放在最佳位置,烤盘、模具码放不能过密,也不能紧靠烤箱边缘,更不能重叠码放,否则制品受热不均,会影响成品质量。

(3)中途尽量少动,如若要翻盘,必须做到小心轻放,保持水平。

(4)蛋糕出炉后,为防收缩太大,可将蛋糕趁热反置于铁丝网架上。同时,为保证蛋糕的外观完整,应做到冷透后再进行下一道工序(如包装、裱花等)。

3. 成品成熟的检验方法

检验蛋糕成熟的方法主要有以下几种:

(1)看。观察色泽是否达到制品要求的棕黄色,四周是否已经脱离模具。顶部是否已隆起。

(2)摸。用手掌面轻轻触摸蛋糕表面有弹性,感觉硬实,内部呈固体状,没有流动性。

(3)听。用手掌面轻轻按蛋糕的表面,能听到沙沙的响声。

(4)插。用竹签插入蛋糕的最高部位,拔出后竹签不粘手。

三、蛋糕的冷却

不同蛋糕的冷却方法也不尽相同。

乳沫类蛋糕尤其是戚风蛋糕和天使蛋糕出炉后要立即翻转置于冷却架上,可以防止蛋糕的收缩并保持蛋糕表面的平整。

面糊类蛋糕出炉后,要在烤盘中冷却 10 分钟后再取出。

第六节　蛋糕装饰

蛋糕的装饰是蛋糕制作工艺中的最终环节,通过装饰与点缀,不但可以增加蛋糕的风味特点,提高产品的营养价值和质量,更重要的是能给人们带来美的享受,增进食欲,还可以提高商品的价值。经过装饰的蛋糕还可以延长保存时间,使蛋糕在较长时间内保持柔软可口。

一、蛋糕装饰的材料

蛋糕的装饰材料按用途可分为两大类,即表面涂抹或中间夹心的软质原料和进行捏塑造型、点缀用的硬质材料,原料的选择多以美观、淡雅、营养丰富为特点。常用的蛋糕装饰材料有:

(1)奶油制品:鲜奶油、黄油等。

(2)巧克力制品:奶油巧克力、翻糖巧克力、巧克力针、巧克力碎皮等。

(3)糖制品:蛋白奶油、糖粉、糖浆、装饰花等。

(4)新鲜水果及罐头制品:草莓、菠萝、猕猴桃、各色樱桃罐头、黄桃罐头等。

(5)其他装饰材料:各种结力冻、果酱、果仁等。

二、蛋糕装饰的手法

蛋糕装饰的手法,常见的有以下几种:

1. 涂抹

涂抹是装饰工艺的第一阶段,一般方法是:先将一个完整的蛋糕坯分成若干层,然后借助工具以涂抹的方法,将装饰材料涂抹在每一层中间及外表,使表面均匀铺满装饰材料,以便对蛋糕进一步装饰。

2. 淋挂

淋挂是将较硬的材料,经过适当温度熔化成稠状液体后,直接淋在蛋糕的外表上,冷却后表面凝固,平坦、光滑。具有不粘手的效果,如脆皮巧克力蛋糕、方登糖蛋糕等。

3. 挤裱

挤裱是将各种装饰用的糊状材料,装入带有花嘴的裱花袋中,用手施力,挤出花形和花纹,是蛋糕装饰技巧中的重要环节。

4. 捏塑

捏塑是将可塑性好的材料,用手工制成形象逼真、活泼可爱的动物、人物、花卉等制品,捏塑原料应具有可食性。

5. 点缀

点缀是把各种不同的再制品和干鲜制品,按照不同的造型需要,准确摆放在蛋糕表面适当位置上以充分体现制品的艺术造型。

三、蛋糕装饰的技巧

蛋糕装饰要注意色彩搭配美观,造型完美,图案构思巧妙,并要具有丰富的营养价值。

1. 蛋糕的色彩和谐

好的色彩选择和组合,不仅给人以美的享受,还能增加人的食欲。所以,在蛋糕的装饰中具有相当重要的作用。

2. 蛋糕的形状可爱

小的装饰型蛋糕,不仅在色彩上有要求,在形状、大小上也有要求。形状有长方形、梭子形、圆柱形、三角形等,变化多样。要小而精致,可爱而诱人。

3. 图案的构思巧妙

一个好的装饰蛋糕是一幅美丽的图画,具有较好的韵律和节奏感。图案排列应和谐,构图变化巧妙。

四、熟练使用裱花工具

要熟悉各种裱花工具的使用方法和用途。对星状花嘴、扁状花嘴、弯状花嘴等用途应了如指掌,以便随心所欲地运用于装饰中。

五、一般蛋糕的装饰方法

蛋糕的成形主要有两种:一是蛋糊装入模具内,经烘烤成熟而成;二是整盘成熟的蛋糕坯,通过夹心、卷制、裱挤、切割而成,如夹心蛋糕、卷筒蛋糕等,然后再进行适当装饰。下面就介绍几种蛋糕的装饰方法。

1. 纸杯蛋糕

纸杯蛋糕在这几年中发展很快,因其装饰方法的多种多样而受到消费者的喜爱。

主要装饰方法有:(1)表面撒上糖霜和果仁等;(2)挤裱上奶油膏等;(3)用巧克力浆液进行淋挂;(4)用蜜饯进行点缀;(5)选用不同的纸杯进行造型。

2. 小型块状蛋糕

将整盘烘烤好的蛋糕进行切块再进行装饰,也称为小裱花蛋糕。

主要装饰方法是抹奶油,然后切割成小块,用水果、巧克力等进行装饰。切割成形的工具要薄而锋利,断面清晰,蛋糕屑越少越好,形状有长方形、正方形、三角形、圆柱形等。

奶油应抹平整,小裱花蛋糕图案要清爽,裱花饱满,色清淡,立体感强。

3. 夹心蛋糕

夹心蛋糕由多层蛋糕薄坯组合而成,可以选用不同的馅料进行夹馅而形成不同的风味,然后再进行切块,表面装饰,表面可以装饰各种奶油膏、蛋白膏饰等,再撒上椰丝、巧克力等,再在顶部进行一些裱花装饰等。中间夹心的奶油数量视具体情况而定。

4. 卷筒蛋糕

卷筒蛋糕以薄坯蛋糕为基础,经过抹馅、卷筒、定型、切块和装饰等步骤而成。卷筒蛋糕中抹奶油的量应该控制得当,卷制时应卷紧、卷实,并且有20分钟以上定型时间。卷筒蛋糕卷制的馅料可以有多种变化,定型后可以在蛋糕表面抹上奶油膏,再黏上杏仁片装饰,还可以做成树根的形状,等等。

5. 裱花蛋糕

裱花蛋糕是以蛋糕厚坯为基础,进行夹馅、抹面和裱花装饰而成。装饰料可以选用奶油膏、蛋白膏、杏仁膏、糖皮、巧克力等。在表面还可以点缀各种新鲜水果等。裱花蛋糕要注意各种装饰物之间色彩、形状、口味等的协调。

第七节　蛋糕制作问题原因分析与纠正方法

一、面糊类蛋糕在烘焙过程中的情形与失败的原因

1. 面糊类蛋糕烘焙的过程

面糊类蛋糕如操作过程正常,配方及材料使用适当,蛋糕在烤炉内10分

钟后就膨胀至烤盘的边缘,中央部分稍微下陷,表面尚未产生颜色,至进炉 18～20 分钟后中央部分涨满烤盘,表面逐渐产生颜色,继续烤至 22～25 分钟,蛋糕表面已完全产生焦黄颜色,中央部分稍微隆起。此时蛋糕已大致烤熟,待中央隆起部分稍微下陷,用手轻轻触摸有坚实的感觉,蛋糕已完成烤烘,可以立即出炉。

如果蛋糕进炉后,其膨胀的情形与上述的过程不符,则配方中使用的原料与配方平衡有了问题。应视烤焙的情形与蛋糕的组织找出原因予以校正。

正常的蛋糕外表式样正确,其体积与烤盘同样大小,中央部分平坦或隆起,表皮松软而颜色均匀,其内部组织细密,颗粒细小,无不规则的气孔或空穴,颜色正常均匀,香味良好,口味正常。

2. 化学膨大剂用量多寡对蛋糕品质的影响

化学膨大剂为面糊类蛋糕主要膨大的原料之一,虽然在配方中所用的数量很少,但是与蛋糕的品质关系很大:配方内用量不够,蛋糕进炉后 10 分钟烤盘内外缘的面糊无法涨到烤盘的边缘,其膨胀的情形视化学剂不够的数量而有明显的区别,使用量愈少,其触及烤盘边缘的距离愈大,甚至根本无膨胀的现象,进炉后 10 分钟,边缘部分的面糊已停止膨胀,而中央面糊受热产生的水汽和搅拌时拌入的空气开始膨胀,故蛋糕中央部分在炉内渐渐地向上膨胀形成了小丘的形状,烤至最后的阶段,中央部分的水汽会把蛋糕顶破,形成了中央高而破裂、四周低垂的蛋糕,此类蛋糕因为面糊中缺少膨大的气体,面糊比重较大,进炉烘焙时烤炉的热度无法穿透面糊的内部,蛋糕表面的焦化作用较慢,所以表皮颜色浅,而且韧性较大。蛋糕体积受到膨大不够的关系较正常的要小,中央隆起有裂口,四周低垂,有时在蛋糕底部有凹入的空气,底部水蒸气无法从面糊中泄出所致。此类蛋糕的内部组织紧密,颗粒极为细小,颜色浅,多不规则由下而上的直形空穴。蛋糕遇有此种情形应酌量在配方内增加发粉的用量。

配方内化学膨大剂的用量过多时,蛋糕在进炉后四周的面糊会很快地向上膨胀,10 分钟后将从烤盘边缘溢出,而中央部分略微向上膨胀后即予停止,形成了中央下陷四周高的形状。表皮部分因面糊的比重较少,烤炉内的热度容易贯穿蛋糕的内部,受热较快,焦化作用也快,故表皮厚而颜色深;体积因中央部分下陷的关系所以较正常的要小,内部组织过分松弛,易碎裂,颗粒粗,颜色下半部有焦黄色,是小苏打形成,此类蛋糕无法食用。

3.水分用量多寡对蛋糕品质的影响

面糊类蛋糕配方中总水量的制定很难维持一定的标准,因为原料的吸水性常有不规则的变动,连带影响配方中水分的用量。配方中水分不够,蛋糕进炉后膨大的情形与化学膨大剂用量过多的情况相似,蛋糕先从四周膨大及于烤盘的边缘,然后依照正常的情形中央部分继续膨胀,至烤盘的高度,至烤焙最后阶段,中央部分渐渐地开始下陷,用手触摸只有一层表皮,皮层下空空似无物的感觉,此类蛋糕因水分少,面糊比重较轻,在炉内受热,而糖的浓度较高,故表皮厚而颜色深,且有白色未溶糖粒的斑点。蛋糕内部组织粗糙,颗粒大,颜色深,甜味较浓。

配方内水分不够与发粉多所烤出来的蛋糕形状和内部组织相似,其区别的方法是:

(1)表皮部分——水分少的蛋糕表皮光滑,有白色未溶解糖粒的斑点,而发粉多的蛋糕表皮粗糙,无白色糖粒斑点,尤其四周边缘部分破裂而不整齐。

(2)蛋糕内部——水分少的蛋糕内部颜色较正常蛋糕深但均匀一致,而发粉多的蛋糕下半部颜色呈焦黄色,与上半部颜色不同。

(3)味道——水分少的蛋糕放在口中品尝时味道较甜,无不良气味;发粉多的蛋糕有浓郁的碱性气味,放在口中咀嚼时感到碱味。

配方中水分太多时,蛋糕进炉膨胀的时间较长,待进炉内后,面糊中央部分不断地继续膨胀,尤其在烤焙的后阶段蛋糕中央隆起甚高,焙烤时间较正常蛋糕延长 5~10 分钟,因为中央部分隆起太高接触烤炉上火较热多,所以表皮中央一圈颜色较外圈深,蛋糕出炉后马上收缩,体积较正常蛋糕小,但内部组织紧密,底部或者中心部分有深色的水线,此类蛋糕不易烤熟,吃时会黏牙。

4.配方内糖的用量多少对蛋糕品质的影响

糖为柔性原料,与蛋糕表皮颜色和内部组织关系甚大,糖的用量过多,蛋糕柔性太大,容易破裂,表皮部分因浓度过多无法溶解,结成一层很厚的硬质并龟裂。蛋糕内部因受焦化和柔性的影响颜色深而过分松软,颗粒粗大。

糖的用量太少,蛋糕韧性较强,进炉烘烤时边缘部分无法到烤盘,中央部分则向上膨胀超过四周的高度而成小丘形,表皮因缺少糖的焦化作用较差,因此颜色浅淡而较细柔;内部组织因偏重韧性,故较细密,颗粒均匀而呈开放性,切割时容易掉落,如糖的用量太少,内部会有上下直穿的空穴。

5.配方内油的用量多寡对蛋糕品质的影响

油与糖一样同为韧性原料,影响蛋糕的组织和颗粒,配方中如使用过量油,蛋糕体积则较正常的减少很多,形状平整而表面细柔,用手触摸,手指会沾上很多油腻,表面颜色形成内外两圈,外圈色泽浅而内圈较深,蛋糕内部组织松软,颗粒粗糙。

油少时蛋糕韧性较大,边侧部分容易碎裂,表面颜色浅淡,用手触摸时有沙粒般粗糙的感觉。蛋糕内部细致,颗粒细,四周部分多小圆气孔,蛋糕自横断面切开,在外圈部分能很明显地看到许多整齐的小圆气孔。

以上概略地介绍了化学膨大剂、水分、糖分、油分四种主要原料在用量不当的情形下对烤焙后的蛋糕产生的不同影响。至于其他原料如面粉等选择不当,则在搅拌时会出筋,其成品与糖少、油少相似,但内部上下直行的气孔较多,体积更小,蛋和奶水使用的多寡与水分的多寡相似,因为蛋和奶水都属于液体原料,故不再多述。

二、面糊类蛋糕的外表、内部和一般性过失等情形的检查与应对

1.外表部分

主要问题以及纠正方法:

(1)表皮颜色太深。

原因:①配方内糖的用量过多或水分用量太少。

②炉边温度过高,尤其上火太强。

纠正方法:①检查配方中糖的用量与总数量是否适当。

②降低烤炉上火的温度。

(2)体积膨胀不够。

原因:①配方中柔性原料太多。

②面糊搅拌不适当。

③化学膨大剂用量不够,或者贮存太久已受潮结块,失去效用。

④蛋不新鲜。

⑤油脂使用不当,包括熔点太高或太低,可塑性不良,融合性不佳。

⑥面糊搅拌后未马上进炉,以致表皮凝结。

⑦面糊温度过高,或过低(正常为 22℃±2℃)。

⑧面糊装盘数量太少,未按规定比例装盘。

⑨烤炉温度太高。

⑩面糊进炉前温度太低。

纠正方法:①检查配方平衡有无错误。

②注意面糊搅拌数量和搅拌方法。

③④⑤要使用新鲜而适当的原料。

⑥面糊搅拌后要及时进炉,若因故无法及时进炉,则在进炉前再用手指搅拌一下面糊。

⑦⑧⑨⑩注意搅拌面糊的温度、烘烤温度和面糊装盘的正确比例。

(3)蛋糕表皮太厚。

原因:①烘烤温度过低,烘烤时间过久。

②配方中糖的用量过多,或是水分不够。

③面粉筋度太低。

纠正方法:①使用正确烤炉温度,原则上蛋糕在可能范围内均应尽可能使用较高炉温,缩短烤焙时间。

②③注意配方平衡与使用适当原料。

(4)蛋糕中央部分有裂口。

原因:①烤炉温度太高。

②搅拌不当致使面粉出筋。

③面粉用量太多,或是筋度太高。

④配方中柔性原料如糖、油、发粉其中之一使用量不够。

纠正方法:①②使用正确烤焙温度及搅拌方法。

③④注意配方平衡与使用适当的原料。

(5)蛋糕在烤焙过程中下陷。

原因:①面糊中膨胀原料,如发粉的用量太多,或糖、油拌和时间太长,使面糊中拌入太多的空气。

②配方水分太少,总水量不足。

③蛋不新鲜。

④面糊中柔性原料如糖和油的用量太多。

⑤蛋糕在烤焙过程中尚未完全烤熟,因受移动震动而下陷。

⑥面粉筋度太低。

⑦烤炉温度太低。

纠正方法:注意配方平衡,选用适当和新鲜原料,采用规定的搅拌方法,注意烤炉温度,蛋糕在进出炉及在烤焙过程中应小心搬动。

(6)蛋糕出炉后收缩。

原因:①配方内糖或油的用量过多。

②配方内水分太多。

③面糊温度太低,而烤炉温度过高。

④面筋度太强。

纠正方法:①注意配方平衡与选用适当原料。

②注意烤炉温度和搅拌后面糊温度。

(7)蛋糕表面有斑点。

原因:①搅拌不当,部分原料未能搅拌均匀。

②面糊内水分不足。

③发粉未与面粉搅拌均匀。

④糖的颗粒太粗。

纠正方法:注意配方平衡与原料选择,留心搅拌时缸底未能搅拌到原料,在搅拌过程中应随时拌匀。

(8)蛋糕容易生霉。

原因:①蛋糕出炉后长时间放置在热和潮湿的环境下。

②蛋糕存放处易被灰尘污染。

③新鲜蛋糕与陈旧蛋糕放置在一起,而遭受微生物污染。

④工作者手部和操作时机械器具不清洁。

⑤包装用的器材放置在不清洁的环境下,或是包装器材本身不干净。

⑥工作环境闷热而不清洁。

⑦蛋糕未完全烤熟。

⑧蛋糕未完全冷却就进行包装。

⑨蛋糕中水分太多。

纠正方法:①蛋糕冷却后应马上予以霜饰处理,或包装后置于冰箱内。

②存放蛋糕的架子或橱窗应注意清洁。

③不新鲜的蛋糕不可和新鲜的放置一起。

④注意工厂卫生和工作人员个人卫生。

⑤包装器材应存放在干净的地方,并随时注意包装器材本身的卫生

情形。

⑥工作环境应通风良好,光线充足。

⑦⑧⑨蛋糕应完全烤熟,并注意配方平衡。

2. 蛋糕内部的主要问题

主要问题及纠正方法:

(1)组织粗糙、颗粒不均匀。

原因:①搅拌不当,采用油糖拌和法时搅拌速度太快。

②面糊进炉前表面结皮。

③搅拌缸底部原料未搅均匀。

④发粉与面粉未搅拌均匀。

⑤配方内柔性原料如糖、油等用量太大。

⑥配方内水分用量太少,面糊太干。

⑦发粉用量太多。

⑧面糊装盘不小心,使覆入空气气囊。

⑨烤炉温度太低。

⑩糖的颗粒太粗。

纠正方法:①②③④注意搅拌之正确步骤,面糊拌好后应马上进炉,避免表面结皮。

⑤⑥⑦注意配方平衡。

⑧⑨面糊装盘及搬动时应小心,尽量避免碰撞。

⑩做蛋糕应选用细砂糖,颗粒不宜太粗。

(2)韧性太强、组织过于紧密。

原因:①配方中膨松剂用量不够。

②膨松剂反应属于快性反应,面糊在进炉前已开始作用,进炉后无力膨大。

③配方中水分太多。

④使用过多的转化糖浆。

⑤配方内糖和油的用量太少。

⑥面糊搅拌过久或速度太快,导致面粉出筋。

⑦蛋超过油的用量太多。

⑧烤炉温度太高。

纠正方法:①②③④⑤注意配方平衡,并选用适当的原料。

⑥注意搅拌事项。

⑦配方中蛋量不要超过油量的10%。

⑧应视蛋糕体积大小厚薄决定烤焙温度。

3. 一般性的过失

主要问题及纠正方法:

(1)味道不正。

原因:①原料选用不当或不新鲜。

②配方不平衡。

③香料调配不当或使用超量。

④搅拌不当。

⑤ 烤盘、台架清洗不到位。

纠正方法:①注意选用新鲜原料,蛋糕用的材料不可和具有浓烈味道的物品存放在一起,以免串味。

②注意配方平衡。

③香料应尽可能使用高级品,并依照规定量使用。

④注意搅拌规则与化学膨松剂的用量。

⑤烤盘每次用完后应用干净布擦净,如日久不清洁,附在烤盘上的油渍会酸败,产生恶臭。存放蛋糕的台架等亦应定时洗刷。

(2)保存时间不长。

原因:①水分保存原料如糖和油的用量不够。

②蛋糕膨胀太大。

③配方不平衡,使用劣质原料。

④蛋的用量不够。

⑤烤焙的时间过长。

纠正方法:①增加配方内糖和油的用量。

②调整发粉用量或改变搅拌方法。

③选用良好原料,调整配方。

④增加蛋的用量。

⑤控制好烤焙的时间。

(3)水果下沉。

原因:①面糊太稀。

②面粉筋度太低。

③配方中糖的用量太多。

④水果加入面糊时未经沥干,增加面糊中额外的水分。

⑤糖油拌和步骤时间过长。

⑥发粉用量太多。

纠正方法:①③⑥制作水果蛋糕的面糊内水分、糖和发粉用量均应稍微减少。

②酌量在配方中添加部分高筋面粉,如水果分量超过面糊总量时,可全部改用高筋面粉。

④蜜饯水果事先用清水把糖渍洗去,脱水水果应先泡软,然后彻底沥干才可使用。

⑤做水果蛋糕时尽可能避免采用糖油拌和法,应使用面粉油脂拌和法。

三、制作天使蛋糕可能发生的弊病与其原因及纠正措施

1. 蛋糕从烤盘内取出后表面多蜂窝式小洞或大的空穴

主要原因:

(1)烤盘内水分未擦干就将面糊倒入,此多余的水分在烤焙时产生蒸汽胀力使蛋糕底部产生气孔。

(2)如果蛋糕出炉冷却倒出后发现底部有较大的空穴,此是面糊装盘时不慎覆入空气所致。

(3)如蛋糕底部陷入的部位很大,即表示蛋糕内结构原料配方不完善,最主要是蛋白用得太多,面粉用量不够,应考虑调整配方,将面粉用量增加,面粉中掺入玉米淀粉时,则应将掺入的淀粉比例减少,或不要掺入。有时候蛋白不新鲜也会发生这种现象,确定后应更换新鲜蛋白。

(4)如发生之小空洞很湿和黏手,是蛋白搅拌得不够发,尤其在使用液体酸性原料时常会出现这种现象。另外,面粉加入时搅拌过久也会出现这种现象。

纠正方法:

(1)烤盘要烤干后再使用。

(2)装盘时注意动作幅度,不要碰撞烤盘。

（3）选用新鲜的蛋白,面粉中少加或者不加玉米淀粉。

（4）蛋白应搅拌到湿性发泡,再加入面粉后拌匀。

2. 蛋糕出炉后收缩过度

主要原因:

（1）烤焙时间太长,导致水分损耗太多,蛋糕在炉内会收缩,如烤盘温度太低,蛋糕出炉后也会收缩。

（2）蛋糕烤焙不熟,或者炉温太高,出炉后也会收缩。

（3）蛋白搅拌太久,使之失去应有的韧性和弹性,导致蛋糕收缩,同时因蛋白搅拌过久,蛋白质受机械作用转为凝固,变得干燥,导致搅拌第三步添加面粉时蛋白无力承受面粉的干性,延长搅拌时候,使面粉出筋,令烤焙中蛋糕收缩。

纠正方法:

（1）烘烤温度和时间调整正确。

（2）正确判断烘烤成熟度。

（3）蛋白搅拌至湿性发泡。

3. 蛋糕内部有大孔穴

主要原因:

（1）蛋白搅拌过久导致面粉拌和不匀与面糊太干,使蛋糕内部形成气孔和生粉。

（2）蛋白或面糊温度过高,易使蛋糕组织产生空洞。

（3）干性原料如糖和面粉未搅拌均匀,在面糊中留有未溶解之糖或面粉颗粒,导致不规则空洞。

纠正方法:

（1）正确判断蛋白搅拌程度。

（2）蛋白的温度控制在 17℃～22℃。

（3）面粉要过筛,搅拌注意手法均匀,手势轻柔。

四、制作海绵蛋糕常易发生的问题及改进方法

1. 蛋糕在烤焙过程中收缩

原因:

（1）蛋糕在炉内受到震动。

(2)配方内糖的用量太多。

(3)蛋不新鲜。

(4)面粉用量不够。

(5)面粉品质不佳(使用过度氯气漂白面粉)。

(6)炉温太低。

(7)配方内使用过多发粉。

(8)蛋在搅拌时拌打过发。

纠正方法：

(1)蛋糕进炉后尽量少移动以免受震而下陷。

(2)检查配方内糖不可超过蛋,或予减少。

(3)使用新鲜鸡蛋。

(4)注意配方平衡及总水量。

(5)不要使用氯气漂白过度的面粉。

(6)海绵蛋糕应使用177℃以上炉温。

(7)除了低蛋量的海绵蛋糕外,最好不要使用发粉。

(8)蛋在搅拌时不可打得太坚硬。

2. 蛋糕膨大不良

原因：

(1)蛋搅拌得不够发。

(2)低成分海绵蛋糕配方内未使用发粉。

(3)油脂用量太多。

(4)加入面粉、油后搅拌太久。

(5)配方内奶水用量太多。

(6)面粉筋度太强。

(7)面糊搅拌后放置时间太久。

(8)蛋不新鲜。

(9)面糊装盘数量不够。

(10)面糊太干。

(11)蛋在搅拌时温度太低。

(12)蛋搅拌过发。

(13)炉温太高。

纠正方法：

(1)(12)蛋在搅拌时应注意适当的松发程度,过发与不够发都会影响蛋糕的膨大,标准蛋打发的程度为用手指勾起时,面糊呈稀软的尖峰状,开始时向下流滴一两滴,然后停留在手指上不向下滴。如果用手指勾起时蛋液不断地向下滴即表示拌得不够松发,如果用手指勾起时蛋液呈尖峰状而不向下滴,即表示太发。

(2)海绵蛋糕蛋量低于140％时配方内应添加发粉。

(3)低成分海绵中不可用油,高成分海绵用油最多以不超过50％为原则。

(4)面粉加入蛋液中搅拌时不可用力搅拌,更不可搅拌过久,最后油和奶水加入时更应小心,轻轻搅拌匀即可,不可拌得太久。

(5)海绵蛋糕内的奶水用量不可超过50％。

(6)面粉用普通蛋白质含量7％～9％之间的低筋粉,过高与过度氯气漂白面粉均不适宜。

(7)面糊搅拌后应马上进炉,不可放置太久。

(8)使用新鲜鸡蛋。

(9)面糊装盘量应为烤盘之六分满,过多过少均不适宜。

(10)注意配方内搅拌后面糊的浓度。

(11)海绵蛋糕在第一步蛋糖搅拌时一定先将蛋加温至42℃,再开始搅拌,尤其冬天更应注意。

(13)海绵蛋糕烘烤应用大火,但温度不能过高。

3. 蛋糕表皮太厚

原因：

(1)烘烤时上火温度过高。

(2)烘烤时炉温过低,烘焙时间过久。

(3)配方内糖的含量过高。

(4)烤盘太深。

(5)蛋黄用量太多。

纠正方法：

(1)根据海绵蛋糕的厚薄度调整好上下火。

(2)注意适当的炉温和烘烤时间。

(3)注意配方平衡。

(4)烤盘深度不超过 10 厘米。

(5)蛋黄为全蛋量的 1/3 为佳。

4. 蛋糕韧性太强

原因：

(1)面粉加入搅拌过久,形成筋性。

(2)面粉筋度太高。

(3)糖的用量不够。

(4)配方成分太低,未加油。

(5)化学膨松剂用量不够。

(6)面粉用量太多。

(7)炉温太低。

(8)蛋未搅拌松发。

纠正方法：

(1)面粉加入后轻轻拌匀即可。

(2)使用低筋面粉,或者掺入 20%～30%的玉米淀粉。

(3)注意配方平衡。

(4)往配方内添加液态油脂。

(5)低成分蛋糕应加入发粉。

(6)注意配方平衡。

(7)选择合适的烘烤温度。

(8)注意控制好蛋的搅拌程度。

5. 蛋糕表皮破裂

原因：

(1)蛋的含量太多。

(2)面糊太干。

(3)低成分配方内未用发粉。

(4)炉温太高。

(5)面粉筋度太强。

(6)糖的用量太少。

纠正方法：

(1)(2)(3)(6)注意配方平衡。

(4)选用适当的烘烤温度。

(5)选用低筋面粉,必要时掺入部分玉米淀粉。

6.组织粗糙

原因:

(1)低成分海绵蛋糕中发粉用量太多。

(2)蛋打得太过松发。

(3)糖的用量过多。

(4)炉温太低。

(5)面粉筋度太低,或使用氯气漂白过度的面粉。

纠正方法:

(1)减少发粉的量。

(2)蛋搅拌时不可拌打太发,至最后搅拌阶段时应改用中速。

(3)减少糖的用量。

(4)海绵蛋糕烘烤应用较高的温度烘烤。

(5)选用适当的低筋面粉。

7.蛋糕内部有大洞

原因:

(1)糖的颗粒太粗。

(2)面糊搅拌不均匀。

(3)底火太强。

(4)面糊太干。

(5)蛋不新鲜。

(6)面粉加入搅拌时过于用力,或搅拌过久。

(7)发粉与面粉未筛匀。

(8)蛋搅拌不够发,或过发。

(9)面粉筋度太高。

纠正方法:

(1)使用细砂糖搅拌。

(2)注意搅缸底未均匀的面糊,须随时刮匀。

(3)底火不可太强。

(4)注意面糊的浓度,如过于浓稠可添加奶水。

(5)使用新鲜鸡蛋。

(6)面粉加入时应小心搅匀，不可搅拌过久。

(7)发粉使用时一定要先与面粉筛匀。

(8)蛋应搅拌至适当程度。

(9)使用低筋面粉或掺入部分玉米淀粉。

8. 蛋糕过分收缩

原因：

(1)烤焙过久。

(2)蛋搅拌不够，或搅拌过久。

(3)炉温太低或太高。

(4)面粉筋度太强。

(5)低成分海绵蛋糕发粉用量太多。

(6)装盘面糊数量不够。

(7)烤盘擦油太多。

(8)出炉后未立即从烤盘中取出，或未倒置覆转冷却。

纠正方法：

(1)注意烤焙时间。

(2)蛋应搅拌到适当浓度。

(3)注意烤炉温度，最低不低于177℃，最高不高于204℃。

(4)使用低筋面粉或掺入部分玉米淀粉。

(5)注意发粉用量。

(6)装盘时面糊应及烤盘2/3满的程度。

(7)烤盘边缘不可擦油太多。

(8)蛋糕出炉后应马上反转冷却。

9. 蛋糕表皮有黑色斑点

原因：

(1)糖的颗粒太粗。

(2)搅拌不均匀。

(3)低筋面粉事先未过筛。

(4)蛋黄在冰箱内存放时已产生胶质。

(5)烤炉中蒸汽太多。

（6）蛋糕进炉时,炉内的温度过高。

（7）烤盘擦油太多。

纠正方法：

（1）改用细砂糖。

（2）注意搅拌,缸底未均匀的面糊须随时搅匀。

（3）低筋面粉在使用前必须过筛。

（4）蛋黄最好使用新鲜的,冰冻蛋黄应注意避免胶质产生。

（5）烤海绵蛋糕不需要蒸汽。

（6）等待烘烤温度到达所需要的温度时再将蛋糕放入烘烤。

（7）烤盘边缘不必擦太多油。

10. 蛋不易打发

原因：

（1）搅拌缸或拌打器有油。

（2）蛋不新鲜。

（3）蛋温度太低。

（4）搅拌缸大而蛋量太少。

（5）蛋黄产生胶质。

（6）油质香料与蛋一起搅拌。

（7）搅拌机速度不够快。

纠正方法：

（1）拌打器与缸应洁净。

（2）选用新鲜鸡蛋。

（3）蛋需加热至 42℃。

（4）搅拌数量不可少于搅拌缸的 1/2。

（5）尽量避免使冷冻蛋黄产生胶质,如已有胶质应将胶质丢弃。

（6）做海绵蛋糕最好不用油质香料,如使用油质香料应在面粉加入后再加入面糊拌匀。

（7）搅海绵蛋糕应用快速档。

（8）蛋加热时应注意避免烫熟。

五、制作戚风蛋糕经常出现的问题以及原因与纠正方法

1. 戚风蛋糕出炉后底部常有凹入的现象

原因：

（1）面粉贮存太久，并遭虫蛀或生霉。

（2）面粉筋性太强。

（3）发粉用量不够，或发粉失效。

（4）面糊部分搅拌太久，形成面粉出筋。

（5）底火不够或不匀。

（6）面糊混合不均匀。

（7）配方内色拉油先与面粉等干性原料搅拌。

（8）蛋糕在炉内受震动。

纠正方法：

（1）选用新鲜的品质优良的面粉。

（2）用低筋面粉或者掺入玉米淀粉。

（3）发粉用量增加。

（4）面糊部分拌匀即可。

（5）将底火提高。

（6）面糊混合均匀。

（7）注意投料顺序。

（8）注意烘烤时不要随意移动烤盘。

2. 戚风蛋糕出炉后表面部分或侧面部分收缩很厉害

原因：

配方内水分太多或者烤焙不够。

纠正方法：

应稍予延长烤焙时间，或减少配方内水分用量。

第七章　小西饼制作工艺

小西饼（Cookies）是一种香、酥、脆、松、软等多种口味的造型多样的甜点。此类产品造型精巧，制作较为容易，口味多样，储存方便，老少咸宜。

第一节　小西饼的分类

小西饼的品种较多，可以根据整形操作的方法和产品性质以及所使用的原料的不同来进行分类。

一、依照制作方法来分

1. 挤糊成形类

此类产品需要用裱花袋挤糊成形，面糊比较稀软。

2. 推压成形类

此类产品面团比较干硬，需要用机器或者是手工擀压成形。

3. 切割成形类

机器或者是手工切割而成的产品。

4. 条状或者块状成形类

直接制作成块状或者条状。

二、依照产品的性质和使用的原料来分

1. 面糊类小西饼

面糊类小西饼的主要原料是面粉、鸡蛋、糖、油脂、奶水、化学膨松剂等。可以分为以下几种：

（1）软性小西饼。

此类小西饼口感较软,配方中水分含量较高,经常添加各种水果蜜饯,与面糊类蛋糕相似,但比蛋糕干,且韧性较强。

（2）脆硬性小西饼。

此类小西饼中糖的用量比油脂高,油脂的用量比水高,面团比较干硬,一般用模具或者刀切成形,产品较为脆硬。

（3）酥硬性小西饼。

此类小西饼的配方中糖和油脂的用量相同,水分用量较少,面团较干,一般先冷藏后再进行整形,也称为"冰箱小西饼"。

（4）松酥性小西饼。

此类小西饼中除了面粉之外,油脂的用量最多,其次是糖的用量,水的用量较少,在搅拌过程中打入大量的空气,面糊非常松软,可以用裱花袋来进行整形。口感酥松,花样繁多且十分美观。

2. 乳沫类小西饼

乳沫类小西饼以蛋白和全蛋为主要原料,再辅以糖、面粉、油脂、牛奶等。

（1）海绵类小西饼。

以全蛋或是部分蛋黄,再加上糖和面粉,制作过程与海绵蛋糕相似,只是蛋的用量减少,需要用裱花袋挤糊成形。

（2）蛋白类小西饼。

此类小西饼的制作方法与天使蛋糕相似,用裱花袋裱挤成形。

第二节　原料选择

一、面粉

高筋面粉、中筋面粉、低筋面粉都可以用来制作小西饼,可根据产品的质地、特点和酥松度来选择。如果要求产品形态美观、花样精致,不需要产品有充分的扩展的,性质硬脆的,应选择高筋面粉。如果产品是酥松的,形状和花式在其次的,可以选择中、低筋粉。色泽要白净、面粉粒要细腻,便于与油脂和糖的结合。

二、油脂

制作小西饼的油脂有以下几个要求：

1. 起酥性要好

起酥性好的油脂，可以用最少的油脂用量而达到最大的酥松程度。

2. 稳定性要高

小西饼的含水量少，保存期一般可以是数个月，经济价值高。但是小西饼中的油脂含量高，如果油脂不够稳定，会引起产品的酸败，因此小西饼中选用的油脂的稳定性要高，便于小西饼的长期储存。

3. 融合性要好

融合性好的油脂可以在搅拌的过程中很好地把空气拌入其中，使西饼在烘烤中膨大，这也是小西饼膨松的主要原因。

根据以上的要求，小西饼制作选用的油脂，最佳的是黄油，也可以选择麦琪淋和起酥油。

三、糖

糖在小西饼的制作过程中的作用主要是调味、着色和调节产品扩展程度，控制面筋的生成及装饰作用等。糖主要有以下几种：

1. 粗砂糖

粗砂糖很少用于面团的调制中，一般用于表面的装饰，在烘烤后依旧能保持原形黏附在产品的表面。

2. 细砂糖

细砂糖可以用于一些低成分配方的小西饼中，可以增加产品形状的扩展和表面的皲裂，还可以用于产品的表面装饰，烘烤后融化形成一层糖衣附在产品的表面，增加表面的光泽。

3. 糖粉

糖粉主要用于高成分配方的产品中，或者水分少的产品中，糖粉在使用前需要过筛处理。

4. 糖浆

糖浆可以在配方中使用一小部分来增加产品的风味和胶韧的特性,糖浆在配方中只能使用面粉量的 5%～10%,如超过此比例,则小西饼体积变小且质地坚硬。

四、化学膨松剂

化学膨松剂可以提升产品的酥松度,促进体积的膨大。需要注意控制好使用量。在小西饼中常用的化学膨松剂有小苏打、发粉和阿姆尼亚。

1. 小苏打

小苏打可以降低面粉的筋度,帮助产品的扩展和减少表面的裂痕。利用这种特性来控制小西饼的产品扩展和裂痕。

2. 发粉

发粉的残留物碱性较弱,可以弥补小苏打的缺点,因此一些色泽白净、组织膨松、含蛋量高的制品中,应选用发粉。

3. 阿姆尼亚

阿姆尼亚的膨松能力强,膨松要求高、形状不规则的产品可选用苏打、阿姆尼亚混合使用。要特别注意使用量,避免留下过多的残留物而影响制品的口感。

五、可可粉

可可粉可以改变小西饼的风味和增加品种,用量可以为面粉的 10%～12%。配方中如果添加了可可粉,那么糖的用量也要根据可可粉的量适当添加,可以减少可可粉之苦味,同时水分可以适当增加,以避免面团过于干硬。

六、香料

使用香料的目的一是增加产品原有的香味,衬托产品的特色。二是利用香料来增加小西饼的种类。一般选用香料以香草、奶油、香兰素等香型近似的油剂或粉剂香料为主。香料的使用要少而精。

七、盐

盐的作用是突出其他原料的特质,用量很少。

第三节　小西饼制作工艺

一、搅拌

面糊类小西饼基本使用糖油搅拌法,配方中的糖、盐和油脂用桨状搅拌器中速打发至绒毛状,再把配方中的蛋分两到三次加入,再加入奶水,最后加入面粉,拌匀即可。

面糊类面团的搅拌时间与烤出来的产品的扩展和松酥程度有密切的关系。如搅拌时间长,则面糊内拌入的空气多,产品也较为酥松,但扩展情况较差。如搅拌时间短,则残留在面糊中的糖的颗粒较粗,产品扩展性大;如果第二步蛋加入后仅仅是减半均匀而止,则做出来的小西饼,性质较硬,缺乏松酥性,但扩展情况良好。

小西饼也可以用直接法来搅拌,即将配方中所有的原料倒入搅拌缸中中速搅拌至均匀。如果搅拌时间长则面糊较为松软,酥性较大;如果搅拌时间短,则面团较为干硬,成品比较硬脆。

二、成形

小西饼的成形方法,大致可分为裱挤成形、模具成形、手工成形及组合成形四种方法。

1. 手工成形

方法是面团调制好后,直接分割成重量相等的小剂,然后运用手工,通过搓、揉、捏、压等手法,制成大小一致的各式造型,再进行烘烤。

2. 裱挤成形

这种方法适用于面糊类产品,将调制完成的面糊装入袋中,挤出各种形状来烘烤,如曲奇饼等。

3. 模具成形

方法是根据制品的需要取出适量面团放在撒有干面粉的工作台上,擀制成薄厚一致的方片,然后放在模具里或借助模具印模成形。常用的模具有菊花形扣压模、圆形扣压模等。

4. 组合成形

方法是先用模具擀出生坯,烘烤后制成半成品待用,然后再通过面糊的裱挤造型后,再烘烤至熟。

三、烘烤

落盘前需要考虑到小西饼的扩展程度的不同而确定好烤盘中小西饼的摆放。每个产品之间的间距过大或过小都会影响小西饼的烘烤质量。大了易发生焦边现象,导致颜色不均匀,小了又容易挤压变形。

烘烤时应采用中火,以180℃左右为宜,烘烤时间要根据制品的厚薄程度灵活掌握,一般烘烤时间为8~10分钟。在烘烤过程中上火要高于底火,及时观察产品底部的变化,如果底部温度过高,需要在下面垫一只烤盘。

烘烤对于小西饼非常的重要,需要在实践中不断地体会和总结,才能制作出完美的小西饼。

四、包装

小西饼的含水量很少,如果不及时包装,暴露在空气中会吸收空气中的水分,而失去小西饼应有的酥松脆的特性,因此小西饼在出炉冷却至35℃左右时,即可以装入密封的盒子、罐子以及塑料袋中,防止受潮,保证产品的品质,延长储存时间。

第四节 质量鉴定与问题分析

一、基本评价

1. 形态
形态端正,厚薄一致,大小一致。

2. 色泽
表面呈金黄色,色泽均匀一致,无斑点。

3. 组织
组织均匀,无生心,内部组织均匀一致,无颗粒。

4. 品味
或松酥,或松脆,或松软,甜味适度。

5. 卫生
内外无杂质、杂菌。

二、问题、原因及纠正方法

1. 酥松性差
原因:
(1)面粉选用不当。
(2)搅拌时间过长。
(3)油脂的用量过多或过少。
(4)鸡蛋的用量过少。
(5)膨松剂用量不足。
纠正方法:
(1)选用中低筋面粉,面筋质在10%左右。
(2)缩短搅拌时间,以免上劲。
(3)要正确掌握油脂的比例,一般油脂占面粉的50%～60%。

（4）加大鸡蛋的用量。

（5）加大膨松剂的用量。

2. 制品的颜色过浅

原因：

（1）烤箱温度过低。

（2）糖分少。

（3）面团反复揉搓。

（4）面团擀制时干面粉用量过大。

纠正方法：

（1）提高烤箱的温度，一般温度应为180℃左右。

（2）加大糖的用量。

（3）尽量一次成形，切勿反复揉搓。

（4）擀制时干面粉用量越少越好。

3. 成品易散落，形状不完整

原因：

（1）水分不足或过多。

（2）油脂选用不当。

（3）烘烤的温度过低。

（4）反复揉搓擀制面团。

纠正的方法：

（1）调整好配方的水分比例，使面团软硬适中。

（2）选用熔点高、可塑性好的油脂。

（3）提高烤箱的温度。

（4）尽量一次成形，切勿反复使用。

第八章　清酥类产品制作工艺

清酥(Puff Pastry)也叫起酥,也称为松饼或者是开面、千层酥等。清酥面团是用冷水面团与油面团互为表里,经过反复擀叠、冷冻等工艺而制成的面团。该制品具有层次清晰,入口香酥的特点。

第一节　清酥类产品的起酥原理

清酥类面团是由两块不同质地的面团组成的,一块是由面粉、水及少量油脂调制而成的水面团,另一块是油脂中含有少量面粉(或不含)结合而成的油面团。两者相间擀叠而成。

清酥类面坯形成多层、膨胀的原因,主要有两个:

第一,由湿面筋的特性所致。清酥面坯大多选用面筋含量较高的面粉,这种面粉具有较好的延伸性和弹性,它有可以像气球一样被充气的特性,可以保存空气并能承受烘烤中水汽所产生的膨胀力,每一层面皮可随着空气的膨胀而膨大。湿面筋在烤箱中受热产生水蒸气,面坯烘烤温度越高,水蒸气的压力越大,而湿面筋所受的膨胀力也越大,这样一层一层的面层不断受热而膨胀,直到面筋内水分完全被烤干为止。

第二,由于清酥面团中有产生层次能力的结构和原料,所谓有产生层次的结构和原料,是指清酥类面坯在操作时包裹进很多有规则层次的油脂,水面团与油脂互为表里,有规律地相互隔绝,形成有规则的面皮和油脂的层次。当面坯进炉受热后,会产生作用力。面坯中的水面团受热产生水蒸气,这种水蒸气滚动形成的压力使各层开始膨胀,依次一层一层逐渐胀大。随着温度升高,时间加长,水面团中的水分不断蒸发并逐渐形成一层层变脆的面坯结构。油脂受热融化渗入面皮中,使每层的面皮变得又松又酥,但由于面筋质的存在,面坯仍然保持了原有片状的层次结构。最后形成层次分明的膨胀松酥的产品。

第二节 清酥类产品的原料选用

清酥类面团主要有面粉、油、水三种主要原料,除此之外,还用少量的蛋和糖调节产品的颜色。酸性物质可以降低面粉的筋性,使包油、擀叠更方便。果酱、糖粉等作为外表的装饰之用。

一、面粉

面粉是制作清酥产品的最基本的原料,最好使用高筋粉。因为在制作过程中,面团需要包入 50%~100% 的高熔点油脂,如果面筋质不够,油脂较硬会把面皮穿破,将层次破坏,以致成品体积无法胀大,形状不良。另一方面高筋粉所含的面筋质地良好,可以忍受焙烤中水汽所产生的张力,使每一层次的面皮都有好的弹性而胀大,不致把面皮胀破而使水汽外泄。但是高筋粉具有强韧的筋性在整形操作时比较困难。可以在操作时掺入部分低筋粉或添加少量酸性原料,如柠檬酸、醋和塔塔粉之类,使面筋软化,操作方便。加低筋粉的量以 20% 左右为宜,不能超过 50%。加柠檬酸和醋的量为面粉的 2%,塔塔粉则为 0.5%。

二、油脂

清酥类面团中的油可分为两部分:第一部分是面团内部的,第二部分是包入面团内的。

第一部分油脂的作用是润滑面团,使面皮在包叠时减少韧性,一般可采用黄油或人造奶油,用量是面粉的 5%~20%。用油量多,产品品质较酥,体积较小;用油量少,产品品质较脆,体积较大。

第二部分油脂的作用是包裹入面团中,使面团形成层次,因此这种油脂的选用直接影响到产品的质量。要求:一是熔点在 44℃ 左右,熔点过低,在制作过程中容易软化,使产品不够膨大,熔点过高则不宜于人体消化吸收;二是可塑性好,油脂的软硬度适中,夹在每层面皮之间可以均匀地延伸到面皮的每个部分,可使操作容易。根据以上要求,通常选用起酥油和黄油,注意其含水量最好不超过 18%。

三、水

水可以使面团柔软,使面筋充分扩展,从而使得面团具有良好的延展性和弹性。加水量根据天气、面粉的吸水性和面团部分用油量的多少来进行调整。原则上面团的软硬度要和所包裹的油的软硬度一致。如果面团软而包裹的油脂硬,则在擀叠的过程中坚硬的油脂会把面皮的层次穿破,从而得不到理想的层次。而如果面团硬而包裹的油脂软,则在包油擀叠的过程中会把软的油脂从面皮的接缝中挤压出来,同样得不到理想的层次。清酥面团中水的一般用量为粉的 50%～55%,最佳的水是冰水,可以:(1)使面团与油脂的硬度一致;(2)面团不黏手,操作容易;(3)面团吸水较多。

四、盐

盐主要用来增加风味和增强面筋的韧性,通常使用量为粉的 1.5% 左右。

五、蛋

蛋主要是增加产品颜色和香味。面团内一般不用蛋,蛋一般涂在产品表面,以增加表面色泽。

六、糖

少量的糖用来增加成品的颜色,用量为 3%～5%。

七、酸性原料

为减少面团的韧性,便于操作,可以在配方中添加少量的酸性原料,一般选用塔塔粉,用量不超过 5%,加柠檬酸和醋用量为面粉的 2%。

第三节 配方制定

一、工艺流程

和水面团 → 饧面 → 包油面

↓

黄油（起酥油）→搓匀→成形→冷却→擀叠→冷冻→擀叠→冷冻→备用

二、原料配比

传统的西点制作中清酥类产品的配方有三种，即 100％油脂法（Full Puff）、75％油脂法（Three Quarter Puff）、50％油脂法（Half Puff），其基本配方比例及产品特点如下表所示。（用油量是指配方中总的用油量）

表 8-1 西点制作的基本配方比例及产品特点（％）

材料	100％油脂法	75％油脂法	50％油脂法
高筋粉	100	100	100
盐	1.8	1.8	1.8
面团内用油	12	9	7
水	50	53	55
包裹用油	88	66	43
总油量	100	75	50
产品特点	体积大，酥层多，用于千层酥等	比较适中	体积小，用于体积不须太大的三角酥等

第四节 清酥类产品的生产工艺过程

一、水面团调制

先将过筛的面粉与盐、油脂同放在搅拌机中慢速搅拌均匀,然后慢慢加水,改用中速搅拌,使面团吃水均匀。

将调制好的面团取出,放在撒有少量面粉的工作台上,进行分割、滚圆,并用湿布盖在面团上进行饧制。

二、油面团调制

如果选择起酥油做油面,则用擀面杖将起酥油敲软,软硬度同水面团即可使用。

如果选择黄油做油面,则黄油与低粉混合均匀成细腻的油面团,冷藏至硬后使用。(黄油:低粉＝5:2)

三、包油

包油方法主要有英式包油法、法式包油法及拌油法三种。

1. 英式包油法（铺油法）

将面团擀成长方形,厚约 2cm,长:宽＝3:1,将油脂铺在面皮表面的 2/3 面积上,将 1/3 空白面团叠在油脂上,再将另外 1/3 已铺好油的面皮叠过来,即完成了三层面皮两层油脂的包油,放进冰箱冷冻、松弛。

2. 法式包油法（包油法）

法式包油法适合烘烤后体积松发的产品。

将面团顺着割开的十字刀口向四周擀开,使中间厚四角薄,四角的厚度为中间部分的 1/4,将包裹用油压成四方形,大小与中间部分相同,放在中间,将四个角的面皮按顺序包向中间油脂,每个面皮都完全盖过油脂,包好后,静置、冷冻。

3. 拌油法

将油脂切成细小颗粒,直接与面粉拌匀,再加入适当水分压成面团。

四、擀叠

静置饧面后,将面坯放在撒有干粉的台板上,进行擀叠。方法有三折法和四折法。

1. 三折法(主要用于英式包油法)

用擀面杖从面坯中间部分向前后压开来(也可使用酥皮机),用力均匀,使面坯厚薄均匀,面坯压至长∶宽＝3∶2,厚约 1cm 时,两边叠上来,叠成三折,将折叠成三折的长方形面团横过来,进行第二次擀叠,每次擀叠之间需将面团放进冰箱冷却、松弛、饧面,一般如此反复进行四次。

2. 四折法(主要用于法式包油法)

将面坯压开,使比例为长∶宽＝2∶1,厚约 1cm,将两边折向中央,然后对折,将面团横过来后,进行第二次擀叠,每次擀叠之间须冷冻静置 20～30 分钟,一般如此重复进行三次。

两种擀叠方法,擀叠后其产品的层次有所不同。如下表所示:

表 8-2　三折法由折叠次数所得到的层次(英式包油法)

层次	包油	折叠一次	二次	三次	四次	五次	六次
理论上	3	9	27	81	243	729	2187
实际上	3	7	19	55	163	487	1459

计算公式:

$$N = 2 \times 3^n + 1$$

表 8-3　四折法由折叠次数所得到的层次(法式包油法)

层次	包油	折叠一次	二次	三次	四次	五次	六次
理论上	2	8	32	128	512	2048	8192
实际上	2	5	17	65	257	1025	4097

计算公式:

$$N = 4^n + 1$$

面团擀叠完成后用保鲜膜包好放进冰箱,松弛 30 分钟后可以取出进行成形制作。如果一次成形不需要太多的面团,可以在 5℃ 的冰箱中保存备用,如果储存时间超过两天,则需要在 −27℃ 的冰箱中冷冻,在成形前要注意面团是否冰得太硬,应先进行软化处理。

五、整形

将面团放在台板上,用擀面杖擀出厚 0.2~0.3cm 的面片,厚薄要均匀,根据产品的需要,通过包、卷、叠、折等手法,使面坯成形。

整形前需要注意以下问题:

(1)整形的面团不可以过硬,如果冰冻过硬则需要先进行软化处理,在工作台上恢复其适当的软硬度。

(2)整形的面皮厚薄要一致。

(3)整形动作要快,要一气呵成,如果时间过久,面皮会变得过于柔软,增加了整形的难度,也影响到产品的胀发度和形状的美观。

(4)在切割面坯时,应使用较为锋利的刀具,以免面团的层次受到破坏。

(5)面皮切割时要注意大小一致,形状规整。

(6)多余的边皮可以归纳在一起,整形成完整的面团,然后包入面皮总量的四分之一油脂,用三折法擀叠一次或两次,可以做一些胀发性较小的产品,如拿破仑等。

(7)整形后的产品落盘时需要一定的间隔距离。可以在产品表面刷一层蛋水。整形完成后必须松弛 30 分钟后才能进烤炉烘烤,否则膨胀体积不大,而且会在烤炉中收缩,进烤炉前再刷一次蛋水,应避免将蛋液滴洒在制品的边缘部分,防止制品粘连。

六、烘烤

产品进炉前须有足够时间松弛,否则会有进炉后缩小和漏油的现象出现。测试进炉前是否松弛到位,可以用手指在面团表面轻轻按压一下,感觉面团有松软的感觉即可。

烘烤应用大火,烤炉最好有蒸汽,蒸汽可以防止表面过早凝结,使得每一层面皮可以无拘无束地胀发。进炉温度为 225℃,使面坯充分膨胀到最佳状态后,改用中火,使制品成熟,表面呈金黄色,对面积较大的产品,可用中型分刀插入产品底部,如果产品能完整托起,底部呈褐色,即为成熟。制品在烘烤过程中,不要随意打开烤炉,以免蒸汽散失,影响制品膨胀。

根据制品大小及质量要求,灵活控制炉温及烘烤时间。

有时候清酥产品难免有厚薄不一致的地方,可以在产品表面盖上一张刷油的牛皮纸,让产品保持均匀的向上膨胀,等得到相应的胀发体积时,再将牛皮纸拿开,将产品的表面颜色烤成金黄色。

七、冷藏及装饰

清酥产品以烘烤成熟后新鲜食用为佳,如果当天无法全部销售完毕,则可以将多余的产品用容器装好,放在 5℃ 的冰箱中储存。次日拿出后进 225℃ 烤炉中烤 7~8 分钟,取出后再进行表面装饰。

清酥面团是基本无味的,需要在表面装饰或者是包入馅心来进行调味。表面刷果酱需要在产品出炉后趁热进行,果酱也需要是温热的,这样可以使得产品表面色泽鲜亮有光泽。如果是撒糖粉则要在食用或者是销售之前进行,必要的时候要撒两次,保持糖粉白白松松的感觉。

第五节 质量鉴定与问题分析

一、基本评价

1. 形态

形态端正,大小一致,不歪斜,厚薄均匀。

2. 色泽

表面呈金黄色,色泽均匀一致,无焦煳。

3. 组织

内部组织酥松,层次清晰,无生心,无硬质。

4. 口味

酥松可口,咸味适中,具有纯正的黄油香味。

5. 卫生

内外无杂质、无杂菌。

二、问题、原因及纠正方法

1. 形态不端正

原因：

(1)面团太硬。

(2)油脂与面团的软硬度不一致。

(3)擀制不匀。

(4)折叠不齐,面坯厚薄不一致或最后成形不当。

纠正方法：

(1)调整面团的软硬度,适当增加水分。

(2)油脂的软硬与面团的软硬度一致。

(3)擀制面坯时用力要均匀。

(4)折叠整齐,最后成形时注意形态的端正,不得大小、厚薄不均匀。

2. 层次不清晰、出油、发性不好

原因：

(1)面团过硬,而油脂过软。

(2)油脂使用不当,可塑性不佳。

(3)面团温度过高。

(4)成形时刀具不锋利。

(5)烘烤的温度不当。

(6)面粉的质量差,无法承受擀压,出现漏油。

(7)烘烤过程中,多次打开炉门。

(8)面板不平,面团过软,在擀压过程中出现漏油。

纠正方法：

(1)面团与油脂的软硬度应协调一致。

(2)选用熔点高、可塑性强的油脂。

(3)夏天通过冰箱来调整面团温度。

(4)选用较为锋利的成形刀具。

(5)正常掌握烘烤温度,一般控制在 200℃ 左右。

(6)选用高筋粉。

(7)在制品膨胀时勿打开炉门。

(8)选用较平的案板。

3. 口感不佳

原因：

(1)油脂质量不佳。

(2)盐太少。

(3)烤盘不洁净。

(4)包入的油脂与面团比例失调。

纠正方法：

(1)弃用过期的黄油。

(2)增加盐的用量,一般在2％左右。

(3)烤盘应保持洁净。

(4)正确掌握面粉与油脂的比例,一般油脂占面粉量的80％左右。

第九章　泡芙类产品制作工艺

泡芙是英文 puff 的译音,也有称为气鼓和哈斗。它是以水或牛奶加黄油煮沸后烫制面粉,搅入鸡蛋,通过挤糊、烘烤、填馅料等工艺而制成的一类点心。

泡芙是一种很常见的西点产品,样式多样、口味丰富。产品具有色泽金黄,外表松脆,体积膨大,加馅心后外脆里糯、绵软香甜的特点,是饼店里一种很受顾客欢迎的点心。

第一节　泡芙的起发原理

泡芙的起发原理主要由面糊中各种原料及特殊的混合方法决定。

一、原料因素

1. 面粉

面粉中含有蛋白质、淀粉等物质。淀粉在水温的作用下可以膨胀,当水温在 90℃ 以上时,水分会渗透到淀粉颗粒内部并使之膨大,体积增加,颗粒逐步破裂,并与其他破裂的颗粒相结合。此时的淀粉产生了黏性,增加了物料的黏度,形成了泡芙的骨架材料。

2. 油脂

油脂具有起酥性和柔软性,配方中加入油脂可使面糊有松软的品质,从而增强面粉的混合性。油脂的起酥性会使烘烤后的泡芙有外表松脆的特性。需用加热的方法使水、油、粉充分混合。

3. 水

需要足够的水,才能使泡芙面糊在烘烤过程中,在温度的作用下产生大量蒸汽,充满正在起发的面糊内,使制品胀大并形成中空的特点。

4.鸡蛋

鸡蛋中的蛋白质可使面团具有延伸性,使面糊在气体膨胀时增大其体积。热量会使蛋白质凝固,使增大的体积固定,鸡蛋中的蛋黄有乳化性,可使面糊变得柔软、光滑。

二、特殊的混合方法

水、油烧开后加入面粉不断搅拌,使油、水不分离,乳化比较均匀。

蛋分批加入面糊中,搅拌均匀后再加第二次蛋,依次将蛋加完,充分搅拌使空气混入面糊,产生胀大的效果。

第二节　原料选择

一、面粉

面粉的品质与泡芙的膨大关系很大,做泡芙一般要用高筋粉,因为高筋粉所含的面筋质地较优,它的伸展性和弹性亦佳,在烤炉内烘烤时能像气球一样地承受面糊内所产生的使产品膨大的气体。如使用中、低筋粉,面筋的性质较为脆弱,在烘烤过程中易使之破裂无法保存膨大的气体,连带产品的体积也将受到影响,并导致壳壁较厚。

二、油脂

油脂在泡芙中主要的作用是润滑面糊,使泡芙的外壳柔软,帮助其在炉内膨胀。因为面糊在调制时,须把油和水一起煮沸,然后加面粉剧烈搅拌,使水、油、面粉乳化在一起。为了容易搅拌均匀,可采用液态的色拉油,但色拉油熔点低,往往会使烤好的成品外壳柔软,中间稍微下陷。为了弥补这一缺点我们可采用固体的黄油、麦琪淋或氢化起酥油,可以使泡芙外壳变硬且形态完整。但在与水一起煮沸时需要较长时间,必须等所有的油全部融化才能加面粉一起搅拌,否则未融化的油脂颗粒在面糊内无法达到乳化的程度,在与蛋一起搅拌时会发生油、水分离而无法搅拌均匀的现象。使用麦琪淋时应注意其所含的水分,适当增加油量和减去配方中的水量。

三、水

水是调和面糊所必需的原料,一般用清水和少量的牛奶,水分的控制与成品的好坏有很大的关系。由于煮面糊时火力的大小不同,煮的时间长短不同,水分蒸发的情况也不相同,面粉的吸水性也不同,所以在第二步加蛋的时候,应根据面糊厚薄程度酌情添加适量的牛奶或清水来调整面糊的浓稠度。面糊过于浓厚则不易使泡芙的体积胀大,外壳壁厚而硬。过于稀薄的面糊则会在烤盘中四处流开,进烤箱后无法达到理想的高度,成品呈扁圆状,外壳薄而柔软,多数出炉后会收缩。

四、盐

盐可以增加面糊的筋度和增加产品的香味,一般用量为面粉量的 2%~3%。

五、蛋

蛋须采用新鲜的鸡蛋,蛋的用量要适量。如果用蛋来调节面糊的浓稠度,则泡芙的外壳壁会厚而酥,如用水来调节面糊的浓稠度,则泡芙的外壳壁会薄而软。

六、化学膨松剂

可选用阿母尼(碳酸氢铵)。可在蛋液加完,面糊搅拌均匀后加入。注意用量要适当(也可不加或少加)。

七、牛奶

在配方中添加少量的牛奶可以使成品的外表有光泽和焦黄的颜色,用量越多颜色越深。牛奶在搅拌面糊的后阶段使用,也可抹在成形后的面糊上,以增加悦目的光泽。

第三节 工艺流程及原料配比

一、工艺流程

二、原料配比

泡芙的制作成本和产品种类不同,配方中原料的配比也不同,可以在以下的比例范围内进行适当调整。

表 9-1 泡芙制作的原料配比

操作程序	原料名称	烘焙百分比(%)
第一部分	高筋粉	100
	水	75~150
	油脂	50~125
	盐	2~3
第二部分	蛋	100~200
第三部分	牛奶	0~100
	碳酸氢铵	牛奶的 2.5% 以内

根据以上的配方平衡范围,泡芙的品质可以分为上、中、下三类。其中,蛋和油脂的用量越多,品质越好,成本也越高。相反,如果蛋和油脂的用量越少,则成品的品质也将随之降低。

第一部分中面粉和盐的用量是固定的,不会随着配方的好坏而变动,其中油脂和水的用量两者相加应该为面粉的两倍,即 200%。在低成本配方中,油脂的用量可以减少到 50%,水的用量为 150%。此配方做出来的产品外壳较脆,易破碎。高成本的配方中油脂的用量可以达到 125%,水的用量是 75%,此配方的产品质地较酥,口味也好。一般中成本配方的油脂可以用到 75%~100%,水的量是 125%~100%。总而言之,第一部分的油脂和水在锅中煮沸时,必须有足够的量使得加入的面粉达到完全乳化的程度。

第二部分蛋的用量为 100%~200%,其中高成本配方可以根据面粉的吸水情况尽量地添加,可以达到面粉的两倍,如果未能达到这个量,而面糊的浓稠度已经适当,则是因为油水煮的时间过短,水分蒸发较少的缘故。蛋在配方中最少用量不能低于面粉用量,即 100%,用 100%的蛋量做出来的泡芙,外壳薄而柔软,颜色浅而味道差,但成本低。蛋的用量减少影响面糊的膨胀性,在浓稠度方面用牛奶来弥补,在膨大方面用碳酸氢铵来辅助。

第三部分调整面糊浓度,使用的奶水可以根据操作时的实际情况来增减。

碳酸氢铵的用量必须称量准确,使用少则不能起到辅助产品膨大的作用;使用过多则会使产品内部呈青色,底部出现黑色小孔,因味道不佳而失去销售和食用的价值。

第四节　泡芙制作工艺过程

一、烫面

将配方中的水、油和盐倒入锅子中,用大火煮到沸腾,取长木棍将煮沸的水、油迅速拌匀。如是固体油脂需使浮在表面的油块全部溶化,再将已过筛的面粉成直线倒入沸腾的油水中,用木棍快速搅动,将油水和面粉拌匀,直到面粉完全乳化并烫熟。然后将面糊倒在台板上或搅拌机内,冷却至 60℃~65℃。

二、搅糊

将煮好的面糊在搅拌机中慢速搅拌,一是使面糊中的水和油脂继续呈乳化状态,二是使面糊的温度下降到 60℃~65℃。然后将鸡蛋液慢慢地分次加入面糊中,每次加入的鸡蛋一般不超过两个,每次加入的蛋液都应与面糊搅拌均匀后再加入新的蛋液。当加入的蛋液接近应有的数量时，要注意稠度，根据具体情况决定是否需要再加入蛋液。

检验面糊稠度的方法是：用木勺或刮板将面糊挑起，面糊缓缓地下流，流得过快说明糊稀，流得过慢说明糊厚了，应添加鸡蛋的量。如果面糊留在刮板上的痕迹是三角形薄片状，则说明面糊的稠度恰到好处。

三、成形

首先，准备干净的烤盘，铺上一层油光纸。如果不铺油光纸，则需要刷上一层薄薄的油，然后撒上一层薄薄的高筋粉。

其次，将面糊装入带有花齿裱花嘴的裱花袋中。

再次，根据需要将面糊挤成各种形状，注意每两个之间距离约为 5cm。

可塑的形状主要有圆形、长条形、交叉拉花、天鹅造型等。

四、成熟

1. 烘烤

成形后的泡芙应立即进入烤炉，如果在炉外放置过久，会使表面结皮而影响成品的膨大。如发现面糊已经结皮，可以加少量奶水或是鸡蛋重新搅拌一下，再进行成形。

炉温 210℃～220℃，进炉烘至表面金黄色，时间约为 20 分钟，产品已经定型后，可将炉温降至 180℃～200℃ 或关闭炉子继续将产品烘干，冷却后备用。

烘烤时最好是用蒸汽设备的烤炉，烘烤之前有蒸汽，可以保持外壳的湿润，不马上结皮，帮助产品更好地膨大。在烘烤过程中不可以打开炉门，否则会使产品受冷回缩。测试泡芙是否烤好，可以用手指轻轻地按压产品的腰部，如果是坚硬的可以马上出炉，如果还有软的感觉则需要继续烘烤。泡芙烘烤不完全，收缩比较大，扁平而柔软，失去销售的价值。

2. 油炸

取适量的面糊用餐勺使其成圆球形，或者是将面糊挤成圆球状放在擦过油的牛皮纸上，然后将成形的泡芙放入 180℃ 的油锅里慢慢地炸熟，炸成金黄色捞出，沥干油分，趁热用果酱拌和，表面再撒少许糖粉。如果晾凉后食用，可用巧克力等做装饰,上边撒少许杏仁片。

五、装饰、填馅与保存

泡芙经烘烤或油炸后,一般需要填入馅心,馅心一般是鲜奶油、蛋黄酱、水果馅。填馅的方法有:

(1)圆形泡芙的底部扎一圆孔,将馅料从孔内挤入。

(2)长条形泡芙侧面切一刀口,挤入馅料。

(3)天鹅形泡芙将上半部分切去,一分为二,做翅膀,下部分用馅料填成凸形,将翅膀插上。

(4)水果花篮可将圆形对半切开,填入馅心后再装饰。

泡芙的表面可用糖粉、翻砂糖、巧克力等装饰。

如果出炉的产品过多,一次性无法全部销售完毕,可以把一部分放在有盖子的罐子中,或者密封的塑料袋中,再放入冰箱冷藏。待需要时再拿出恢复到室温后再进行填馅和装饰。

六、注意事项

(1)面粉要过筛,以免出现面疙瘩。

(2)面团要烫熟、烫透,不要出现糊底的现象。

(3)每次加入鸡蛋后,面糊必须搅拌均匀上劲,以免起砂影响质量。

(4)面糊的稀稠要适当,否则影响制品的起发度以及外形美观。

(5)烤盘上刷油要适当,过多会导致挤制困难,过少则制品成熟后与烤盘粘连,影响制品的完整。

(6)在烤盘中泡芙之间要留有一定距离,以防烘烤后粘连在一起。

(7)刷蛋液动作要轻,以免破坏制品的外观。

(8)烘烤过程中不要中途打开烤炉或过早出炉,以免制品塌陷回缩。

(9)烤炉的温度一定要适当,炉温过高,表面色泽深而内部不熟,温度过低,制品不易起发,不易上色。

(10)要掌握好炸泡芙的油温,油温过低起发不好,油温过高颜色深而内部不熟。

(11)使用翻砂糖、巧克力作为装饰料时,要掌握好溶解的温度,装饰时不能反复抹,以免影响制品的光亮度。

第五节　质量鉴定与问题分析

一、基本评价

1.形态

形态端正,大小一致,不歪斜。

2.色泽

表面呈金黄色,色泽均匀一致。

3.组织

中空,内部组织绵软,无生心。

4.口味

外部松香,内部由馅心决定。

5.卫生

内外无杂质或病菌。

二、问题原因及纠正方法

1.体积膨胀不够大

原因:

(1)鸡蛋用量不足。

(2)面没烫熟、烫透。

(3)烤炉温度太低。

(4)调制面糊时起砂。

(5)制品膨胀时漏气。

(6)烤制时间不足。

纠正方法:

(1)增加鸡蛋用量。

(2)面一定要烫熟、烫透。

(3)适当提高烤炉的烘烤温度。

(4)鸡蛋分次加入,每次须搅拌均匀上劲。

(5)烘烤过程中不要随意打开炉门,以防制品膨胀时漏气。

(6)按要求掌握烘烤时间,制品烤熟后方可出炉。

2.表面颜色太浅,表面裂纹过多或没有裂纹

原因:

(1)烤炉温度过高、过低,烘烤时间太长或太短。

(2)配方中的液体量太多或太少。

纠正方法:

(1)调整好烤炉的温度,烘烤温度一般在210℃左右。

(2)减少或增加配方中的液体量。

3.面糊在搅拌中出油

原因:

(1)油水煮沸时乳化不够,或搅拌不匀。

(2)煮好的面糊放置太久,油水分离

纠正方法:

(1)油水煮沸时要搅拌均匀,注意油水的配方比例。

(2)面糊冷却到需要的温度时及时进行制作。

4.产品样式不佳

原因:

(1)面糊太稀,四处扩张形成扁圆形。

(2)烤盘刷油过多而没有撒上高筋粉。

(3)第一部分在面粉加入后煮的时间不够,面粉未完全胶化。

(4)烘烤中面火过高,使得顶部膨胀被抑制。

纠正方法:

(1)面糊的厚稠度要判断准确。

(2)烤盘刷油后撒上薄薄的一层高筋粉。

(3)加入面粉后不断搅拌让其受热均匀,并充分胶化。

(4)降低面火的温度。

第十章　派挞类产品制作工艺

派和挞（Pie & Tart）都是由皮和馅两部分共同组成的西点品种。派也称为馅饼，挞也称为塔。派和挞都是以面粉、黄油、糖等为主要原料，经过面团调制、擀制、成形、填馅、成熟、装饰等工艺制作而成的一类酥松而有层次的西点。派每只可以切块供给多人食用，挞则比较小巧。派挞的品种和风味可以通过皮层、馅心、表面装饰和模具的变化而发生多种不同的变化，因此派挞的品种繁多、口味多样，千变万化，再加上色泽和造型美观，因此非常受消费者欢迎，是西式自助餐、西饼房的热卖产品。

第一节　派挞类产品的分类

按口味分：甜和咸。甜的一般作为甜品，咸的则往往是西式正餐的前肴。

按皮层的性质分为：甜酥皮，口感酥松香甜无层次；咸酥皮，口感酥脆，有不均匀的层次；起酥皮，以清酥面团为饼皮，酥层清晰，口感酥、松、脆；饼干脆皮，主要是熟皮派皮，用饼干压碎为皮层，口感酥松。

按造型可以分为单皮和双皮。单皮只有一层底部的皮层，双皮则在馅心上面加上一层皮，然后再进行适当的装饰。

按成熟方法分：烘烤和油炸。

按皮层生熟性分：生皮生馅和熟皮熟馅。

第二节　原料选择

面粉、油脂、盐和水是制作派挞类产品的主要原料，另还有很多的辅助原料。

一、面粉

用于制作甜酥皮的面粉选择低筋粉，要求色泽洁白、颗粒细腻。这种面粉能增加同糖的黏合性，使面团光洁，可塑性好，如果面粉筋度太高，会使面团容易产生筋力，给后面的工艺造成困难，产品成熟后，口感发硬。

用于制作咸酥皮的面粉则选择中筋粉（蛋白质含量为 9％～11％），如果面粉筋度过高，则调制好的面团在整形过程中容易产生筋力，在产品烘烤中会发生收缩的现象，而且饼皮脆硬，失去脆酥的感觉。

二、油脂

油脂主要是起到酥松的作用，油脂的熔点是关键。

用于制作甜酥皮的油脂，可以选用熔点较低的固态油脂：黄油、猪油、麦琪淋、起酥油等。

用于制作咸酥皮的油脂，可以选用熔点较高的固态油脂，熔点在 40℃左右的较佳，一般选用起酥油，可以在操作过程中保持固体状态，使得烤出来的皮层具有一层层的酥皮。

三、水

水在制作过程中溶解各种原料使之成为一个面团，水太多，则容易与蛋白质形成面筋，使得产品口感发硬，形状收缩。水太少，则使得面团过于酥散，饼皮容易破损。因此水的用量应该控制在面团中的水分在烘烤过程中可以在烤炉里蒸发掉为佳。咸派皮的调制用水以冰水为佳，可以帮助饼皮在制作过程中保持固体状态，便于后期的整形。

四、盐

盐的作用是使派挞皮的滋味更佳。盐可以事先溶化在水中后加入。

五、糖

糖不但可以增加甜味，还具有反水化作用，可以抑制面筋的形成，因此在甜酥皮的配方中，糖占有相当的比例，主要选用细砂糖或糖粉，要求糖的溶解度高,这样才能保证面团的酥性结构。根据要求还可以选用糖浆来调制面团。

在咸酥皮的调制中,糖的主要作用是帮助派皮在烘烤中上色,因此糖的用量不多。

六、奶粉和牛奶

奶粉可以使饼皮产生美观的色泽。牛奶可以用于表面的刷抹,增加表面的色彩。

七、蛋

蛋的主要功能是使面团光洁、滋润,起到调节面团软硬度的作用,并能使制品增加膨松度。如制品要求花纹清晰,可少用或不用,因为蛋会影响制品表面的结构。

八、膨松剂

在油脂用量偏少的情况下,可以使用膨松剂来帮助提高产品的酥松度,一般使用泡打粉,膨松程度高的可以使用小苏打或是阿姆尼亚。

第三节　馅心的类别及制作

派挞的馅心可以分为水果馅、牛奶鸡蛋布丁馅、奶油布丁馅、戚风馅等。

一、水果馅

水果馅是以水果为主要原料、淀粉为凝胶原料制作而成的馅料。水果可以选用罐头水果、新鲜水果、冰冻水果和脱水水果等。因每种水果所含的水分、甜度和酸度都不相同,制作方法也不相同。

目前常用的是用罐头水果和新鲜水果制作。

罐头水果先过滤掉汁水,根据水果的酸度加 $50\%\sim60\%$ 的糖于果汁中,将果汁与糖在炉上煮沸,加入 $4\%\sim8\%$ 淀粉(淀粉事先溶于部分果汁中),不断搅拌,直到玉米淀粉成透明和凝胶的状态。关火,将滤出的水果倒入拌匀即可。冷却至微温,可以放入派盘中做馅心。

新鲜水果选择品质好的当季水果,洗净,去皮和果核,切成需要的厚度,取 1/3 的水果放在所有的水中,加一半的糖,煮烂成稀糊状,水的用量是水果重量的 65%～75%,糖的用量是水的 50%～75%。然后加入适量的玉米淀粉煮成透明的凝胶状,然后加入剩余的糖溶化,最后加入 2/3 的水果拌匀即可。

如果一次性没有使用完,冷却后再放入冷藏箱储存,储存时间不要超过两天。

二、牛奶鸡蛋布丁馅

牛奶鸡蛋布丁馅料的基本配方比例为:蛋 40%～50%,糖 20%～30%,奶粉 4%～10%,盐 0.5%～1%,水 100%。除了以上基本原料之外,还可以添加瓜果等植物原料,如南瓜、番薯、胡萝卜等,需要注意的是这类原料的吸水性强,所以需要先将植物原料煮熟捣烂后拌入牛奶鸡蛋布丁馅中,然后置于冰箱中 30～60 分钟,使其均匀地吸收足够的水分,再用于派皮中。

三、奶油布丁馅

奶油布丁馅的基本配方比例为:蛋或蛋黄 0～14%,糖 20%～30%,奶粉 0～10%,盐 0～1%,奶油 0～5%,玉米淀粉 8%～12%,果汁 0～10%,水 100%。

调制方法:将所有的糖加入牛奶中煮沸溶化。玉米淀粉、盐、奶粉和蛋溶入少量的水中,再渐渐倒入,不断搅拌,直到形成凝胶状。将配方中的奶油和香料等拌入,搅拌均匀,趁热倒入派皮中。

在奶油馅中可以加入香草、柠檬、巧克力等,形成不同风味的奶油布丁馅。

四、冷冻戚风馅

这种馅需要在 1℃～8℃的冰箱中冷藏,是适合夏天食用的产品。

冷冻戚风馅的基本配方比例为:奶水 100%,糖 50%～70%,蛋(蛋黄 50%,蛋白 50%)80%～100%,盐 0.5%～1%,明胶 3%～4%,新鲜乳脂

20%～40%。

制作方法：

(1)蛋黄与牛奶还有一半的糖和盐隔水煮至80℃。明胶溶于热水中倒入，冷却。

(2)蛋白加一半的糖打至干性发泡。可加入适量的塔塔粉。

(3)蛋白倒入到将凝结的布丁中，同时将新鲜的乳脂加入，轻轻搅拌均匀即可。

(4)可以加入各种较软的水果、可可粉、柠檬汁等，形成不同风味的戚风馅。

第四节　派挞类产品制作工艺

一、工艺流程

1. 生皮派挞

面团调制→冷藏→擀皮→落模→填馅→烘烤→冷却→装饰

2. 熟皮派挞

面团调制→冷藏→擀皮→落模→烘烤→冷却→填馅→装饰

二、制作过程

1. 面团调制

(1)甜酥皮的调制。

首先，将黄油与糖粉搅拌均匀后，逐步加入蛋液搅拌均匀并充分乳化，再加入过筛后的低筋面粉、泡打粉等，拌成面团，然后用保鲜膜包裹后放进冰箱冷藏待用。

(2)咸酥皮的调制。

中筋粉过筛，将冷藏的起酥油切成小粒，加入粉中，拌匀使起酥油的表面裹上面粉，将冰水倒入，慢速搅拌成面团，用保鲜膜包裹后放进冰箱冷藏待用。

（3）起酥皮的调制。

见清酥面团的调制。

2. 成形

将经过冷藏的面团置于铺有少量干粉的工作台上，用擀筒将面团擀成厚约 0.3 厘米的薄片，卷起，将其覆盖在派盘上，用手轻轻挤去盘底的空气，然后切去多余的面皮。

做熟皮派时，要在成形的派皮上用刀或叉子扎一些小洞，并在烘烤时压上一个相同的派盘，以免烘烤中派皮凸起，影响后续的操作和产品的美观。制作双皮派时，需要在上层的派皮上开一个小洞或者是划一条缝，利于水蒸气溢出，避免烘烤时将上层派皮顶裂。

挞的成形则是将面团擀成厚约 0.3 厘米的薄片，用圆形切模将面皮切出小圆片，然后将小圆片放入塔模中，进行整形，其他同派皮的成形。

注意事项：

（1）擀皮用的干粉选择用高筋粉，可以使派挞的皮光整平滑。

（2）面团不要过分揉捏，否则会产生筋性，使得皮层收缩而口感坚韧。

（3）擀皮时要厚薄均匀。

（4）面团尽可能不要多次重复制作，不然也会产生较强的筋性。

（5）整形的皮层，要松弛 10 分钟以上才可以进行烘烤。

3. 填馅

填馅时要注意馅心填入的量，不同的馅心加入的量也不相同，要注意含糖量高的、比较稀软的馅心，在烘烤中容易膨胀、跑糖，一旦溢出会造成脱模困难，影响产品的美观。

4. 成熟

（1）烘烤。根据派挞皮层的性质和馅心的情况来决定烘烤的时间和温度。甜酥面皮的温度不宜过高，咸酥面皮的烘烤温度可以高一些。馅心甜度高的产品温度不能过高。

（2）油炸。油温 165℃左右，将派炸熟，再升温将派炸至金黄色。油炸的产品要注意双层派皮黏合紧密，防止馅心漏出。

5. 装饰

派挞类产品的装饰方法多种多样，造型美观，勾起消费者的购买欲望。

（1）饼皮的装饰。双层派挞往往在饼皮的表面用刀叉或者手工做出一些花纹，并刷上蛋液进行美化，外表金黄而有光泽。

（2）水果装饰。利用各种水果鲜艳的色彩，在派挞的表面进行点缀，既美观又提高了营养价值。

（3）巧克力装饰。巧克力的装饰花样繁多，经过巧克力的装饰，派挞类产品更加诱人。

（4）沙司、打发的鲜奶油等装饰。

（5）用翻砂糖进行装饰。

（6）各种装饰方法互相搭配进行装饰。

第五节　质量鉴定与问题分析

一、基本评价

1. 形态

形态端正，大小一致，不歪斜。

2. 色泽

底部棕黄色，表面呈金黄色，色泽均匀一致，表面装饰丰满鲜艳。

3. 组织

饼皮酥松或有层次。

4. 口味

饼皮松酥或松脆，馅心具有不同的滋味。

5. 卫生

内外无杂质或病菌。

二、问题原因及纠正方法

1. 皮层过度收缩

主要原因：

(1)皮层中油脂用量过少。

(2)面粉的筋度过高。

(3)调制面团时加水量过多。

(4)整形时揉捏过度,或是反复制作。

(5)使用的油脂中的含水量过高。

纠正措施:

(1)增加皮层中油脂用量。

(2)选用筋度较低的面粉或者在面粉中加一些酸剂来减少面筋的形成。

(3)加水量要适中。

(4)整形时不要过度制作和重复制作。

(5)检查所用油脂的含水量,如果含水量过高则减少面团中的加水量。

2. 甜酥皮酥松性差

主要原因:

(1)面粉选用不当。

(2)搅拌时间过长。

(3)油脂的用量过多或过少。

(4)鸡蛋的用量过少。

(5)膨松剂用量不足。

纠正方法:

(1)选用中低筋面粉,面筋质在 10% 左右。

(2)缩短搅拌时间,以免上劲。

(3)要正确掌握油脂的比例,一般油脂占面粉的 50%~60%。

(4)加大鸡蛋的用量。

(5)加大膨松剂的用量。

3. 咸酥皮缺乏应有的酥片

主要原因:

(1)油脂的熔点过低。

(2)油脂用量过多。

(3)面皮拌和温度过高。

纠正方法:

(1)选择高熔点的起酥油。

(2)减少油脂的用量。

(3)选择用冰水调制面团。

4.派挞底部过于湿润

主要原因：

(1)烘烤时间不够。

(2)油脂使用过多。

(3)底火温度过低。

(4)馅心装盘时过热。

(5)使用过多的剩余派挞皮制作。

纠正方法：

(1)延长烘烤时间。

(2)减少油脂用量。

(3)适当提高底火的温度。

(4)馅心必须冷却至26℃以下。

(5)剩余的派挞皮不要过多地加入面团中,每次不超过1/4即可。

5.皮层过于坚韧

主要原因：

(1)面粉筋度过高。

(2)面团搅拌时间过久。

(3)面团揉捏过度。

(4)加水量过多。

(5)使用剩余面团过多。

纠正方法：

(1)选用中低筋面粉。

(2)面团揉匀即可,不要过多搅拌。

(3)不要重复制作和反复揉捏面团。

(4)减少加水量。

(5)剩余的派挞皮不要过多地加入面团中,每次不超过1/4即可。

6.双皮派挞上层皮发生水泡和气泡

主要原因：

(1)皮层未穿破。

(2)表面涂刷的蛋液过多。

纠正方法：

(1)在烘烤前要将上层皮划缝或者开一个小口。

(2)刷蛋液要适量。

7.馅心溢出

主要原因：

(1)馅心装得过多,双皮派挞的上层皮与下层皮黏合得不够紧密。

(2)烘烤温度过低,馅心长时间煮沸,而皮层尚未熟透。

(3)上层皮未穿孔。

(4)馅心过于稀薄或糖分含量过高。

(5)馅心放入时温度过高。

纠正方法：

(1)根据馅心的性质填馅时要适量。

(2)调整烘烤温度,避免长时间低温烘烤。

(3)烘烤前在上层皮上开一个小孔。

(4)馅心选用稠厚的,降低糖的含量。

(5)馅心必须冷却到26℃以下再进行填馅。

8.馅心表面靰裂

主要原因：

(1)馅心中水分不足。

(2)烘烤时间过长。

纠正方法：

(1)馅心中适当加入湿性原料调稀。

(2)调整烘烤时间和烘烤温度。

第十一章　冷冻品类产品制作工艺

冷冻品类(Cold Production)是指以糖、牛奶、奶油、鸡蛋、水果、明胶为原料,经搅拌冷冻或冷冻搅拌制出的甜食,它包括各种胶冻类(果冻、奶油冻、乳冻、慕斯类)和冰淇淋类等。冷冻制品类以甜为主,口味清香爽口,适用于午餐、晚餐的餐后甜食或非用餐时食用。

第一节　胶冻类

胶冻类是指把明胶溶入糖水或牛奶中,再加入其他配料混匀,经冷冻后制成的冻类西点。它包括果冻、奶油冻、乳冻和慕斯类,具有清凉、细腻的特点,适合于天热时食用。

一、胶冻类制作工艺原理

(一)制作原理

制作胶冻类点心主要是利用了蛋白质的凝结作用,制作胶冻的从肉皮和鱼皮中提取的明胶或鱼胶粉,其主要成分是胶原蛋白质。胶原蛋白能溶于热水形成胶体溶液;一般溶液整个体系是均匀的,但胶体溶液是不均匀的,分为连续相与分散相;在胶冻中蛋白质是连续的,其分子结成长链,形成网状结构;水分子是分散相,分散在蛋白质颗粒之间,冷却后可以牢固地保持在蛋白质的网状结构中,从而形成胶冻状态。

(二)工艺流程及配料比

1. 工艺流程

原料调配→过滤→装模→冷藏定型→脱模→装饰

2.原料配比

在制作胶冻类点心时要控制好明胶与水分的比例,同时要根据加入的其他物料的不同而加以区别,同时要控制甜度,砂糖与水的比例亦应该适合。

二、各种胶冻类甜品的制作方法

(一)奶油胶冻(Bavarian)

奶油胶冻是一种含有丰富的乳脂和蛋白质的混合物。基本配料有鲜奶油、牛奶、蛋黄、蛋清、砂糖、香精、结力片(明胶)、巧克力,还可以加一些果汁和切碎的水果,以增加制品的风味特色和花色品种。

1.调制方法

(1)将结力片用凉水泡软,打开鸡蛋,将蛋黄与蛋清分开放置。

(2)将蛋黄和砂糖放在容器内一起搅打均匀。

(3)牛奶上火煮沸倒入蛋糊里,同时放入泡软的结力片搅拌均匀,即成牛奶蛋糊,冷却后备用。

(4)油和蛋清分别打起,与牛奶蛋糊和其他配料搅拌均匀,装入模具后放进冰箱中冷却。

(5)取出冷冻的胶冻,进行装饰即可。

2.注意事项

(1)结力片要泡软泡透。

(2)夏天搅打奶油时,要在搅拌器下用冰水冷却,因为奶油搅打的最佳温度为2℃~4℃,否则成品不稠,影响质量。

(3)要掌握好搅打的速度,开始用慢速,然后再慢慢地加快搅打速度。

(4)掌握好搅打的时间,以防将奶油打稀、打泄。

(5)牛奶蛋糊混合物与打起的奶油进行搅拌时,动作要轻、要快。

(二)果冻(Fruit jelly)

果冻属不含脂肪和乳质的冷冻食品,是用果汁、结力片、水、糖、香精和食用色素等原料加工而成。果冻价廉物美,凉爽可口,细腻光滑,是很好的自助餐和夏季的甜品。

1.调制方法

(1)使用明胶调制。

①将结力片用凉水泡软。

②将水、糖上火煮沸,然后放入泡软的结力片、香精、色素、果汁等,制成结力汁待用。

③将结力汁倒入 1/2 的量,冷却凝固后加入一些切碎的什锦水果,然后将剩余的结力汁倒入,放进冰箱中冷冻数小时即为什锦果冻。

④拿出制品倒在甜点盘中,进行必要的装饰。

(2)使用果冻粉调制。

目前使用果冻粉调制是最方便和省时的制作果冻的方法。果冻粉是厂家将所有的原料经过配制、消毒和干燥后包装制成的。在制作时,根据用量配比表进行调制即可。

2.注意事项

(1)水果要新鲜,颜色搭配要合理,水果丁大小要均匀。

(2)盘、盆、平锅、杯子和各种模子都可用于果冻制品成形模具,模具应有比内周大的开口。

(3)加入鲜菠萝或冷藏菠萝时,不能与结力片混用,因菠萝蛋白酶有分解结力,破坏其形成凝胶体的能力。菠萝蒸煮 2 分钟后酶便失去活性,罐装菠萝已经成熟,可直接使用。

(4)水果原料使用前应沥干水分。过多的水分会使混合物稀释,胶凝时间大大增加,形成非常软的含水多的固体。

(5)果冻是直接入口的甜品,要注意模具的卫生。

(6)明胶的用量一般为 3%～6%,明胶用量过多,成品凝固过硬,失去果冻应有的品质。明胶用量过少则凝固时间过长,影响生产效率和容易造成产品的融化不美观的现象。

(7)果冻定型的温度一般在 0℃～4℃,不能放于 0℃ 以下的冰柜中冷冻,一旦冰冻,会失去果冻原有的风味。

(8)冷却定型时要包裹保鲜膜,防止串味。

(三)乳冻（Cream jelly）

乳冻是用牛奶、糖、结力片和鲜奶油等原料混合而成的一种冷冻点心。

乳冻还可以加入一些干鲜果品或香料,以增加制品的花色及特点。

1. 调制方法

(1)将结力片用凉水泡软。

(2)将牛奶与糖上火煮沸,放入泡软的结力片后搅匀、过滤、冷却。

(3)将鲜奶油打成泡沫状,掺入冷却好的牛奶中搅拌均匀。

(4)将混合物盛入模具内冷却凝固,以备食用。

2. 注意事项

(1)加入结力片的牛奶必须冷却到适当的温度才能与打起的奶油搅拌,否则鲜奶油与牛奶搅拌会出现脱水现象,使制品难以凝固。

(2)掌握好搅打奶油的时间和打起的程度,不能长时间地搅打。

(3)乳冻糊调制完成后,要迅速成形,以防止乳冻在成形前凝固,从而影响制品的造型。

(四)慕斯类

慕斯是英文 mousse 译音,亦译为木司或慕司。慕斯是将鸡蛋、奶油分别打发充气后,与其他调味品调和而成的松软型甜食,一般都经过冰箱冷藏处理后食用。常见的有各种奶油慕斯、巧克力慕斯及各种水果慕斯等。

慕斯从一定意义上来讲是各种胶冻类点心与各种糕饼类点心的复合点心,一般是在各种胶冻汁装模时用各种糕饼(如蛋糕坯、塔皮、各种饼干)或水果作为底坯,再放入冰箱中冷藏,胶冻汁凝结后与底坯混为一体,制成各种慕斯。

慕斯种类很多,配料也很丰富,在制作中要注意以下问题:

(1)配方中使用的明胶片或明胶粉,需要将其在冷水中软化后再隔水融化。

(2)配方中有蛋黄和蛋清的,需要将蛋黄和蛋清分别加糖打发。

(3)配方中的液体原料(如水、牛奶等)与糖混合煮开后倒入打发的蛋黄中搅拌至浓稠。

(4)配方中如有果泥、果茸等原料,要在蛋乳液冷却后再加入。

(5)蛋黄浆料需要冷却至室温以下才可以与鲜奶油泡沫等混合均匀。

(6)巧克力慕斯制作时必须注意巧克力加入时的温度。

(7)明胶液体加入时也必须注意浆液的温度,过冷则会使明胶凝固,导致浆液起颗粒,成品不够细腻。

（8）慕斯成形后要进冰箱冷藏数小时，冷藏温度不可低于 0℃ 以下。

三、常见胶冻类点心介绍

胶冻类点心一般在重大节日中广泛使用，现将比较常见的品种列表如下：

表 11-1　常见胶冻点心的配方、特点与质量要求

种类	具体品种	原料	配比	特点	质量要求
奶油胶冻	香草奶油冻 (Vanilla Bavarian)	蛋黄	68g	色泽洁白，奶味香浓，清凉爽口	形态完整，底部无沉淀物
		蛋白	50g		
		砂糖	125g		
		结力片	12g		
		牛奶	250g		
		鲜奶油	500g		
		香兰素	1g		
	草莓奶油冻 (Strawberry Bavarian)	草莓	250g	具有浓厚的草莓香味，清凉爽口	制品呈粉红色，内部组织均匀，形态完整
		砂糖	150g		
		柠檬果汁	10g		
		结力片	12g		
		鲜奶油	250g		
	咖啡奶油冻 (Mocha Bavarian)	咖啡	50g	绵软可口，咖啡味浓	层次分明，形态完整
		牛奶	250g		
		蛋黄	70g		
		砂糖	200g		
		鲜奶油	1000g		
		结力片	15g		
		细砂糖	500g		
		咖啡液	10g		
		水	150g		

种类	具体品种	原料	配比	特点	质量要求
果冻	什锦果冻（Mix Fruit Jelly）	结力片	15g	清凉爽口	形态完整,清澈透明
		砂糖	80g		
		什锦水果	100g		
		白兰地酒	5g		
		水	250g		
	橘子冻（Orange Jelly）	结力片	10g	味美酸甜,清凉爽口	形态完整,制品呈橘黄色
		清水	300g		
		糖	60g		
		橘子精	25g		
		橘子香精	少许		
乳冻	法式杏仁奶冻（Almond Cream Jelly）	杏仁	250g	营养丰富,杏仁味浓厚	内部组织细腻,形态完整
		砂糖	250g		
		水	250g		
		牛奶	1000g		
		结力片	20g		
		鲜奶油	500g		
		香兰素	少许		
慕斯类	草莓慕斯（Strawberry Mousse）	鲜草莓	1000g	鲜香,酸甜适口	形状完整,不塌陷
		结力片	40g		
		糖	350g		
		膨松体奶油	150g		
		清水	500g		
		香精	微量		
		塔皮	250g		

第二节　冰淇淋类

冰淇淋(ice cream)是以牛奶或奶制品、蛋或蛋制品、糖为主要原料,经过加热搅拌和冷藏等工艺加工而成的冷冻制品,不仅具有鲜艳的色泽、浓郁的香味、可口的滋味,而且还具有很高的营养价值,在西点中用途很广,可做午、晚餐点心,也可以作为茶点,天热时更深受消费者的欢迎。

一、冰淇淋的分类

按原料中含乳脂肪的量可以分为:全乳脂冰淇淋、半乳脂冰淇淋、植脂冰淇淋。全脂冰淇淋的营养价值高,口味好。

按添加的香味物质可以分为:香草冰淇淋、咖啡冰淇淋、巧克力冰淇淋等。

按添加的特色原料可以分为:果仁冰淇淋、水果冰淇淋、布丁冰淇淋、豆乳冰淇淋等。

二、冰淇淋的原料组成

制作冰淇淋的原料大体上可分为乳及乳制品、蛋与蛋制品、甜味剂、稳定剂、食用香料及食用色素六大类。

1. 乳及乳制品

主要包括新鲜牛奶、奶油、奶酪、炼乳、奶粉等,此类原料主要是供给脂肪和非脂肪固体类物质。由于冰淇淋对乳蛋白的要求较高,所以对此类原料的质量要求也较高。

2. 蛋与蛋制品

添加蛋与蛋制品,一方面可以提高冰淇淋的营养成分;另一方面能改善其组织状态及风味,蛋清与牛奶混合,可产生一种特殊的香味,一般蛋品在搅拌后能产生细小的气泡,使冰淇淋的组织松软。

3. 甜味剂

冰淇淋中的甜味料一般采用砂糖,用糖量为 12%～16%。若低于 12%,

会感到甜味不足；而用量过多，会感到腻口，并且会使原料的冰点降低，影响凝冻成形及降低膨胀率，成品容易融化，一般含糖量每增加 2％，冰点相对下降 0.22℃。

4.稳定剂

为了保证冰淇淋的形态和组织，必须在原料中加入稳定剂。稳定剂能改善制品的组织状态，提高凝结能力。另外，稳定剂具有很强的亲水性，即吸水性，能提高冰淇淋的黏度与膨胀率，防止形成冰晶，减少粗硬的感觉，还能增加产品的抗凝能力。稳定剂的用量范围在 0.3％～0.5％。

在冰淇淋混合原料中，明胶是最好的稳定剂，膨胀时可吸收本身重量 14 倍的水分。琼脂与明胶相似，但使用会使冰淇淋具有较粗的组织状态。另外，稳定剂的用量如表 11-2 所示：

表 11-2　几种常用的稳定剂的用量（％）

制品	明胶	琼脂	淀粉	果胶	海藻酸钠	羧甲基纤维素
香草冰淇淋	0.5	0.3	2.0	0.25	0.2	0.25
果味冰淇淋	0.9	0.7	3.0	0.45	0.1	0.3

5.香味料

香味料是不可缺少的调香剂，在冰淇淋制品中使用的天然香料主要为植物性香料，如可可、咖啡、香兰素、草莓、桂花；而合成香料主要是各种水溶性香精，其用量一般为 0.075％～0.1％。此外，在档次较高的冰淇淋制品中，除添加天然香料如香兰素，还可以添加天然果浆、果汁或果仁等进行调味，如将成熟的新鲜水果包括菠萝、香蕉、草莓，经过处理后（糖煮或糖渍），加入冰淇淋中，可使冰淇淋具有可口的滋味或特有的水果味，用量控制在 10％～15％。

6.食用色素

按其用途可分为天然和合成两种。一般使用天然色素为佳。

三、冰淇淋制作原理

冰淇淋的制作原理主要是利用了蛋黄的乳化作用、蛋白质的凝固作用和蛋白质的发泡性能。冰淇淋浆料通过冰淇淋机的搅拌，使水油分散成更小的微粒，通过均质作用使其形成乳化液，同时蛋黄中的卵磷脂起到乳化剂的作用;另一方面,蛋品及牛奶中的蛋白质在搅拌过程中能产生细小的泡沫,使空气混入组织内部,在凝冻搅拌中组织体积不断膨胀,另外冰冻也可使体积稍有膨胀;再一方面,通过明胶的凝固作用和淀粉的稳定作用,使其充分吸水而膨胀,使水分子锁牢在冰淇淋内部。因此,冰淇淋浆料在冰淇淋机中经过凝冻搅拌后,使其成为组织松软、细腻,口味良好的冷冻甜品。

四、冰淇淋的工艺流程及原料配比

目前供应的冰淇淋,大都是通过机械化设备制作的,速度快、质量高。冰淇淋名称很多,制作方法、色泽形状、调味配料也各不相同。而香草冰淇淋是调制各种冰淇淋的基本原料,其制作工艺和原料配比如下:

1. 冰淇淋的工艺流程

2. 配料比

表 11-3　冰淇淋配料比

名称	原料	数量	百分比	备注
香草冰淇淋	牛奶	1500g	54	奶制品用牛奶和奶粉,是为了提高品质的同时,稳定固含量; 加入玉米粉是为了提高制品的稳定性,但用量不宜太多,以免影响品质。
	鸡蛋	500g	18.2	
	奶粉	200g	7.2	
	砂糖	50g	1.8	
	玉米粉	500g	18.2	
	明胶片	15g	0.5	
	香草粉	2g	0.07	

如配上各种食用色素、甜酒、香精、水果、巧克力、干果等原料可以制成各种花色冰淇淋和冰淇淋制品,现将一些冰淇淋的名称与配料列简表如下:

表 11-4　花色冰淇淋和冰淇淋制品配料简表

中文名	英文名	配料
香草冰淇淋	Vanilla ice cream	香兰素（香草粉）
花生冰淇淋	Pistache ice cream	花生仁（碎）
巧克力冰淇淋	Chocolate ice cream	可可粉
柠檬冰淇淋	Lemon ice cream	柠檬香精、鲜柠檬汁
橘子冰淇淋	Orange ice cream	橘子香精、鲜橘汁
草莓冰淇淋	Strawberry ice cream	草莓色素、鲜草莓
水果冰淇淋	Fruits ice cream	什锦烩水果丁
糖杏仁冰淇淋	Praline ice cream	糖杏仁粉
核桃冰淇淋	Walnuts ice cream	核桃肉
咖啡冰淇淋	Coffee ice cream	咖啡香精
二色冰淇淋	Panache ice cream	香草、巧克力
三色冰淇淋	Napolitaine ice cream	香草、巧克力、草莓
五色冰淇淋	Rainbow ice cream	香草、巧克力、草莓、橘子、薄荷
火烧冰淇淋 （焗冰淇淋）	Baked Alaska	香草冰淇淋、蛋白膏、白兰地酒
火山冰淇淋	Omelette vesuvius	香草冰淇淋、杏仁粉、白兰地酒
圣诞冰淇淋	Coupe de Noel	香草冰淇淋、巧克力少司、打发鲜奶油
巧克力圣代	Chocolate sundae	香草冰淇淋、巧克力少司、打发鲜奶油、红樱桃半只
鲜草莓圣代	Strawberry sundae	香草冰淇淋球、糖油少司（焦糖）、鲜草莓、鲜奶油裱花
什锦水果圣代	Fruits sundae	各种水果丁、黑樱桃酒、香草冰淇淋球、焦糖、鲜奶油、红樱桃

备注：1. 火烧冰淇淋可采用火烧和焗两种成熟方法。

2. Vesuvius（维苏威），为意大利的火山名，因此叫火山冰淇淋。

3. Sundae（圣代）是指在冰淇淋表面浇上糖浆，盖上水果片、巧克力或裱上鲜奶油所制成的饮品。

五、冰淇淋的制作过程

1.调制冰淇淋基本浆料

(1)先将牛奶煮沸,加入明胶片搅匀(明胶片用冷水泡软)。

(2)将鸡蛋白与蛋黄分开,蛋黄中放入砂糖搅匀后,加入玉米粉拌匀,随即将烧沸的牛奶慢慢地倒入蛋黄中,边加边搅拌,再加入奶粉搅匀,然后放在文火上再煮制片刻。

(3)离火后过滤,加入香草粉,冷却,使其成为冰淇淋的基本浆料。

2.进入冰淇淋机中搅拌

(1)使冰淇淋浆料在冰淇淋机中充分搅拌均质。

(2)在2℃～4℃的温度下经过熟化凝冻和强制搅拌,制成膨胀率95％～100％的松软的膏状体。(再根据需要调入其他的辅料,调成不同形状、不同颜色的冰淇淋)

3.硬化

凝冻后的冰淇淋必须迅速进行一定时间的低温(－25℃～40℃)冷冻,以固定冰淇淋的组织状态,然后再在－18℃以下贮藏。

4.进一步加工制成各种花色冰淇淋和冰淇淋圣代

第十二章 巧克力类产品制作工艺

巧克力制品类(Chocolate Production)在西点制作中是相当重要的一部分,是指直接使用巧克力或以巧克力为主要原料,配上奶油、果仁、酒类等调制出的产品,其口味以甜为主。产品有巧克力装饰品、加馅制品、模型制品,如巧克力雕花、酒心巧克力、动物模型巧克力等,用于礼品、节日、茶点和糕饼装饰。

巧克力作为一种原料有其特殊的一面,就是巧克力中含有可可脂。可可脂的含量决定着巧克力的营养价值和使用方法,可可脂的熔点为33℃～36℃,在使用时要根据它的含量确定巧克力的温度。因此巧克力生产需要一个独立的有空调装置的房间,以确保室温不超过21℃。

一、巧克力浆的调制原理

当巧克力遇到27℃的温度时,可可脂便开始熔化,巧克力由硬变软,经过慢慢地搅动,热量均匀地散发,最后形成易流动状态,此时即可自由地使用。但是,可可脂在不同的巧克力中含量不同,熔化时的温度也不一样,操作时,要根据情况,灵活掌握。

二、巧克力浆的调制方法

(1)准备一盆温水,水温在45℃～50℃之间。

(2)将要熔化的巧克力块用刀切碎,取2/3放入洁净的盆里,把盛有碎巧克力的盆轻轻地放在准备好的温水上。当巧克力开始熔化时,用木勺或叉子慢慢地在盆中搅动,使热量均匀地散开,几分钟后巧克力便充分熔化,将盆取出。

(3)加入剩余的1/3的巧克力,再轻轻搅动,使温度逐渐下降,越接近凝固点越好(也可以加入所有的巧克力一次性熔化)。

白巧克力的凝固点在28℃～31℃之间,牛奶巧克力在30℃～31℃之间,黑巧克力在30℃～32.5℃之间。接近凝固点的巧克力使用起来方便顺手,可以挤字、雕花、浇模、涂衣,并且立体有光亮感。如果熔化巧克力是为了制蛋糕坯、制馅、挂面,则对温度的要求不太严格,温度的高低要视情况而定。

三、巧克力浆调制的关键

(1)水温不要高于 50℃,以免破坏巧克力的内部结构,造成渗油或翻砂糊底。

(2)器皿要洁净,以免杂质污染巧克力,影响其质量。

(3)操作时不得进入水分,以免成品出现花斑或没有光泽。

(4)熔化巧克力的量要合适,以免剩得太多,反复使用从而影响成品质量。

(5)使用巧克力时尽量在恒温下操作,以免忽冷忽热影响品质。

(6)湿度应在 55%~65%之间,以免巧克力吸收空气中太多的水分,造成花斑或无光泽现象。

(7)模制巧克力的模具要干燥洁净,出成品时便于脱模。

(8)模制巧克力冷冻时,冰箱温度不低于 0℃,时间要合适,以免冻裂或吸湿太多。

(9)贮存成品的温度在 15℃~18℃之间。

总之,制作巧克力制品要细心谨慎,不能急于求成。

四、巧克力制品的成形方法及工艺

巧克力经过适宜的调温后变成浆料,此时应不失时机地立即成形。巧克力制品的成形方法多种多样,可分为挤字成形、雕花成形、浇模成形和涂衣(涂抹)成形四种方法。

1. 挤字成形

挤字成形是指巧克力调成浆料后,装入油纸袋中,用挤压的手法在蛋糕表面裱上字母、文字和图案,待其凝固后,成为有一定含义的西点装饰品。如"Happy Birthday""生日快乐"等。

2. 雕花成形

雕花成形是指巧克力调成浆料后,装入油纸袋中,在特殊材料的表面勾勒出具有一定形状的立体图案,待冷却凝固后剥离,作为各种西点的装饰品。

如各种巧克力插片、巧克力装饰品。

3.浇模成形

浇模成形是指巧克力调成浆料后,定量浇注在有一定形状的模型内,然后经过冷却硬化后,凝固成有一定形状的固体半成品。如巧克力动物模型、巧克力人物模型、酒心巧克力等。

4.涂衣(涂抹)成形

涂衣(涂抹)成形是指巧克力调成浆料后,再淋涂到各种西点的表面,可在凝固前勾勒各种简单图案,使西点表面裹上一层巧克力衣的过程。如巧克力生日蛋糕、圣代冰淇淋、紫雪糕等。

五、巧克力制品质量的影响因素

在制作各种巧克力制品时往往要添加各种适量的原料,如糖、乳制品、香料或酒类,这些成分对巧克力的性质造成一定的影响;同时加工的方法、外界环境对巧克力制品会造成很大的影响。具体表现在以下几个方面:

(一)原料因素

1.糖对巧克力制品的影响

因为巧克力中的可可脂具有苦味,所以加入适量的糖可以改善巧克力的口味,但用于巧克力的砂糖必须精制,可以添加细磨的糖粉或经过加工调制而成的糖浆。因为砂糖的颗粒比较大,不易在巧克力中溶化,放入口中就会感到口感粗糙,使巧克力失去应有的细腻滑润;而且制品成形后会返砂,使巧克力表面出现斑点,从而影响制品的外观质量,所以添加糖一定要注意糖的细度。

2.乳制品对巧克力制品的影响

乳制品添加到巧克力制品中,可以使巧克力制品口感更加细腻、更具风味,常用的乳制品有奶粉、牛奶、炼乳和奶油(黄油),但用量不宜过多,一般控制在 20% 以下,否则会使巧克力中可可脂的含量降低,凝固性变差而影响制品的质量。

3.香料对巧克力制品的影响

香料是改善和提高巧克力制品品质的一种重要原料,正确使用香料,不仅可以掩盖巧克力的某些缺点,同时还可以突出和提高制品的香味,使制品具有特色风味。香料一般使用具有水果香味的香精或香油,如可可香精、奶油香精、可可粉(汁)、咖啡香精、水果香精和橘子油,用量在巧克力量的0.03%~0.05%之间。

4. 酒类对巧克力制品的影响

在制作各类酒心巧克力时,经常要添加各种酒类,一般以果酒为主,如朗姆酒、金酒、桂花酒和白兰地等,可使制品具有浓郁的酒香味,是在西方的重大节日中使用广泛的一类点心。酒类的用量一般控制在2%以下。

(二)工艺因素

1. 温度

温度的调节在巧克力制品的制作过程中尤为重要,制品的外观质量和内在品质都很大程度直接受到温度的影响。一般在调制巧克力浆料时,严格控制温度在45℃~50℃。浆料温度越高,黏度越小,流散性越好,操作方便,但温度高,凝结时间越长,脱模越困难,而且制品表面晦暗,甚至有发花、发白现象;浆料温度越低,黏度越大,流散性越差,不易操作。因此一定要控制好温度和黏度,同时要严格控制室温在20℃左右,这样凝固后的巧克力制品的品质和光泽最为理想。

2. 湿度

房间湿度一般控制在55%~60%之间。太高,因为巧克力中的糖吸收水分而影响凝固时间和外观质量;太低,巧克力会变得晦暗而不光亮。

3. 加热方式

巧克力熔化要采用隔水加热的方式,因为水温易控制,温度波动小,热容量较大,如果直接放在火上加热,往往造成下面焦化,而上面未熔化,影响巧克力的品质;同时熔化前要把巧克力切成薄片或刨成碎屑,有利于巧克力的熔化;熔化过程采用先2/3,后1/3的方法,有利于提高巧克力制品的质量;加热过程中,巧克力要轻轻搅拌,可以防止糊底。

4. 模具和工具

模具和工具必须干燥、洁净,有利于脱模和成形,不会破坏表面的光泽。

第十三章　常用装饰品制作工艺

各种甜汁、奶油膏、果酱、甜品少司等是西点中常用的装饰料,是西点制作中的一个重要的组成部分。

第一节　各类甜汁

在制作各种甜食时,经常会用到各种半成品或成品作为馅心、夹心、调味汁、装饰,其中有很大部分具有特殊的甜味和香味,称之为甜汁。

一、果酱

1. 调制原理

果酱是由等量的糖和去皮水果一起加热熬制而成,其调制原理是由糖的溶解性和水果中果胶质的性质所决定的。果酱在加工过程中,由于糖的溶解、水分的蒸发和果胶的作用,使果酱具有一定凝固性的制品,可用于夹心。

2. 调制方法

(1)将新鲜的熟水果洗净去皮,放入锅中。

(2)加糖后用微火加热,使糖完全溶解。加热时要不断搅动,防止糖在锅底烧焦。

(3)糖溶解后必用中火煮沸,熬制到果酱的凝固点。果酱的凝固点因水果的不同而不同,一般熬制 20 分钟左右。测试方法是用汤匙取适量果酱,滴回锅中,如果达到凝固点,最后滴回的几滴冷果酱呈薄片状;或者在干净的平盘上滴数滴果酱,放在冷的地方,如已达到凝固点,用手指触摸表面会形成皱纹。

3. 注意事项

(1)水果要新鲜,并洗净去皮后才可使用。

(2)较大的水果切块后再进行加工。

（3）不要用铁锅熬制果酱，因为水果中的花色素苷会与铁起反应而生成亚铁盐类，使果酱带有深褐色的变色斑点。

（4）注意熬制果酱的火候和时间，要使果酱达到一定糖度，以确保果酱的黏稠度。

二、焦糖

1. 调制原理

焦糖的调制是由糖的性质决定的，糖对热有敏感性。糖在加热到熔点以上的温度时，分子与分子之间互相结合，形成多分子聚合物，并转化成黄色的色素物质——焦糖。把焦糖控制在一定温度内，可产生令人悦目的色泽。

2. 调制方法

（1）将糖放入厚底锅中，加入适量的水，上火加热熬制。

（2）在糖液温度较低时，应及时搅拌使糖溶解。

（3）熬制过程中应随时去除糖液表面的泡沫和杂质。

（4）糖液熬到154℃时，开始变色，呈金黄色时应撤离火位，糖液冷却后成为焦糖。

3. 注意事项

（1）熬糖时不宜使用铝锅与薄底锅，这两种锅受热快，不易掌握糖液的温度。

（2）熬糖时要选用杂质少的砂糖，熬制过程中，应及时除去糖液表面的泡沫与杂质。以保证焦糖质量。

（3）糖液沸腾后不要搅动，以免糖液返砂。

（4）熬糖的火力要适度，以免锅边的糖先焦化；火力亦不能过小，否则糖液不能沸腾，而使锅边的糖液结晶而返砂。

（5）熬糖时，锅边和表面出现的结晶一定要撤除。

（6）糖液撤离火位时，如果已经达到所需颜色时，可马上将糖锅放入冷水中冷却，这样糖液不会因放置而颜色加深。

三、水果甜汁

1. 调制原理

水果甜汁的调制原理是通过加热使水果、糖、水和淀粉等原料相互作用而产生具有黏稠性的混合物。水果含果糖、果胶、果胶酸及酶的成分,这些成分在与糖、水的结合中会发生不同的变化。由于水果中酸类的存在,可使果胶与水结合转化成水溶性果胶,这种果胶起着稳定和黏稠的作用。同时水果中的酸类可以中和糖,使糖增加还原黏稠性。水果中的酶(在加热过程中)促进糖的分解,进而转化成葡萄糖,易被人体吸收利用。

2. 调制方法

制作水果甜汁,可以选用各种新鲜的水果、果酱与果汁为原料进行调制。

(1)用果酱调制时,要用细筛过滤一下,必要时可加入适量的糖浆或柠檬汁,再掺入少量的水溶玉米粉,熬制到一定的浓度后,加入少许的调味酒搅匀即可。

(2)用水果调制时,先将新鲜水果洗净,放在容器里加入适量的水上火煮制,煮到水果柔软后再加入适量的砂糖。全部软烂后离火,然后捣成糊状过筛,必要时可加入糖浆熬制,煮制过程要及时清除泡沫和杂质。

(3)用果汁制作时,要掺入适量的砂糖,稍煮一下再加入少许的玉米淀粉溶液,煮到所需的浓度即可。

3. 注意事项

(1)熬制过程中,应及时去除表面的泡沫和杂质。

(2)选料要新鲜,有虫害或霉变的水果,做出的果汁不仅味道不好,还会影响食用者的健康。

(3)制作鲜果甜汁时,先将水果煮软后,再加入糖,因为糖会增加纤维组织的硬度,水果不容易煮烂。

(4)应选用色泽洁白、杂质较少的白砂糖或绵白糖。

(5)调制水果甜汁的时间不宜过长,以保存较多的维生素。

四、巧克力糖浆

1. 调制原理

巧克力糖浆又名巧克力汁或巧克力少司。是在熔化的巧克力中加入稀释剂,使其在常温度下不凝固,以适应客人的口味。常见的是加入牛奶、淡奶油或糖水,必要时可以加入少量的可可粉。它有冷食用和热食用两种。

2. 调制方法

常用的巧克力中含有 $28\%\sim50\%$ 的可可脂。使用时要根据可可脂的含量去调制,才能调出软硬合适的巧克力糖浆。巧克力糖浆的具体调制方法是:

(1)巧克力切碎,隔水熔化,用搅板轻轻搅拌。

(2)牛奶(奶油)煮沸后并用蛋抽不停地搅拌,倒入巧克力中。

(3)兑入可可粉或糖水,使制品颜色变黑发亮。

3. 注意事项

(1)熔化巧克力时,水温不应高于 $50\,^\circ\!\mathrm{C}$,以免巧克力糊底或返砂。

(2)往熔好的巧克力里倒牛奶(奶油)时,应多搅动几分钟,使巧克力与牛奶(奶油)充分融合。

(3)加入可可粉或糖水要适量。

(4)热的巧克力糖浆很难看出稀稠是否合适,应在案台上放几滴,冷却后观察一下。如果趁热使用应该稠些,冷却后用应稀些。

表 13-1　常用各种甜汁的配方、特点与用途

名称		原料	数量	百分比	特点	用途
果酱	苹果酱 (Apple Jam)	苹果	1000g	100	味甜可口,质地细腻而有光泽	蛋糕夹心、三明治、挞类、布丁类、水果点心、各种慕斯等
		白砂糖	1000g	100		
		水	80g	8		
	草莓酱 (Strawberry Jam)	鲜草莓	1000g	100	用途广泛,酸甜可口,有光泽	点心、各种慕斯等
		白砂糖	1000g	100		

名称	原料		数量	百分比	特点	用途
焦糖	焦糖少司（caramel sauce）	牛奶	500g	100	色泽深黄,奶油香味浓,甜度适中	布丁类、慕斯类、冰淇淋类
		奶油	500g	100		
		砂糖	500g	100		
		黄油	20g	4		
水果甜汁	杏酱少司（apricot sauce）	杏酱	500g	100	有光泽,无异味	水果冰淇淋制品、水果圣代、慕斯类、塔类等
		清水	100g	20		
	苹果少司（apple sauce）	苹果	200g	100	浓度适中,甜度适口	
		清水	500g	250		
		玉米粉	20g	10		
		砂糖	125g	62.5		
巧克力糖浆	黑巧克力糖浆 chocolate sauce	黑巧克力	660g	100	口感纯正、细腻润滑,光亮	冰淇淋类、巧克力慕斯、巧克力布丁、巧克力圣代等
		奶油	1020g	155		
		砂糖	450g	68		
		可可粉	210g	32		

第二节　奶油膏类

一、鲜奶油膏

鲜奶油膏选用乳脂肪含量在30％以上的乳品打发而成,呈乳白色。半流质状或是厚浆状。口感细腻,乳香浓郁,有较高的营养价值。

1.制作方法

(1)鲜奶油冷藏后取出,摇匀后倒入搅拌缸。

(2)用球状打蛋器中速将鲜奶油搅拌,打发至呈膏状即可。

(3)切勿打发过度,否则奶油会分离,呈水状。

(4)若需要与其他配料混合,奶油搅拌时间应该适当缩短。

2. 制作注意事项

(1)鲜奶油不能放在冰冻箱内存放。

(2)打发的鲜奶油不能在室温下存放,应该放入冷藏箱内。

(3)稳定性能维持 4 小时左右,需要及时制作使用。

二、植脂奶油膏

植脂奶油膏是以植物油脂(棕榈油、椰子油等)为主要原料,加入甜味剂、香料、稳定剂、乳化剂等辅料制作而成。相对于鲜奶油,植脂奶油稳定性高、打发简便、容易储存、价格低廉,但是在香味和口感上不如鲜奶油。

1. 制作方法

(1)植脂奶油从冰柜中取出,在温水中回温到 7℃～10℃,倒入搅拌缸内。

(2)用中速或高速搅拌至膏状。

(3)根据产品的用途搅拌程度可以适当调整。

2. 制作注意事项

(1)植脂奶油可以冷冻保存,在使用前,需要提前解冻。

(2)打发后的植脂奶油需要在冷藏箱内储存。

三、黄油膏

黄油膏具有黄油特有的香甜滋味,细腻柔软、鲜甜滋润,是西点中的传统装饰料和馅料。

1. 配方比例

表 13-2　黄油配方比例

原料	烘焙百分比(%)
蛋黄	32.5
砂糖	95
水	33.3
黄油	100

2.制作方法

(1)将蛋黄和21%的糖放入搅拌缸内打发。

(2)剩余的糖和水在锅中煮沸然后小火熬煮至糖浆变厚。

(3)煮好的糖浆倒入蛋黄液中,低速搅拌至冷却。

(4)黄油在搅拌缸内搅拌至胀发。

(5)将冷却的蛋黄糖浆液倒入到打发的黄油中搅拌均匀即可。

3.制作注意事项

(1)注意黄油的含水量,如果含水量高,则减少糖浆中的加水量。

(2)蛋黄液需要冷却后才能加入,否则黄油会溶化。

第三节 甜品少司类

一、蛋黄少司

蛋黄少司又称卡士达酱(Custard Cream)、吉士酱、蛋黄淇淋等,是西点中用途非常广的一种基本馅料,主要用玉米淀粉、牛奶、蛋黄、吉士粉、糖和香料等制成。

1.调制原理

蛋黄淇淋少司是由牛奶、蛋黄、砂糖和香料通过加热熬制而成的。这种少司具有均匀而光滑的组织和稀奶油一样稠度的特性,这种特性主要是由蛋黄、牛奶、糖的共同作用而决定的。

(1)蛋黄的作用:蛋黄中含有较丰富的卵磷脂和其他油脂,卵磷脂是一种非常有效的乳化剂,它能使配方中的各种原料融为一体,从而构成淇淋少司均匀而光滑的组织。另外蛋黄中含有的蛋白质具有遇热凝固的性质,混合物的稠化是因蛋白质分子吸收并在其周围保持大量的水而造成的。

(2)糖的作用:由于糖具有黏度,加糖可以使少司达到理想的稠度。糖还可以提高蛋黄混合物的稠化温度,避免使制品结块。

(3)牛奶的作用:牛奶是液体配料,含有大量的蛋白质,这种蛋白质遇热具有胶凝作用,从而增加了淇淋少司的稠度。同时,牛奶中乳清蛋白的乳化作用,可以使制品变得更加光滑和细腻。

2. 配方比例

表 13-3 蛋黄少司的配方比例

原料	烘焙百分比(%)
牛奶	100
玉米淀粉	45
砂糖	90
蛋黄	130
黄油	6
香草豆荚	适量
食盐	0.6

3. 制作过程

(1)牛奶中加入香草豆荚并倒进少司锅中煮沸备用。

(2)将蛋黄、玉米淀粉、砂糖放入容器内混合,然后把煮沸的牛奶慢慢地倒入并搅拌均匀。

(3)均匀后倒回到少司锅中继续用小火加热,同时要不断地搅动,防止粘锅,达到所需的稠度即可停止加热。

(4)将食盐倒入制好的少司内,搅拌均匀继续小火熬煮一两分钟,使其熟透。

(5)离火,取出香草豆荚,加入熔化的黄油拌匀,冷却待用。

4. 注意事项

(1)蛋黄少司在 70℃左右凝结,如果制作时混合物在凝结温度时间过长或超过这一限度,蛋白质加热过度会使混合物稠化不均,制成的少司结块。

(2)应慢火加热,加热时要不断地搅拌,才可防止凝固结块,但火力不够的蛋黄少司在冷却时会变得稀而缺乏稠度。

(3)用铝锅、铁锅煮制,以防少司变色。

(4)在此少司中加入其他配料,即可成为一种新的少司,例如加入咖啡可制成咖啡少司。

(5)为防止熬煮好的少司表面干燥,需要在表面包裹保鲜膜。然后进冰箱冷藏。

第四节　蛋白糖霜类

一、蛋白糖霜（White Icing）

蛋白糖霜质量轻、体积大，可以用于制作蛋糕的装饰和一些西点的顶部装饰，色泽洁白，外形美观，制作简单，性质稳定。

1.配方比例

表 13-4　蛋白糖霜的配方比例

原料	烘焙百分比（％）
蛋清	100
细砂糖	100
糖粉	100
香草粉	1

2.制作过程

（1）将蛋清先中速打发。

（2）加入细砂糖继续打发至干性发泡。

（3）加入糖粉和香草粉拌匀即可。

3.制作注意事项

（1）蛋清中不能残留蛋黄。

（2）油脂会消泡，所有的器皿必须没有油脂黏附。

（3）切忌打发过度，泡沫应该是湿润而富有光泽。

（4）适当的酸度可以帮助蛋清发泡，可以加入适量的塔塔粉或者柠檬汁等。

二、白帽糖霜（Royal Icing）

白帽糖霜是蛋清和糖粉混合而成的质地洁白细腻，可塑性强的一种糖霜,可以用于裱挤出精细的花纹,而且可以长时间保存。往往用于制作样品蛋糕、婚礼蛋糕和一些艺术造型的建筑模型的制作等。

1. 配方比例

表 13-5　白帽糖霜的配方比例

原料	烘焙百分比(%)
糖粉	100
蛋清	13
柠檬汁(或是白醋)	少许

2. 制作过程

(1)蛋清打散,加入过筛的糖粉,搅拌均匀至蓬松。

(2)加入柠檬汁,继续搅拌至发白。

(3)及时盖上保鲜膜保湿。

3. 制作注意事项

(1)糖粉的颗粒要细,白帽糖霜才能细腻。

(2)做好的产品要保持干燥,可以长期保存。

三、糖皮(Fondant & Sugar Paste)

糖皮又称为札干、魔术糖等,是可塑性很强的一种面团,可以用于大型的模型制作,雕塑人物、动物、花朵植物等,制作的成品可以长期保存,非常具有欣赏价值和艺术特色。

1. 配方比例

表 13-6　糖皮的配方比例

原料	烘焙百分比(%)
糖粉	100
鹰粟粉	30
蛋白	50
醋精	少许
明胶	5
水	适量

2.制作过程

(1)明胶片用冷水泡软,捞出,隔水加温溶化。

(2)将明胶水加入糖粉、鹰粟粉和蛋清中混合均匀,滴入少量的醋精,揉成面团,包裹保鲜膜备用。

(3)根据需要进行各种制作。

3.制作注意事项

(1)面团要揉匀揉透。

(2)及时包裹保鲜膜,不然很容易干燥。

(3)根据产品的性质可以适当调整明胶的比例。

第五节 其他装饰类

一、杏仁糖膏

杏仁糖膏也称为马孜坂(Marzipan),又称作杏仁糖泥,是由杏仁、糖和朗姆酒等制作而成的,细腻柔软、香味浓郁、口感香甜,而且营养丰富,是制作高档艺术蛋糕、翻糖蛋糕和各种造型产品的一种高级原料。

1.配方比例

表 13-7 杏仁糖膏的配方比例

原料	烘焙百分比(%)
杏仁	100
砂糖	50
糖霜	60
香料	少量

2.制作过程

(1)杏仁去皮,与砂糖一起碾磨成泥状,过筛。

(2)将碾磨好的杏仁泥隔水蒸熟,加入糖粉,揉捏均匀,软硬度适宜。

（3）根据产品要求，添加适量的色素等进行制作。

3. 制作注意事项

碾磨得越细越好，及时包裹住不用的面团入冰箱内冷藏保存。

二、巧克力奶油膏

巧克力奶油膏也称为嘎那许（Ganache），是一种由黑巧克力和奶油制成的装饰料，可以用来制作蛋糕的脆皮和糖衣，口感细腻，外表美观大方有光泽。

1. 配方比例

表 13-8　巧克力奶油膏的配方比例

原料	烘焙百分比（%）
高脂奶油	100
黑巧克力	100
黄油	17
香草粉	少量

2. 制作过程

（1）奶油、香草粉加热至沸腾，加入切成小块的巧克力，离火，搅拌，放置数分钟。再搅拌，直至巧克力完全熔化，混合物均匀光滑。

（2）如未能完全熔化巧克力，可以将锅置于火上再次加热，直至巧克力完全熔化。

（3）当温度降至 35℃时，加入黄油，混合均匀。

（4）加入果汁可以成为果汁嘎那许。

3. 制作注意事项

（1）奶油要新鲜。

（2）控制好温度。

第十四章　其他产品制作工艺

第一节　布丁类

布丁是英文 pudding 译音,香港、广东一带习惯称为"布甸",一般是用黄油、鸡蛋、白糖、牛奶等为主要原料,配以各种水果、干果等辅料,通过隔水蒸煮或烤制而成的一类柔软的甜点。

根据用料和成熟方法的不同,布丁可以分为黄油布丁类和克司得布丁类两个大类,黄油布丁类的原料基本上与油质蛋糕相同,所不同的是在布丁原料内再加些牛奶和泡打粉;而克司得布丁类制法简单,系用牛奶、鸡蛋、白糖为主料制成。

根据成熟方法不同可以分为蒸制型、烘烤型和煮制型。

根据使用的温度不同可分为热布丁和冷布丁。

一、布丁的制作原理

制作黄油布丁时,其原理与油质蛋糕相同:是因为糖油在搅拌过程中,黄油里拌入了大量的空气,并产生气泡;加入蛋液继续搅拌,油蛋糊中的气泡就随之增多,通过不断搅拌成为膨松体,再加入适量的面粉、面包屑(片)、栗子粉、干果、水果等作为填充剂,通过隔水蒸煮和烤制方法,使加入原料中的化学膨松体(泡打粉)因加热分解而产生二氧化碳气体,从而使制品更加柔软、膨松。

制作克司得布丁主要是利用了蛋的黏结作用:是因为蛋中含有丰富的蛋白质,蛋白质受热凝固,使产品成熟时不会分离,从而保持产品的形态完整。

二、布丁的原料配比

表 14-1　布丁的原料配比

品种	原料	数量	百分比	备注
黄油布丁类	低筋面粉	250g	100	面粉如改用栗子粉、面包屑等,要适当增加用量,根据实际可减少黄油到80%
	黄油	250g	100	
	鸡蛋	250g	100	
	白糖	250g	100	
	泡打粉	5g	2	
	香草粉	2g	0.8	
克司得布丁类	鸡蛋	400g	100	白糖可适当增减,范围在40%～60%
	牛奶	1000g	250	
	白糖	200g	50	
	香草粉	4g	1	

三、布丁的制作过程

(一)布丁糊的调制

黄油布丁糊的调制过程:把黄油放在小火上(或隔水)化软,放入糖用搅板搅至乳白色,逐个加入鸡蛋液,并不断搅拌使之成为膨松体,再把面粉(栗子粉或面包屑等)、香草粉、泡打粉等放入拌匀,调成面糊。

克司得布丁糊的调制过程:先将一半牛奶和全部的白糖放在一起,在小火上溶化备用,把鸡蛋打散,加入剩余的牛奶和香草粉,以及溶化了的牛奶和糖,然后一起搅拌均匀,用细绷筛沥去杂质,成为克司得布丁的生坯原料。

布丁糊调制是布丁类点心制作的第一道工序,它直接影响产品的成形、成熟、装饰,影响因素主要有以下几个方面:

1. 原料因素

(1)面粉宜用低筋粉,亦可以用等量玉米粉,稍多量的栗子粉或面包粉

(糠)代替部分的面粉。

(2)鸡蛋要保持新鲜,因为鸡蛋越新鲜,胶体溶液的浓度越高,能更好地与空气相结合,保持气体的性能稳定,使黄油布丁糊的持气性得到充分发挥;同样,胶体的浓度越高,越有利于蛋白质在加热中黏结的稳定性,使品质均匀光滑。

(3)油脂选用可塑性、融合性和油性好的黄油,以提高布丁的蓬松性和柔软性。

(4)砂糖选用结晶度高的制品,要求杂质含量少,白度高,特别有利于突出布丁细腻的口感。

(5)牛奶的品质,特别是新鲜度和纯度的高低对提高布丁的口感和品质起着十分重要的作用。

2. 工艺因素

(1)火力的控制在调制布丁糊时有着举足轻重的作用。一方面,在黄油布丁类黄油的熔化过程中,加热过大,黄油的熔化度过大,造成黄油的可塑性和融合性降低,不利于打发,从而使布丁的蓬松性变差;反之,黄油熔化不够,油性变差,不利于搅拌过程的摩擦,使空气的混入量减少,亦不利于布丁的蓬松性,而且存在的颗粒状和小块状的黄油在成熟过程中熔化,造成布丁内部的空洞。另一方面,在克司得布丁类的制作过程中,火候的控制至关重要,直接影响到牛奶的品质和糖的熔化,火力过旺造成牛奶中的乳蛋白变性而沉淀;火力过小,造成糖不能完全熔化,砂糖颗粒的存在使布丁的口感变得粗糙,从而影响制品的质量。黄油的品质同室温有很大的关系,因此在夏天要适当降低搅拌温度。

(2)黄油布丁糊的搅拌方法为油、糖搅拌法,鸡蛋要逐个加入,使其分散到黄油中充分乳化,速度太快,乳化程度低,组织不细腻,气泡分散度小,容气量降低,制品在成熟后易塌。

(3)搅拌时间不宜过长,否则反而会破坏糊中的气泡,影响成熟后的质量。

(4)布丁糊要经过过滤处理,从而使糊中的颗粒被除去,然后再装模成熟。

(二)布丁的成形

布丁坯的成形都要借助于模具,布丁原料经过搅拌成布丁糊后,即可装

入模具进行成熟。布丁坯的整体形状由布丁模具的形状决定,为了保证布丁成形的质量,布丁在成形时应注意以下几点:

1. 正确选择模具

常用模具的材料可以是金属的(如不锈钢、马口铁、铝等)、玻璃的、瓷器的。其形状有碗形、桃心形、菊花形,一般采用高边的。选用模具时要根据制品特点及需要灵活选择,一般都用小模具;同时,根据成熟方法选用不同的模具,如焗制时一般用金属的,蒸制时一般可用不锈钢的、瓷的或玻璃的。

2. 注意布丁糊的装模容量

布丁糊的填充量一般以模具的六七成满为宜,因为布丁类制品在成熟过程中继续胀发。过多,加热后容易溢出,影响产品的外观,造成布丁糊的浪费。相反,模具中布丁糊填充量过少,制品在成熟过程中,坯料内水分挥发过多,也会影响布丁类制品的松软度。

此外,为了防止成熟的布丁坯黏附模具,在盛装布丁糊之前,在模具中应刷一层黄油。

(三)布丁的成熟

布丁大都用隔水蒸制的方法,也有部分是隔水焗制的。要获得高质量的布丁制品,就必须掌握蒸制和焗制的工艺。成熟过程中要注意以下几点:

(1)布丁蒸制时,在模具表面盖上油纸,以防止水蒸气的流入,蒸的火力要大,时间为30～45分钟。

(2)焗制时,炉温为220℃～250℃,底部再隔水,使底火低、面火高,成熟后的制品表面上色。焗制时,时间控制在30分钟左右。

(3)脱模时要稍加冷却,使制品略有回缩,有利于脱模。

(四)布丁的装饰

布丁的表面装饰是布丁制作工艺的最后环节,通过装饰和点缀,可以提高产品的营养价值,增加美观,增进食欲。布丁的装饰材料比较多,常用的原料有:①奶油制品:黄油、鲜奶油等;②巧克力制品:奶油巧克力、巧克力糖浆等;③糖制品:糖粉;④水果:草莓、樱桃、菠萝、猕猴桃等;⑤各种甜汁:焦糖少司、水果甜汁等。在布丁表面可以用上述原料,采用以下几种方法加以装饰:

1. 淋挂

淋挂是用较硬的材料熔化成稠糊体后,直接淋在布丁的外表上,冷却后凝固,平坦、光滑、美观,如巧克力布丁、焦糖淋在克司得布丁的表面。

2. 挤

挤是指将各种装饰用的糊状材料(如打发的鲜奶油),装入裱花袋中,用力挤出花形和花纹,如奶油草莓布丁。

3. 点缀

点缀是指把各种水果加工成不同形状,按照不同的造型需要,准确摆放在布丁表面的适当位置上,充分体现制品的造型美感。如装饰草莓或樱桃。

此外,布丁表面也可以均匀地撒上糖粉作为装饰,同时增加制品的甜度。

第二节　苏夫力

苏夫力是英文 soufflé 的译音,又译为苏夫利、梳忽厘、梳乎厘、沙勿来等。苏夫力有冷食和热食两种,其中热的以蛋清为主,冷的以蛋和奶油为主要原料,是一种充气量大,口感绵软的点心,像棉花一样轻松,大都用于晚餐点心,或供宴会或点菜,主要配料为各种甜酒、香精、巧克力以及水果、糖杏仁粉等。

制作苏夫力主要的原料是打起的鸡蛋清,当蛋液受到急速而连续的搅拌,能使空气充入蛋液内形成细小的气泡,其均匀地分散在蛋白膜内,受热后空气膨胀时,凭借胶体物质的韧性使其不至于破裂。而蛋清的蓬松性较好,因此,制作而成的苏夫力像棉花一样松软。

制作苏夫力以此三种最为基础:①蛋黄苏夫力(Yolk Soufflé Paste);②蛋黄少司苏夫力(Yolk Sauce Soufflé);③泡芙配司苏夫力(Puff Paste Soufflé)。其他各种苏夫力一般是在此三种苏夫力的基础上加入简单配料或稍加装饰而成。

一、工艺流程及原料配比

1. 工艺流程

2. 原料配比

表 14-2　苏夫力的原料配比

品种	原料	数量	百分比（%）
蛋黄苏夫力 （Yolk Soufflé Paste）	鸡蛋	350g	100
	砂糖	200g	57
	香草精	0.5g	0.15
	黑樱桃酒	50g	14
	糖粉	50g	14
蛋黄少司苏夫力 （Custard Sauce Soufflé）	鸡蛋	350g	700
	砂糖	200g	400
	牛奶	300g	600
	面粉	50g	100
	香酒	50g	100
	香精	0.5g	1
	糖粉	50g	100

续　表

品种	原料	数量	百分比(%)
泡芙少司苏夫力 (Puff Paste Soufflé)	黄油	100g	67
	面粉	150g	100
	牛奶	150g	100
	砂糖	200g	133
	鸡蛋	400g	267
	香精	5g	3.3
	糖粉	50g	33

备注:糖粉作为装饰用。

二、苏夫力的制作过程及注意事项

1. 分蛋搅拌法

将蛋清和蛋黄分开,在蛋黄内加入 1/2 的砂糖、牛奶、面粉等其他物料搅匀或煮透,调成蛋黄糊;鸡蛋清中加入 1/2 的砂糖,充分打发到最大体积(干性发泡),注意不要打过头,反而影响蛋清糊的持气能力;然后把蛋清糊和香草粉(香精)、酒轻轻地拌入蛋黄糊中,调成苏夫力糊。拌和过程动作既要轻又要快,同时又要拌透,否则不松。

2. 装模

选用高边金属焗斗,或耐火的玻璃焗斗,内部先抹上一层黄油,撒上少许糖粉,然后将拌好的苏夫力糊倒入,装 5～6 成满即可。太多要溢出,破坏形状;太少,水分蒸发过多,制品不膨松。

3. 成熟

把焗斗放入加有温水的烤盘内,进入 200℃以上的焗炉内焗黄、焗透。焗制时要求高面火,低底火。

4. 装饰

5. 取出时趁热撒上糖粉

第三节　浜格

浜格英文称为 Pan Cake,是西点早、中、晚都适用的普通点心。制法简单,成本较低,只是一片薄薄的圆饼,主要是依靠夹在中间的调料调味。如果酱、鲜奶油、黄油、杏仁粉、柠檬和各种水果、甜酒等。

一、工艺流程

面糊调制→煎制→夹心→装饰→上桌

二、面糊的配料比

表 14-3　浜格的原料配比

原料	数量	百分比(%)	备注
面粉	500g	100	
砂糖	100g	20	
牛奶	750g	150	面粉宜用中低筋粉
鸡蛋	350g	70	
香草粉	1g	0.2	

三、制作过程

1. 面糊的调制

先将砂糖和少量牛奶溶化;将鸡蛋打散,加入剩余的牛奶搅匀;将所有的牛奶并在一起,然后慢慢地倒入面粉内拌匀,加入香草粉,过滤。调制过程要使砂糖充分溶化,鸡蛋打匀。

2. 煎制

小煎盘烧热,抹上黄油,注入一羹匙面糊,轻轻地转动煎盘,让它自动淌平,成圆形薄饼,再翻身见饼色略黄便成。

3. 夹心、装饰

把夹心原料放在饼片中间,然后折成扇形,上席时加黄油入焗炉焗热;或在折成扇形的热饼表面用水果和鲜奶油略加装饰即可。

第四节　油炸水果

西餐西点中经常用水果裹上面糊炸黄、炸熟,作为点心,称之为 Fruit Fritter,即炸水果弗打。此类点心软嫩甘甜,带有浓郁的水果香味,颇受中外宾客的喜爱,如炸香蕉、炸苹果、炸菠萝、炸葡萄干等。大都用水果加糖、香料等调味料,经过炸制加工而成的。

炸水果弗打的制作关键在于面糊的调制。面糊调制采用分蛋搅拌法,把鸡蛋白打泡上筋后加入蛋黄糊中轻轻搅匀。面糊的调制主要利用了蛋白的发泡性能,通过搅拌使蛋白中混入大量的空气,空气在油炸过程中膨胀,从而使制品膨松。

一、工艺流程

水果加工处理──→调制面糊──→挂糊──→炸制──→装饰(盘)

二、面糊的配料比

炸水果弗打用的面糊为各类蛋清糊,常见的配料比如下表所示:

表 14-4　面糊的原料配比

面糊名称	原料	数量(g)	百分比	备注
蛋清糊	面粉	200	100	
	糖	100	50	
	鸡蛋	200	100	
	牛奶	100	50	
	发粉	10	5	1.面粉用低筋粉,要过筛。 2.糖要充分溶化后再挂糊。 3.黄油隔水熔化和蛋黄充分拌匀。
啤酒蛋清糊	面粉	200	100	
	糖	80	40	
	鸡蛋	200	100	
	牛奶	50	25	
	啤酒	50	25	
	黄油	15	7.5	
	食盐	5	2.5	

三、制作过程

(1)面糊的调制:面粉与糖、盐和发粉拌匀过筛开膛;加入熔化的已拌匀蛋黄的黄油于膛中,加入牛奶渗透,再加入啤酒搅成畅滑的面糊,置放 30 分钟;蛋清充分打发后轻轻地拌入蛋黄糊中。

(2)挂糊:水果加工成形后,腌渍,表面沾上少许面粉后挂糊,要求挂均匀。

(3)油炸:油温 140℃～150℃,炸至金黄色后捞出控干油。

(4)装饰(盘):可伴以酸奶、芝士汁或糖粉食用。

四、注意事项

(1)鸡蛋清要充分打发,轻力拌入蛋黄糊中。

(2)水果要选用较脆的,不可选用过熟的水果。

(3)蛋清不可过早拌入,以免失去作用。

(4)食用时要趁热,以免冷却后回缩。

第五节　马卡龙

马卡龙（Macaron）是一种用蛋清、杏仁粉、白砂糖和纯糖粉所做的法国甜点。马卡龙具有外酥内软的口感，易碎的轻盈质感以及甜美的内馅，漂亮的外形、鲜艳的颜色都给人极大的享受，因此又被誉为"少女的酥胸"。

一、配方比例

杏仁粉部分：杏仁粉 250g、糖粉 250g、蛋清 90g、色素 4g。
蛋白霜部分：糖 270g、水 80g、蛋清 90g、塔塔粉 1.5g。

二、制作过程

1. 杏仁粉部分制作

（1）杏仁粉、糖粉加入搅拌机中再次磨细，使之烘烤时更加细滑。需注意的是，打的时间不能过长，杏仁粉会发热，影响烘焙。

（2）加入蛋清，搅拌，呈浓厚杏仁团，搅拌需要很用力。

（3）加入色素，搅拌均匀。

2. 蛋白霜部分制作

（1）蛋清加入塔塔粉打发至湿性发泡即可。

（2）将 250g 糖与水混合后，放大火上加热至 117℃。需注意的是，首先一定要控制温度，必须达到 117℃。如果温度高了，可再加入水降至 117℃ 离火。

（3）迅速将糖浆倒入正在打发的蛋清中，再加入剩下的糖继续打发。

（4）蛋清打发成蛋白霜后，温度降至 40℃ 以下，即可。

3. 马卡龙部分

（1）将 1/3 的蛋白霜倒入杏仁团中，搅拌。

（2）再将剩余的完全搅拌，融合。此时杏仁团应该是很稠密的，很难流动的。

（3）倒入裱花袋，在油布上挤出马卡龙。

4. 烘烤

烤箱温度 140℃,烘焙 10 分钟。

三、制作注意事项

(1)必须在油布上烘烤,油纸不可替代,否则不会有裙边。

(2)搅拌很重要,要完全融合。挤马卡龙,不要过大,马卡龙会自然地摊开。如果很快塌掉,则打发过久。如果很硬,则搅拌不够。

(3)挤好的马卡龙,静置 20 分钟,一定要等表面结皮。否则,烘焙时表面会裂开。干得越快,表面则会越亮。刚出炉的马卡龙并不建议立刻食用,隔一夜再吃,更有风味。

四、常见问题及解决方法

1. 开裂

原因是静置时间不够,一定要等表面结皮。

2. 没有裙边

原因是搅拌过久,马卡龙直接塌掉不够饱满,就没有裙边。

3. 表面有坑

原因是有空气。挤好后注意看表面,有气泡部分趁没结皮前挑开,自然会重新凝结。

4. 很快塌掉

打发过久,造成无法凝结。这样做出来的马卡龙不饱满,如果想改进,可直接挤小点的马卡龙,会稍好。

5. 表面比较粗糙

原因是杏仁粉的细度不够,将杏仁粉碾磨打细即可。

第三篇

西点产品制作实例

第十五章　面包制作实例

📖**知识目标：**

　　了解面包制作的工艺流程，掌握面包的基础原料和辅助原料的性质特点，以及原料对面包制作的影响。

📖**能力目标：**

　　掌握并能独立完成面包的一次发酵法、二次发酵法和快速发酵法的制作工艺，掌握面包的面团温度控制、搅拌程度控制、面团整形要求和醒发程度控制、烘焙技术要求等关键的制作技术和工艺参数。同时还能根据操作过程中出现的问题进行分析和处理解决，能拓展和创新面包制作的思路。

📖**预习导航：**

　　1.面包制作的基本原料和辅助原料在面包制作中的作用。

　　2.面包制作流程有哪些？

　　3.面包制作的最关键的环节是什么？

　　4.目前面包的制作方法有哪几种？各有什么优缺点？

　　5.面包老化的原因是什么？如何防止老化？

　　6.进行一次社会调研，目前社会上流行的面包有什么品种？有什么特点？

第一节　软包

软质面包(Soft Roll)是松软、体轻、富有弹性的面包。如吐司(Toast)、甜面包(Sweet Roll)等属于这一类。软质面包由含有较高的油脂和鸡蛋的面团为原料制成的。

一、奶油餐包(Dinner Roll)

1.产品特色

餐包是与西餐配套上桌的餐品,餐包在制作过程中加入较多的糖和油脂,有的还加入鸡蛋,产品口感更为柔软、香甜。

2.配方(一次发酵法)

表 15-1　奶油餐包的配方

原料	烘焙百分比(%)	实际用量(g)	原料	烘焙百分比(%)	实际用量(g)
高筋面粉	85	433.5	黄油	14	70
低筋面粉	15	76.5	奶粉	6	30
即发干酵母	1	5	蛋	10	50
面包改良剂	0.3	1.5	水	50	250
盐	1.5	7.5	面团总量	196.8	1004
糖	14	70			

3.制作过程

(1)搅拌:将除油以外所有原料放入搅拌缸低速搅拌成团,加入油脂低速混匀,中速搅拌至面筋扩展,搅拌后面团温度 26℃。

(2)发酵:120 分钟,不需翻面。

(3)分割:25g/个。

(4)中间醒发:15 分钟。

(5)整形:分割后滚圆,中间醒发后,做第二次滚圆,直接放入擦油的烤盘上,表面刷蛋液。

(6)最后醒发:温度38℃,湿度85%,时间55分钟。

(7)烘烤:200℃/180℃,8~10分钟。

4.制作注意事项

(1)由于使用的柔性原料较多,而且面粉的筋度比较低,因此在搅拌过程中将面团搅拌至面筋的扩展阶段即可,如果搅拌时间过长,会影响到餐包的形状。

(2)整形过程中需要搓紧搓圆,使得产品在烘烤后形状挺立。

(3)需注意落盘时产品的间距。

5.拓展空间

(1)餐包的变化很多可以在原料上添加不同的辅料制作出不同餐包,如胡萝卜餐包、全麦餐包、麦芽餐包等。

(2)在造型上也可以有很多的变化,如三叶餐包、编结餐包等。

(3)还可以用餐包进行再加工制作出热狗餐包、夹心牛肉饼餐包等。

二、甜面包

1.产品特点

甜面包(Sweet Roll)多为日常工作或是休闲喝茶时当作点心的面包。甜面包中含有较多的糖、鸡蛋、奶粉和油脂等原料,甜面包因此口感松软,香甜。内部组织细腻柔软,通过内部馅心和表面装饰的各种变化,外观美观诱人,是非常受到消费者欢迎的一类产品。

2.配方(基本面团)

表 15-2　甜面包的配方

高筋面粉	100%	改良剂	1%
糖	15%	蛋	10%
黄油	6%	奶粉	4%
盐	1%	水	48%~50%
速干酵	1%		

3.制作过程

(1)搅拌:搅拌至面筋充分扩展,面团温度26℃。

（2）发酵：温度 28℃，湿度 80％，30 分钟。

（3）分割：分割成每只 45g。

（4）搓圆：分割后把面团搓圆，静置 10 分钟。

（5）整形：再次搓圆后沾上蛋水、芝麻、摆盘。

（6）醒发：温度 38℃，湿度 85％，50～60 分钟。

（7）烘烤：200℃/180℃，8～10 分钟。

4.注意事项

（1）搅拌要达到充分扩展，面团温度 28℃。

（2）分割、整形速度要快，防止整形时难以操作。

（3）醒发的温湿度要尽量保证，否则醒发时间过长，容易发酸。

（4）烘烤要熟透，防止外焦里生。

5.质量标准

表面金黄色，有光泽，无焦、生，形态饱满、周正，有高度，表面光滑、不皱皮，组织均匀致密，无颗粒，有弹性，具有良好的风味，无黏牙，无酸味。

6.拓展空间

甜面包的变化很多，有馅心的变化、表面装饰的变化和产品形状的变化等，以下是常见的两种甜面包，特此举例。

案例一　墨西哥面包（Moxico Bread）

1.制作过程

（1）将面团搅拌至有良好的伸展性和弹性，用手拉面，面会形成一张光滑的薄膜，且断裂时会形成一个光滑的圆洞，而非锯齿形，到此阶段面团搅拌的程序就算成功。

（2）将面团放入醒发箱，醒发箱的温度为 28℃ 左右，湿度为 75％ 左右，时间为 60～80 分钟。当面团膨胀至原来体积的 2 倍大时，用手指按压会留下凹痕，且凹痕与手指一样大小，不会马上弹回来，复原速度缓慢时，即表示发酵已完成。

（3）将面团分割成每个重量为 60 克的小面团，用手搓圆后，放入醒发箱醒发，醒发箱的温度为 28℃，湿度为 75％ 左右，时间为 15 分钟左右（属于中间醒发）。

（4）将面团轻轻地压扁，把 25 克酥油馅包入，接口朝下放入烤盘里，进入醒发箱醒发。

（5）温度控制在 30℃，湿度控制在 80%，时间 50 分钟左右。取出后，将墨西哥面糊装入裱花袋，在面团上面裱上螺旋状，约占表面积的 2/3。

（6）入炉烘烤，烤熟后取出。烘烤温度：上火 200℃，下火 170℃，时间为 15 分钟左右。

2. 制作注意事项

（1）面团的首次发酵是否已经完成的判断，可以用手指按压面团来确定。

（2）面团搓圆时的要诀是，利用手的外围力量使面团的表皮往下拉紧。

（3）面团的中间发酵时，如果不进入醒发箱醒发，那必须在面团的表面盖上湿餐巾或保鲜膜，以防止面团的表皮干裂。

（4）首次使用醒发桶或盆，在放入面团前，应刷上油，以防粘连。

（5）在面团首次醒发时，制作酥油馅。

（6）在面团最后醒发时，制作墨西哥面糊。每个面包约 30 克墨西哥面糊。

（7）包馅时收口要实，以防烘烤时爆出来。

（8）馅的软硬度——馅硬时，面团的中间醒发松弛时间可以缩短；馅软时，面团的中间醒发松弛时间可以延长。馅的温度——馅的温度不可过低，否则面团中间的酵母遇到低温，会不易发酵或死亡。

（9）面团的表面有装饰物时，最后的醒发不要太足，以防下陷。

附 1：酥油馅（墨西哥面包）

原料：

A. 白油 45 克，酥油 45 克，盐 1.5 克，糖粉 70 克；B. 鸡蛋 20 克，奶粉 100 克。

制作：

① 将"A"的原料搅拌均匀，并打发。

② 分次加入蛋液，每次加入后必须搅匀。

③ 奶粉过筛加入搅拌均匀即可。

提示：

①白油与酥油的温度最好控制在 20℃～22℃为最佳的软硬度。

②奶粉加入后，放入冷藏箱冻过，温度保持在 3℃～8℃操作最理想。

③如果是冬天,酥油馅应取出回温,才不会影响面团发酵。

附2:墨西哥面糊(墨西哥面包)

原料:

A.糖粉 100 克,麦琪淋油 50 克,酥油 50 克,盐 1 克;B.鸡蛋 90 克,低筋面粉 100 克。

制作:

① 将"A"的原料搅拌均匀,并打发。

② 分次加入蛋液,每次加入后必须搅匀。

③ 面粉过筛加入搅拌均匀成糊状即可。

提示:

① 糖粉和油脂必须先搅拌均匀,可不必打发。

② 使用麦琪淋油是为了增加奶香味。

③ 烘烤时表面温度不宜过高,否则会立刻定型,以防影响它的流动性。

④ 如要面包表皮酥,可增加油量,但是蛋要减少。

⑤ 蛋要分次加入,且每次加入必须搅拌均匀,否则易产生蛋油分离现象。

⑥ 烤盘中的面包的间距不要太近,以免粘连。

案例二　菠萝面包(Pineapple Bread)

制作过程:

(1)将面团搅拌至有良好的伸展性和弹性,用手拉面,面会形成一张光滑的薄膜,且断裂时会形成一个光滑的圆洞,而非锯齿形,到此阶段面团搅拌的程序结束。

(2)不用发酵,将面团放在阴凉处,静置 10 分钟,分割成每块 50 克重的小面团,搓圆静置醒发 20 分钟。

(3)再将事先制好的菠萝皮分割成每个 30 克的面团,将其按扁,包入面包面团,并收口。

(4)将收口处朝下放入烤盘,刷上蛋液,表面用刀切出菠萝形的交叉斜格形。

(5)入醒发箱醒发 50 分钟后,入炉烘烤。

(6)烤至表面金黄色,烤熟即可。烘烤温度:上火 200℃,下火 170℃,时间约为 15 分钟。

附：菠萝皮（菠萝面包用）

原料：

酥油 33 克，白油 25 克，糖粉 48 克，盐 0.5 克，奶粉 3.5 克，鸡蛋 30 克，低筋粉 100 克。

制作：

① 将面粉放在操作台上，围成圈。

② 将酥油、白油、糖粉、盐一起搅拌，再加入奶粉搅拌均匀。

③ 将蛋逐渐加入，搅拌起发，倒入面粉圈中轻轻地拌匀即可。

提示：

拌入面粉时要采用压拌式，才能防止菠萝皮出筋。

三、吐司面包（Toast）

1. 产品特点

吐司面包是英文 Toast 的音译，是使用长方形的带盖或者是不带盖的模具制作而成的枕头状面包。是西式面包中非常常见的一种面包，在欧陆式早餐中常见，食用时往往经切片后呈正方形，在烤面包机中烤好后抹上奶油、牛油、果酱等配料即可食用。

2. 配方

表 15-3　白吐司（White Bread）配方

原料	烘焙百分比(%)	实际用量(g)	原料	烘焙百分比(%)	实际用量(g)
高筋面粉	100	500	黄油	5	25
即发干酵母	1	5	糖	5	25
面包改良剂	0.3	1.5	奶粉	3	15
盐	2	10	水	60	300

3. 制作过程

（1）将除黄油之外的原料全部放入搅拌机中进行搅拌，先低速搅拌至面团粗糙而无弹性，用手拉面团易断裂时，改中速搅拌至面团较为光滑有弹性，但面团仍然易断裂。

（2）再加入黄油及乳化剂进行搅拌，搅拌至面团有良好的伸展性和弹性，用手拉面，面会形成一张光滑的薄膜，且断裂时会形成一个光滑的圆洞，而非锯齿形，到此阶段面团搅拌的程序就算完成。

（3）将面团放入醒发箱，醒发箱的温度为 28℃ 左右，湿度为 75％ 左右，时间为 60～80 分钟。当面团膨胀至原来体积的 2 倍大时，用手指按压会留下凹痕，且凹痕与手指一样大小，不会马上弹回来，复原速度缓慢时，即表示发酵已完成。

（4）将面团分割成每个重量为 200 克的小面团，共 5 个（5 个 200 克的面团组成一个带盖的吐司面包）。

（5）用手搓圆后，放入醒发箱醒发，醒发箱的温度为 28℃，湿度为 75％ 左右，时间为 15 分钟左右（属于中间醒发）。

（6）将小面团擀成长条形后，卷成圆筒形，盖上湿餐巾松弛 10 分钟左右。第二次再擀成长条形后，卷成圆筒形。面团的长度正好是面包模的宽度，5 个面团的宽度正好是面包模的长度。

（7）将 5 个面团的接口朝下，均匀地排列于面包模中，进入醒发箱。

（8）进入最后的醒发阶段，温度为 32℃～35℃，相对湿度 80％。时间是 50～60 分钟，当醒发至 9 分满时，盖上盖子入炉烘烤。

（9）烘烤温度：上火 200℃，下火 180℃，时间为 35 分钟左右。烤好后出炉立刻脱模。

4. 制作注意事项

（1）面团的首次发酵是否已经完成的判断，可以用手指按压面团来确定。

（2）面团搓圆的要诀是，利用手的外围力量使面包的表皮往下拉紧。

（3）面团的中间发酵时，如果不进入醒发箱醒发，那必须在面团的表面盖上湿餐巾或保鲜膜或经常喷水，以防止面团的表皮干裂。

（4）土司模盖切勿刷油，以防产品出炉后收缩。

（5）土司面团的重量应根据土司模的大小来定。

（6）在烤至 35 分钟之前时，别开盖子。当时间差不多的时候，若稍微推开盖子有冲出的压力时，则表示土司还没有完全熟，若稍有离模的现象，则表面包已熟，可以出炉了。

5. 拓展空间

（1）吐司模的变化：带盖和不带盖。

(2)面团的配方中辅料的变化:白吐司、全麦吐司、胡萝卜吐司等。

(3)成熟切片再加工后富有更多的造型和口味的变化。

第二节　硬包

一、产品特点

硬质面包(Hard Roll)是韧性大、耐咀嚼、表皮干脆、质地松爽的面包。如法式面包 (French Bread)和意大利面包 (Italian Bread)都是著名的硬质面包。硬质面包由少油脂、低鸡蛋的面团制成。

二、法式面包

表 15-4　法式面包的配方

原料	烘焙百分比(%)	实际用量(g)	原料	烘焙百分比(%)	实际用量(g)
高筋面粉	100	500	黄油	2	10
即发干酵母	1	5	糖	2	10
面包改良剂	0.3	1.5	水	58	290
盐	2	10			

三、制作过程

(1)将原料全部放入搅拌机中进行搅拌,先低速搅拌至面团粗糙而无弹性,用手拉面团易断裂时,改中速搅拌至面团较为光滑有弹性,但面团仍然易断裂。直至搅拌至面团有良好的伸展性和弹性,用手拉面,面会形成一张光滑的薄膜,且断裂时会形成一个光滑的圆洞,而非锯齿形,到此阶段面团搅拌的程序完成。

(2)将面团放入醒发箱,醒发箱的温度为28℃左右,湿度为75%左右,时间约为 1.5 小时,当面团膨胀至原来体积的 3 倍大时,用手按压下发酵的面团后再发酵 1 小时。

（3）将面团分割成每块 250 克重的面团，经过搓揉后形成两头尖的橄榄形状，入烤盘后，进入醒发箱。

（4）醒发箱的温度约为 32℃，湿度为 80％，时间约为 30 分钟。醒发至八成时，在表面刷上一层稀水粉糊，干后在上面顺长划一刀，继续醒发。

（5）入炉烘烤，前 10 分钟用水蒸气，然后关掉水蒸气，继续烘烤，直至成熟。烘烤温度：上火 220℃，下火 180℃，时间为 25 分钟左右。

四、制作注意事项

（1）面团搅拌要达到面筋的扩展阶段。

（2）整形时要收紧面团。

（3）烘烤时必须要有充足的蒸汽，如果没有加湿装置，可以在面包表面刷水和向烤炉内喷水来增加湿度，以形成面包表面的硬皮。

（4）硬包的包装最好选用纸袋，以免硬包的回软。

五、拓展空间

硬包的组织紧密，口感硬实，可以长期保存，硬包的制作方法和制作的品种比较多，以下做一个简单的介绍。

（1）硬包除了一次发酵的制作方法之外，还可以采用二次发酵的方法来进行制作。这样制作出来的产品在口感和香味上更佳。

（2）产品的制作整形中可以有多种变化。

法棍：将发酵好面团压平，擀成椭圆形，再拉长，顺着长度方向紧紧卷起，将接缝处压紧，整形后放在法棍烤盘上，醒发至 2/3 程度时，在表面割出裂口。

麦穗包：将面团像法棍一样卷成棒状，松弛后用剪刀剪成麦穗形。

黑麦面包：将面团整形成圆形，在表面撒上干粉，然后割出裂口。

第三节　丹麦面包

一、产品特点

丹麦面包(Danish)又称为起酥面包(Biscuit),是在发酵面团里裹入黄油,经过擀制和折叠,形成清晰的层次,然后制成各种形状的面包。丹麦面包口感酥松、奶香浓郁、层次分明、造型美观,因此非常受各个国家和地区的消费者的欢迎。

二、配方

表 15-5　丹麦面包的配方

原料	烘焙百分比(%)	实际用量(g)	原料	烘焙百分比(%)	实际用量(g)
高筋面粉	80	400	黄油	8	40
低筋面粉	20	100	鸡蛋	10	50
即发干酵母	1	5	糖	16	80
面包改良剂	0.2	1	奶粉	4	20
盐	1.2	6	水	50	250
			包裹用油	面团的 10%~20%	

三、制作过程

(1)将原料除去黄油全部放入搅拌机中进行搅拌,先低速搅拌成团,改中速搅拌至面团较为光滑有弹性,再加入黄油进行搅拌,搅拌至面团有良好的伸展性和弹性。

(2)取出面团擀成 1~2 厘米厚的片,在面片的 2/3 处放上事先准备好的黄油片,将没有黄油的 1/3 面片先折叠,然后把另一面也折叠上,折叠成三层。

(3)将折叠好的面片放入冷藏箱 20 分钟,使其面筋松弛后取出,在常温下片刻后,将面片擀成片状,折三层(第一次),再擀开折三层(第二次),最后擀开折三层(第三次)。

(4)将折叠好的面片入冷藏箱冷藏 20 分钟左右。

(5)将面片切成需要的形状,放入垫有纸的烤盘上。

(6)最后醒发。温度 30℃～32℃,相对湿度 70%。

(7)醒发完成,刷上蛋液,入炉烘烤。烤至金黄色。烘烤温度:上火 220℃,下火 220℃,时间约为 15 分钟。

四、制作注意事项

(1)包油的面团和被包的黄油,它们的硬度最好是相同的,这样在擀制的时候,两者会非常同步。如果不同步的话,油层就会不均匀,影响产品的质量。

(2)包好黄油的面团冷冻过度时,黄油易冻裂,层次会不明显,产品会出现空洞;而冷冻不足时,油脂在擀压时会不均匀,造成每个产品的含油量不同。

(3)折叠时必须将防粘的面粉清除掉,以免影响产品的膨胀。

(4)若要丹麦面包层次分明,最后醒发的时间要短(油脂厚),若要面包体积大,最后醒发的时间要长(油脂薄而无层次)。

(5)面团的冷藏温度为 0℃～5℃,温度低,酵母会冻死或冻伤,温度太高则会发酵。

五、拓展空间

1. 丹麦牛角面包

将冷藏的面片擀成 3 毫米厚的片,静置松弛 15 分钟,切成宽 15 厘米,长度根据产品的量来定;然后再将面片切成底部为 15 厘米,两斜边为 16.5 厘米的等腰三角形状。每片的重量约为 45 克。从 15 厘米端的中间切一刀,长度为 1.5 厘米,将开口处的面片卷起,往两边卷成牛角形状,三角的尖端朝下压住,两角相互捏紧。

2. 丹麦吐司面包

将冷藏的面团,压成厚约为 1 厘米的长方形,然后切成长条,编成辫子放入吐司盒中,醒发至膨胀 2～3 倍,进炉烘烤。

3. 各种夹馅的丹麦面包

先将面团擀成厚约 0.4 厘米的面皮,在表面刷上色拉油,然后可以选用肉桂糖馅、水果馅和干果馅等铺上面皮,使用三折法或者是圆柱形或者是其他的方法整形出不同形状的产品。烘烤后可以视产品的情况再进行表面装饰。

第四节　调理面包

一、产品特点

调理面包是以甜面包或白吐司面包为基础,经最后发酵后,烘烤前在面团表面添加各种调制好的料理,然后进炉烘烤成熟,也可以在面包烘烤后进行再加工。选用的料理的范围十分广泛,凡有天然食物、蔬菜、葱屑、火腿、碎肉、萝卜以及鱼、肉酱、鸡蛋、奶酪等食品,都是制作调理面包的好材料。调理面包除了具有一般面包所应有的组织柔软细腻的特点外,还具有各种料理的色、香、味俱全的特点。是目前西式快餐店和各大饼店的畅销产品。

二、主要产品介绍

(一)肉松面包(Dried Meat Floss Bread)

1. 配方

高筋面粉 100%,糖 15%,黄油 6%,盐 1%,改良剂 1%,蛋 10%,奶粉 4%,水 48%～50%,速效干酵母 0.8%。

2. 制作过程

(1)面团制作。

(2)发酵。

(3)分割、滚圆:每只 45g,搓圆。

(4)整形:用手轻拍成扁状,然后用双手并拢,以挤和卷的方式,做成两头尖形,放入烤盘,刷蛋水后进行最后醒发。

（5）最后醒发：待面团膨胀到 2～3 倍量时，取出直接烘烤。

（6）烘烤：200℃/180℃，烘 8～10 分钟。烤好冷却后，用沙拉酱涂在面包表面，然后沾上肉松，即可。

（二）汉堡包（Hamburger）

1. 配方

（1）中种面团：高筋面粉 70％，改良剂 0.1％，鲜酵母 3％，水 40％。

（2）主面团：高筋面粉 30％，糖 10％，盐 2％，奶粉 2％，水 21％，油 10％。

2. 工艺流程

中种面团调制→第一次发酵→主面团调制→第二次发酵→分割→整形→醒发→烘烤→冷却→装饰。

3. 制作过程

（1）中种面团调制：面团温度 26℃，面团成团即可。

（2）第一次发酵：25℃，相对湿度 60％，240 分钟。

（3）主面团调制：面团温度 28℃，搅拌程度为面筋完全扩展。

（4）第二次发酵：台板上放置 20 分钟。

（5）分割：每只 60g。

（6）整形：搓圆后静置 15 分钟再次搓圆，放入汉堡盘中。

（7）最后醒发：38℃，相对湿度 85％，60 分钟。表面沾上芝麻。烘烤：200℃/170℃，约 10 分钟。

（8）冷却装饰：冷却后从中间对剖开，夹入肉饼、鸡蛋、生菜叶、洋葱丝、番茄片、西式火腿片、黄瓜片等即可。

（三）热狗面包（Hot Dog Bun）

1. 配方

A. 面粉 100 克，水 60 克，盐 2 克，糖 4 克，干酵母 1.3 克，奶粉 4 克，改良剂 0.1 克；B. 黄油 4 克；C. 热狗肠 3 条。

2. 制作

（1）将"A"的原料全部放入搅拌机中进行搅拌，先用低速搅拌至面团粗糙而无弹性，改用中速搅拌至面团较为光滑有弹性。再加入黄油进行搅拌，搅拌至面团有良好的伸展性和弹性,用手拉面,面会形成一张光滑的薄膜,且断裂时会形成一个光滑的圆洞。

(2)将面团静置 20～30 分钟后,分割成每个重 50 克的小面团,搓圆后,盖上湿巾静置 15 分钟。

(3)将面团擀成长圆形,在中间划上几刀,将热狗肠卷在里面,接口朝下放在烤盘里。

(4)放入醒发箱醒发,温度为 30℃,湿度为 80％,时间为 60 分钟左右。

(5)醒发完后,刷上蛋液,入炉烘烤。烘烤温度:上火 240℃,下火 220℃,时间约为 8 分钟。

第五节　道纳司

一、产品特点

道纳司是 Doughnuts 的音译,也称油炸面包和甜甜圈。是一种用面粉、酵母、砂糖、黄油和鸡蛋等混合制作而成的再经过油炸的甜食。最普遍的两种形状是中空的环状或中间有包入奶油、蛋奶酱(卡土达)等甜馅料的封闭型甜甜圈。口感外酥松内柔软,香甜可口,装饰料丰富多样,是美国人的早餐主食,也是小朋友们非常喜爱的食品。

二、配方

表 15-6　道纳司的配方

原料	烘焙百分比(％)	实际用量(g)	原料	烘焙百分比(％)	实际用量(g)
高筋面粉	70	350	黄油	8	40
低筋面粉	30	150	鸡蛋	12	60
即发干酵母	1.5	7.5	糖	10	50
面包改良剂	0.2	1	水	50	250
盐	1	5	色拉油	用于油炸	

三、制作过程

(1)搅拌：按正常投料顺序搅拌至面筋充分扩展，面团温度 26 ℃ 。

(2)发酵：将面团置于台板上静置 20 分钟。

(3)整形：将面团置于干净的面粉袋上，擀成厚约 0.8cm 的圆形或长方形面皮，松弛 10 分钟，用一大一小的模型压出中空的面圈，置于刷油的烤盘上醒发，多余的边皮收拢后可分割成适当大小，整成圆形或长圆形。

(4)醒发：将面包生坯置于温暖且湿度较小的条件下醒发。温度 33℃，相对湿度 70%，时间 40～50 分钟。

(5)油炸：170℃，每边油炸 1～2 分钟。

(6)装饰：将面包趁热撒上已磨好的糖粉。

四、制作注意事项

(1)面团加水量适当控制在较低的水平，不应过高，否则油炸时难以拿起。

(2)整形之前的醒发应充分，否则难以擀开。

(3)压模之前要中间醒发 10 分钟，否则压出后会收缩。

(4)最后的醒发不应过大，体积增大 0.5 倍就行。

五、拓展空间

(1)表面装饰变化可制出多种花样。表面可以沾上花生碎、巧克力，各种干果、果酱等。

(2)可以包入或者是夹入各种馅心。

第六节　造型面包

产品特点：造型面包一般以观赏、比赛、宣传为主要目的，需要有较长的保存时间和良好的外观，因此造型面包的内部组织相对比较紧密，发酵膨松力较弱，油脂和酵母的用量相对较少，加水量较低，美观为主，口感为辅。

一、动物造型面包

1. 配方

表 15-7　熊型面包配方

原料	烘焙百分比(%)	实际用量(g)	原料	烘焙百分比(%)	实际用量(g)
高筋面粉	60	300	黄油	8	40
低筋面粉	40	200	奶粉	4	20
即发干酵母	0.8	4	糖	16	80
盐	1	5	水	40	200

2. 制作过程

(1)面团制作:将面团搅拌成团后,用压面机重复压至面团呈现光滑为止,面团温度28℃。

(2)分割:分成每只100g的面团,搓圆后静置10分钟。

(3)造型:将面团分成大小不等的六份,并依熊的需要将各面团滚圆或搓长,分别是熊身、头、手、脚、尾、鼻等,首先将脚与尾部相黏结,然后将大面团的熊身组合黏结的部分先涂上牛奶,以促进黏结作用,再把熊手捏至弯曲,并平衡地放置,然后重心放稳。耳朵部分可用剪刀在面团顶剪下两个裂口后,并用手捏成挺立形状,眼睛可用筷子轻微插入面团,并塞入两颗红豆。再将熊的鼻子沾少许牛奶直接粘在熊的头上即可。

(4)醒发:温度30℃,相对湿度70%,醒至两倍量时,取出涂上牛奶烘烤。

(5)烘烤:180℃/160℃,10～15分钟。

3. 制作注意事项

(1)面团调制时不需要面筋充分地扩展,只需要用压面机将面团压制光滑即可。

(2)可以放在室温下醒发,如果在醒发箱醒发,湿度要低。醒发时间不能过长,不然容易造成面包的变形。

(3)烘烤的温度要低,时间要长,必须将面包烘透,便于面包的保存。

4. 拓展空间

有多种动物造型、花卉造型及建筑物造型的面包等。

二、辫子面包——五辫面包（Five Braid Bread）

辫子面包是通过各种辫子的交织而成的面包，产品美观，既可以食用，也可以用于装饰，通过多种不同的造型，可以变化出多种式样。

1. 配方

表 15-8　辫子面包配方

原料	烘焙百分比（%）	实际用量（g）	原料	烘焙百分比（%）	实际用量（g）
高筋面粉	60	300	黄油	10	450
低筋面粉	40	200	奶粉	4	20
即发干酵母	0.8	4	糖	16	80
盐	1.2	6	水	45	225

2. 制作过程

（1）将除了油脂以外的原料全部放入搅拌机中进行搅拌均匀光洁之后，加入油脂进行搅拌，搅拌至面团有良好的伸展性和弹性。

（2）将面团放入醒发箱，醒发箱的温度为 28℃ 左右，湿度为 75% 左右。

（3）将面团分割成每个重量为 100 克的小面团，共 5 个（5 个 100 克的面团组成一个五辫面包）。

（4）用手搓圆后，放入醒发箱醒发，醒发箱的温度为 28℃，湿度为 75% 左右，时间为 15 分钟左右（属于中间醒发）。

（5）将面团搓成 40 厘米长的条子，将五条编织成一条粗大的辫子形，放入烤盘，表面刷上蛋水，入醒发箱醒发。

（6）进入最后的醒发阶段，温度为 32℃～35℃，相对湿度 80%。时间大约是 50 分钟，表面刷上蛋水，入炉烘烤。烤好后出炉立刻脱模，表面刷油。烘烤温度：上火 190℃，下火 180℃，时间为 25～30 分钟。

3. 制作注意事项

（1）成品面包的长度为 30 厘米左右。

（2）五个面团的大小要一致，气泡要挤出，搓到光滑。

（3）编织时不能太紧，但接头要紧密。

4. 拓展空间

辫子面包有一股辫、两股辫、三股辫、四股辫、五股辫、六股辫等,还可以将辫子面包做成花篮的形状等。

第十六章　蛋糕制作实例

📖**知识目标：**

　　了解蛋糕制作的工艺流程，掌握蛋糕的配方平衡原则，熟悉蛋糕制作的原辅料的性质特点，以及对原料的选用要求。

📖**能力目标：**

　　掌握并能独立完成海绵蛋糕、天使蛋糕、油脂蛋糕、乳酪蛋糕的制作，基本掌握装饰蛋糕的主要类型的制作，掌握不同类型蛋糕的搅拌技术、烘焙技术、装饰技术等。同时还能根据操作过程中出现的问题进行分析和处理解决，拓展和创新蛋糕制作的思路。

📖**预习导航：**

　　1.蛋糕制作的基本原辅料的作用与选用。

　　2.各种类型蛋糕制作流程。

　　3.不同蛋糕的制作原理。

　　4.乳沫类蛋糕的搅拌方法有哪几种？各有什么特点？

　　5.面糊类蛋糕的制作技术要求有哪些？

　　6.蛋糕烘烤的温度和时间如何控制？如何判断蛋糕是否成熟？

　　7.蛋糕装饰的方法有哪些？有何可以创新的装饰方法？

第一节　乳沫类蛋糕

　　乳沫类蛋糕(Foam Type)的主要原料为鸡蛋、面粉、糖以及少量的牛奶等，主要是利用蛋白的起泡性，使得蛋糕膨大，在配方中油脂含量很少，甚至不含油脂。主要可以分为海绵蛋糕和天使蛋糕。

一、海绵蛋糕的制作（Sponge Type）

1. 产品特点

海绵蛋糕是用全蛋制作而成的蛋糕，内部组织均匀，空洞细密，柔软而富有弹性。海绵蛋糕的制作一般有全蛋搅拌法、分蛋搅拌法和乳化搅拌法。

2. 配方

表 16-1　全蛋式海绵蛋糕配方

原料	烘焙百分比（%）	实际用量（g）	原料	烘焙百分比（%）	实际用量（g）
低筋面粉	100	600	色拉油	17	100
全蛋	133	800	牛奶	17	100
白砂糖	117	700	蜂蜜	17	100
盐	1	6			

表 16-2　分蛋式海绵蛋糕配方

原料	烘焙百分比（%）	实际用量（g）	原料	烘焙百分比（%）	实际用量（g）
低筋面粉	100	600	色拉油	17	100
全蛋	167	1000	牛奶	17	100
白砂糖	117	700	蜂蜜	17	100
盐	0.8	5	塔塔粉	0.8	5

表 16-3　乳化海绵蛋糕配方

原料	烘焙百分比（%）	实际用量（g）	原料	烘焙百分比（%）	实际用量（g）
低筋面粉	100	800	色拉油	25	200
全蛋	150	1200	牛奶	25	200
白砂糖	100	800	蛋糕油	7.5	60
盐	1	8			

3. 制作过程

（1）全蛋式海绵蛋糕。

①将鸡蛋液和白砂糖在搅拌桶内搅打。直至蛋沫呈浓稠松发状,颜色呈乳白色,以手指勾起约 2 秒钟滴一滴时即可。

②将低筋粉过筛后加入,并用手轻轻地搅拌均匀。

③再依次加入色拉油、牛奶和蜂蜜,同时用手轻轻地搅拌均匀。不宜搅拌太久。

④立即装盘或落模烘烤。烘烤温度:上火 160℃,下火 150℃,烤 25～30分钟。

(2)分蛋式海绵蛋糕。

①将蛋黄和蛋清分开。

②蛋黄加入 100 克白砂糖和盐搅拌至泡沫膏状,然后慢速搅打。

③蛋清加入白砂糖搅拌至湿性发泡。

④将 1/3 的蛋白拌入蛋黄膏中,再将拌好的膏体倒入蛋白膏中,搅拌均匀。

⑤加入过筛的面粉,轻轻地拌匀即可。

⑥落模烘烤。烘烤温度:上火 160℃,下火 150℃,烤 25～30 分钟。

(3)乳化海绵蛋糕。

①将蛋液、糖、盐和蛋糕油加入到搅拌缸中,慢速搅拌至糖溶化。

②加入过筛的面粉等,先慢速将粉搅拌均匀后,慢慢加入牛奶,快速搅拌至最大体积。

③最后加入色拉油,慢速搅拌均匀即可。

④落模烘烤。上火 160℃,下火 150℃,烤 25～30 分钟。

4. 制作注意事项

(1)海绵蛋糕的打发如果不足,会在面粉及油加入拌和时产生消泡现象,所以必须掌握好搅拌时间。

(2)海绵蛋糕全蛋式打法中蛋和糖隔水加热至 35℃～38℃,可以帮助打发,提高发泡性。

(3)搅打蛋清时要注意不能有油脂。

(4)烤盘或模具需要刷油,再铺上白纸。

(5)出炉后,待冷却后再脱模或脱盘取出。

(6)烘烤温度根据产品的厚薄进行调整。

5.拓展空间

可以加入可可粉、果酱等成为不同颜色的蛋糕。

二、天使蛋糕的制作(Angel Food Cake)

1.产品特点

天使蛋糕以蛋清为主要原料,经过搅打制作而成,色泽白净,口感柔韧,富有弹性,由于不含油脂,因此口感略粗糙。

2.配方

表 16-4　天使蛋糕配方

原料	烘焙百分比(%)	实际用量(g)	原料	烘焙百分比(%)	实际用量(g)
低筋面粉	100	250	塔塔粉	4	10
蛋清	250	625	奶水	40	100
白砂糖	180	450	香草粉	1	2.5
盐	2	5			

3.制作过程

(1)在蛋清中加入塔塔粉、盐等,搅拌蛋清打至粗大发泡。

(2)分两至三次加入砂糖打至湿性发泡。

(3)牛奶中加入过筛的低粉拌匀。

(4)将牛奶面糊与蛋白糊混合均匀

(5)拌好的面糊装入模具。下火 170℃,上火 190℃,烤 20 分钟。

4.制作注意事项

(1)掌握好加糖的时间,蛋清打到硬性发泡时间较短,糖要快加,免得出现蛋清已打至湿性发泡而糖还没加完的尴尬局面。

(2)蛋糕烘烤出炉后,应倒置冷却,防止回缩。

(3)面粉筋度过高,可以添加部分玉米淀粉。

(4)在烘烤过程中不要经常开启烤箱的门,以免水蒸气的散失而造成天使蛋糕的口感不佳。

5. 拓展空间

可以在制作过程中添加果汁、红豆等,制作出各种口味的天使蛋糕,也可以选用不同的模具,如纸杯、空心圆模等制作出多种形态的天使蛋糕。

三、卷筒蛋糕的制作(Swissroll Cake)

1. 产品特点

通过夹馅、卷制和装饰可以制作出多种造型和多种口味的卷筒蛋糕,造型别致美观,口感柔软而香甜,是蛋糕家族中一个不可或缺的成员。

2. 配方

表 16-5　卷筒蛋糕配方

原料	烘焙百分比(%)	实际用量(g)	原料	烘焙百分比(%)	实际用量(g)
低筋面粉	100	250	色拉油	30	75
全蛋	210	525	奶水	40	100
幼砂糖	100	250	香草粉	1	2.5
盐	1	2.5	蛋糕乳化剂	10	25

"虎皮"配方:全蛋 1 个,蛋黄 350 克,幼砂糖 120 克,盐 3 克,低筋粉 75 克,黄油 20 克。

馅料:裱花甜奶油一盒。

3. 制作过程——虎皮蛋糕(Tiger Skin Cake Roll)

(1)将蛋液、糖、盐和蛋糕油加入搅拌缸中,慢速搅拌至糖溶化。

(2)加入过筛的面粉等,先慢速将粉搅拌均匀后,慢慢加入奶水,快速搅拌至最大体积。

(3)最后加入色拉油,慢速搅拌均匀即可。

(4)落模烘烤。上火 220℃,下火 200℃,烤 10～12 分钟。

(5)"虎皮"制作:将蛋黄和幼砂糖打至浓稠状。加入面粉轻轻地拌匀。倒入铺有白纸的烤盘内,整体刮平,表面不要刮平,入炉烘烤。烘烤温度:上火 250℃,下火 50℃,时间 5～7 分钟。

(6)烤好出炉冷却后,将"虎皮"倒覆在铺有白纸的桌面上,底面朝上撕去白纸,抹上薄薄的一层鲜奶油,涂抹均匀,把第一块准备好的海绵蛋糕盖在上面,底面朝上,用手轻轻地压紧。

(7)鲜奶油均匀地涂抹在蛋糕上面。

(8)用长擀面杖,用纸反卷住,轻轻地往前推并同时向下压,将蛋糕卷起,连纸一起放置定型后,约 20 分钟方可切割。

4.制作注意事项

(1)搅打蛋黄时一定要打发打透,加入面粉后会产生一定的筋力,这是自然的也是必要的,经过高火力使蛋黄变性,产生收缩皱纹,当表面颜色够时,必须降低上火温度,以免烤煳。

(2)"虎皮"与海绵蛋糕的比例应该是 1:3,长与宽一致,只是厚度的区别。

(3)海绵蛋糕与虎皮蛋糕叠在一起时,在离自己远的一边的虎皮蛋糕,应比海绵蛋糕多留出 2~3 厘米,以便在卷的时候能将海绵蛋糕全部卷起来。

(4)卷制时要卷紧,定型时注意将收口朝下。

5.拓展空间

卷筒蛋糕的变化主要有:

(1)底坯的变化。用于底坯的蛋糕可以是各种口味的海绵蛋糕或者是戚风蛋糕。

(2)蛋糕表面可以通过裱挤出不同的花纹,经过烘烤后成为自然美观的卷筒蛋糕的表层。

(3)夹入的馅料可以是甜奶油、果酱、卡仕达酱等。

(4)卷制后在蛋糕的表面可以抹上不同的酱料,如巧克力等,制作出不同造型的产品,如树根蛋糕。

四、戚风蛋糕的制作(Chiffon Cake)

1.产品特点

戚风蛋糕(Chiffon Cake)是英文 Chiffon 直接英译过来的称呼,所谓的Chiffon,在英文中的意思是像绸缎般的轻软,用在这里是用于形容戚风蛋糕的手感和口感。戚风蛋糕的制作方法采用的是分蛋搅拌法,蛋清部分蓬松柔软,蛋黄部分细腻滋润,因此戚风蛋糕的内部组织柔软而富有弹性,口感细腻滋润,水分含量较多,可以在较长的时间内保存并维持其特性,是很多装饰蛋糕的首选底坯蛋糕,还可以制作各种卷筒蛋糕。

2. 配方

表 16-6　戚风蛋糕配方（蛋黄部分）

原料	烘焙百分比（%）	实际用量（g）	原料	烘焙百分比（%）	实际用量（g）
低筋面粉	100	200	色拉油	50	100
全蛋	333（取其中的蛋黄部分）		奶水	50	100
幼砂糖	37.5	75	香草粉	1	2
盐	1	2	泡打粉	2	4

表 16-7　戚风蛋糕配方（蛋清部分）

原料	烘焙百分比（%）	实际用量（g）	原料	烘焙百分比（%）	实际用量（g）
幼砂糖	110	220	塔塔粉	2	4
全蛋	333（取其中的蛋清部分）		盐	1	2

3. 制作过程

（1）将蛋黄与蛋清分开。

（2）将蛋黄与幼砂糖搅打至浓稠，加入色拉油、奶水等搅匀。

（3）将面粉过筛加入轻轻地拌匀，不可久拌。

（4）将蛋清打至粗泡期，然后分两次加入幼砂糖、塔塔粉用中速打至湿性发泡。

（5）将 1/3 的蛋清加入蛋黄溶液中拌匀，然后再把面糊与剩余的 2/3 蛋清搅拌均匀，装入模具或烤盘烘烤。

（6）烘烤温度：上火 170℃，下火 150℃，时间为 30 分钟左右。

（7）冷却：蛋糕出炉后倒置在冷却架上。

4. 制作注意事项

（1）搅拌蛋黄部分时，要注意投料顺序，在加入面粉前，必须将幼砂糖全部溶化，以免影响面糊的细腻。

（2）蛋清的打发程度要控制得当，以免蛋糕组织气孔过大或者体积不够。

（3）取蛋清的容器和打蛋白的器具必须清洁无油脂。

（4）蛋黄面糊和蛋清糊混合时，要注意搅拌的手法和搅拌的时间，以及搅拌程度，否则会使得蛋清消泡而影响蛋糕的质量。

（5）入模后要适当震动蛋糕模，将多余的气体释放出来，如此组织结构才会紧密。

（6）出炉后，将蛋糕倒置于冷却架上，待冷却后再脱模。

5. 拓展空间

戚风蛋糕可以在面糊中添加不同口味的原料制成香草味、柠檬味等的蛋糕，还可以选用模具烘烤，也可以用裱花袋裱挤出不同色彩的蛋糕卷等。

第二节　面糊类蛋糕

面糊类蛋糕（Batter Type Cake）以面粉、糖、鸡蛋、黄油、牛奶等为主要原料，在制作过程中借助高含量的油脂润滑面糊，使产生柔软的组织，同时油脂还在面糊的搅拌过程中融合大量的空气产生膨大作用，在烘烤受热之后空气膨胀，形成蓬松柔软的蛋糕组织。

一、重油脂蛋糕的制作（Pound Cake）

1. 产品特点

重油脂蛋糕又称为磅蛋糕，这是因为很久以前欧美国家在烘焙蛋糕时，制订了一个制作材料的标准，面粉 1 磅（100%），鸡蛋 1 磅（100%），糖 1 磅（100%），黄油 1 磅（100%），而搅拌好后装盘的重量也是 1 磅，所以就称为磅蛋糕。国内因为其油脂的含量大而称为重油脂蛋糕。该种蛋糕的原料成本高，价格贵，属于比较高档的产品。口感细腻滋润，组织紧密，具有浓郁的奶香。

2. 配方

表 16-8　重油脂蛋糕配方

原料	烘焙百分比（%）	实际用量（g）	原料	烘焙百分比（%）	实际用量（g）
低筋面粉	100	500	食盐	2	10
全蛋	100	500	奶水	10	50
幼砂糖	100	500	香草粉	1	5
黄油	100	500	发粉	0.5	2.5

3. 制作过程

(1)黄油与幼砂糖中速搅拌至蓬松。

(2)鸡蛋逐个分次加入,每次加入鸡蛋后必须使得鸡蛋与糖油充分乳化后再加入下一次鸡蛋。

(3)面粉、发粉混合过筛,加入搅拌缸中慢速搅拌均匀。

(4)加入牛奶拌匀即可。

(5)落模烘烤。模具中容量为八成左右。烘烤温度:上火180℃,下火170℃,时间为30分钟左右。

(6)冷却并装饰。

4. 制作注意事项

(1)如果砂糖颗粒较粗,可以选择糖粉。

(2)糖油搅拌过程中需要经常停机,将搅拌缸四周以及底部的油脂刮下来,然后继续搅拌,避免部分油脂未搅拌松发而造成产品质量下降。

(3)糖油搅拌至呈油脂绒毛状。

(4)分次加蛋,避免出现油水分离的现象。

(5)烘烤时间根据产品的大小进行调整。

5. 拓展空间

重油脂蛋糕的搅拌方法也可以采用两部搅拌法,第一部分:先将配方中的糖和蛋快速打发。第二部分:油脂、盐和面粉等用搅拌器中速打发。将1/3的糖和蛋加入第二部分中,继续中速搅拌均匀,再将1/3的糖蛋混合物加入到第二部分中,中速搅拌均匀。停机,将搅拌缸的四周和底部的原料刮匀,再将剩余的1/3的糖蛋加入第二部分,中速搅拌4～5分钟即可。这样制作出来的重油脂蛋糕体积相对更膨松,组织更松软细腻。

还可以加入葡萄干、果仁等制作出多个品种、不同口味的重油脂蛋糕。

二、轻油脂蛋糕

1. 产品特点

轻油脂蛋糕相对于重油脂蛋糕在配料中油脂的用量减少,油脂用量在30%～60%之间,会选用4%～6%的发粉来帮助膨松,蛋糕的组织较为松软,内部颗粒比较粗糙,烘烤温度相对较高。

2.配方

表 16-9　轻油脂蛋糕配方

原料	烘焙百分比(%)	实际用量(g)	原料	烘焙百分比(%)	实际用量(g)
低筋面粉	100	500	食盐	2	10
全蛋	60	300	奶水	40	200
糖粉	75	375	香草粉	1	5
黄油或麦琪淋	75	375	发粉	4	20
蔓越莓干	20	100			

3.制作过程

(1)黄油或者是麦琪淋与糖粉搅拌至蓬松发白。

(2)鸡蛋分次逐个加入,每次加入后需要搅拌至充分融合再加入下一个。

(3)面粉、发粉等过筛后与面糊慢速搅拌均匀。

(4)蔓越莓干用朗姆酒浸泡至软,然后切碎,加入面糊中拌匀。

(5)将面糊挤入蛋糕模具或者是纸杯中。

(6)烘烤:上火 200℃,下火 180℃,时间为 20～25 分钟。

4.制作注意事项

(1)为了促进糖油的打发和充分乳化,可以适当添加蛋糕乳化剂,使用量为 2%。

(2)选用的果料要根据具体情况进行浸泡、切碎等预处理。

5.拓展空间

可以在配料中添加果料、果干、可可粉、巧克力等制作出不同风格和口味的产品。轻油脂蛋糕是制作杯子蛋糕(Cup Cake)主要的蛋糕底坯。杯子蛋糕装饰方法丰富多彩,产品美观大方,带给大家自由快乐的感觉。

三、水果蛋糕的制作(Fruit Cake)

1.产品特点

水果蛋糕是蛋糕中成本高、品质好的一个品种。因为在配方中往往使用高出面糊量的各种干果、蜜饯、水果等,使其具有更多的风味。在欧美国家,水果蛋糕多用在特定的节日中,比如在新年和圣诞节等节日,作为一种应时的节日食品,深受消费者的喜爱。水果蛋糕口感细腻香甜并具有各种水果和干果的香味和风味,色泽美观。

2. 配方

表 16-10 水果蛋糕配方

原料	烘焙百分比(%)	实际用量(g)	原料	烘焙百分比(%)	实际用量(g)
高筋面粉	100	500	葡萄干	50	250
全蛋	100	300	核桃仁	60	300
幼砂糖	100	375	樱桃	40	200
黄油	75	375	金橘	10	50
食盐	2	10	蛋糕乳化剂	3	15

3. 制作过程

(1)水果预处理:核桃仁掰成小颗粒,葡萄干等用朗姆酒浸泡过夜,沥干后切成颗粒状。

(2)面糊调制:采用的是粉油拌和法,面粉过筛与油脂放入搅拌缸中慢速搅拌 1 分钟,使面粉表面全部被油脂黏附再改用中速将面粉与油脂拌和均匀,时间约为 10 分钟。

(3)将配方中的盐和糖加入,中速搅打 3 分钟。

(4)慢速将 3/4 的奶水加入混合均匀,分次将蛋加入,注意将搅拌缸底部的原料搅拌均匀。

(5)将剩余的 1/4 的奶水加入中速搅拌至所有的糖颗粒全部溶解。

(6)将预处理好的水果加入,慢速搅拌均匀。

(7)落模烘烤。烘烤温度:上火 175℃,下火 180℃,时间为 30 分钟左右。

(8)出炉后表面刷上糖浆亮光装饰。

4. 制作注意事项

(1)粉油拌和法制作的蛋糕较糖油拌和法更为松软,组织也更为细密,但是体积相对较小,要求配方中油脂的含量必须在 60% 以上。

(2)在粉油搅拌过程中,要及时地停机,将搅拌缸底部的原料刮匀,然后再继续搅拌。

(3)由于水果较重,面糊需具有一定的筋性来承受。

5. 拓展空间

添加不同的水果和果干形成不同风味的水果蛋糕。选用不同的模具制作不同形状的水果蛋糕。

第三节　乳酪蛋糕

乳酪蛋糕(Cheese Cake)介于蛋糕和甜点之间,在制作方法、制作原料和产品的口味上都与蛋糕稍有区别,因为乳酪是牛奶经过浓缩、发酵而制成的乳制品,集聚了牛奶中营养价值的精华部分,因此乳酪蛋糕具有很高的营养价值,同时乳酪蛋糕的口感细腻柔滑、奶香浓郁、老少咸宜,目前在世界各地,乳酪蛋糕都受到追捧。乳酪蛋糕根据配料中所用的乳酪的多少,分为轻乳酪蛋糕和重乳酪蛋糕,同时还有不需要烘烤的提拉米苏等产品。

一、轻乳酪蛋糕(Light Cheese Cake)

1. 产品特点

轻乳酪蛋糕是日式改良的乳酪蛋糕,是为了适合亚洲人的口味而减少了奶油芝士的含量,因为亚洲人虽然喜欢芝士的味道,但是比较怕腻,不能多吃,因此经过改良的轻乳酪蛋糕在制作和口感上都比较像海绵蛋糕,成本也相对降低,口感相对乳酪蛋糕更为清新柔软。

2. 配方

表 16-11　轻乳酪蛋糕配方

原料	烘焙百分比(%)	实际用量(g)	原料	烘焙百分比(%)	实际用量(g)
低筋面粉	100	120	幼砂糖 (蛋白部分)	100	120
全蛋 (蛋黄部分)	417	500	全蛋 (蛋白部分)	417	500
幼砂糖 (蛋黄部分)	50	60	柠檬汁	20	24
奶油芝士	200	240	黄油	83	100
牛奶	166	200	塔塔粉	5	6

3. 制作过程

(1)蛋黄部分:奶油芝士隔水软化,加入幼砂糖搅打至细腻的糊状,逐个加入蛋黄搅拌均匀。再加入牛奶和融化的黄油,最后加入过筛的面粉,搅拌均匀。

(2)蛋白部分:蛋白加入塔塔粉,分两次加入幼砂糖,搅打至湿性发泡。

(3)模具处理:蛋糕模具四周刷油底部垫纸。

(4)将蛋黄部分和蛋白部分混合均匀。倒入模具中,约八分满。

(5)烘烤:隔水烘烤。230℃烘烤约10分钟,至产品上色,继续烘烤上火150℃,下火160℃,时间为50~60分钟。

(6)出炉后倒置在冷却架上冷却。

(7)亮光水刷蛋糕表面。

4. 制作注意事项

(1)奶油芝士必须搅打至细腻无颗粒。

(2)蛋黄部分和蛋白部分混合时动作要轻柔,避免蛋白过多地消泡。

(3)正确判断蛋糕的成熟。避免烘烤过头造成产品的开裂。

(4)蛋白打发程度判断正确,打发过头容易造成蛋糕在冷却后中间塌陷。

5. 拓展空间

用不同的模具制作出不同形状的产品。根据情况可以适当增减奶油芝士的用量,制作出不同口味的轻乳酪蛋糕。

二、重乳酪蛋糕(Cheese Cake)

1. 产品特点

重芝士蛋糕含有比较多的奶油芝士,经过烘烤进行冷冻后再食用,口感细腻软滑、香味浓郁,对于热爱芝士的人而言,重乳酪蛋糕是最好的点心,在食用重乳酪蛋糕的时候,最好配上一杯绿茶或者是咖啡,以消解重奶酪蛋糕过腻的感觉。

2. 配方

表 16-12　重乳酪蛋糕配方

原料	烘焙百分比（%）	实际用量（g）	原料	烘焙百分比（%）	实际用量（g）
幼砂糖	100	100	柠檬汁	10	10
全蛋	125	125	黄油	100	100
奶油芝士	350	350	鹰粟粉	10	10

3. 制作过程

（1）派底制作：低筋粉 250 克、糖粉 100 克、可可粉 40 克搅拌均匀，加入黄油 150 克搅拌成面团状。

（2）将面团压成薄片放入模具的底部，180℃的炉温烘烤至半成熟。

（3）奶油芝士和糖粉放入搅拌缸中用中速搅拌至发白松发的状态。加入融化的黄油，搅拌均匀，逐个加入鸡蛋，搅拌均匀，加入鹰粟粉，最后加入柠檬汁搅拌均匀，落模。

（4）烘烤：隔水上火 180℃，下火 150℃，时间 50～60 分钟。待烘烤基本完成时可以升高上火至 200℃，烘烤 5～10 分钟，使得表面具有漂亮的金黄色。

（5）脱模冷却，表面装饰。

4. 制作注意事项

（1）奶油芝士搅打要充分，要搅拌至细腻无颗粒，膨胀发白。

（2）分次加入鸡蛋，速度不能过快，以免出炉后蛋糕中间凹陷。

（3）可以加入切碎的橙皮增加蛋糕的清新口味。

5. 拓展空间

重乳酪蛋糕的底部也可以用饼干碎或者是杏仁粉等来进行铺底，使得重乳酪蛋糕体现不同的口感。

三、提拉米苏（Tiramisu）

1. 产品特点

提拉米苏是意大利的一种著名的甜品，在意大利语中是带我走的意思，传说与一个美好的爱情故事有关,因此提拉米苏深受年轻人的喜爱,是目前咖啡厅、西饼房的新贵。提拉米苏融合了 Espresso(特浓意大利咖啡)的苦、蛋与糖的润、甜酒的醇、巧克力的馥郁、手指饼干的绵密、乳酪和鲜奶油的稠香、可可粉的干爽等等,让人回味无穷、遐想联翩。

2. 配方

表 16-13 提拉米苏配方

原料	烘焙百分比(%)	实际用量(g)	原料	烘焙百分比(%)	实际用量(g)
马斯卡波尼奶酪	100	250	幼砂糖	30	75
手指饼干	50	125	浓咖啡	30	75
全蛋	50	125	防潮可可粉	10	25
淡奶油	60	150	甜酒	15	38

3. 制作过程

(1)将鸡蛋与幼砂糖在搅拌缸中搅打至糖颗粒全部溶化,加入马斯卡波尼奶酪搅拌至柔滑细腻。

(2)淡奶油搅拌至湿性发泡。

(3)将两者拌和均匀。

(4)咖啡和甜酒混合均匀。

(5)取玻璃杯或者模具,将手指饼干浸泡一下咖啡酒,快速取出,摆放在玻璃杯底,倒入一层乳酪蛋液,再放一层咖啡酒手指饼干,再铺一层乳酪蛋液,最后将乳酪蛋液倒满容器。

(6)冷藏 3 小时以上,如果第二天再食用则更佳。

(7)食用前撒上防潮可可粉。

4. 制作注意事项

(1)如果蛋液中糖的颗粒无法溶化,可以用滤网过滤。保证产品的细腻柔滑。

(2)淡奶油的打发程度要控制得当。

(3)糖的用量可以根据顾客的需要适当调整。

(4)咖啡与酒的品种可以根据口味做适当调整。

(5)如冷藏时间不够,或者是大型的产品,可以在浆液中加入一定量的明胶帮助更好地凝固,以保证产品形态的完整。

5. 拓展空间

可以添加酸奶制成酸奶提拉米苏。手指饼干也可以用海绵蛋糕代替,口感更为绵软。

第四节　装饰蛋糕

现代的装饰蛋糕,不但讲究内在的质量和营养,更注重外在的造型、整体的构思、做工的精细、色彩的搭配,同时还要具备特定的主题。人们在品尝蛋糕美味的同时,也享受着一场视觉盛宴。一款美不胜收的蛋糕,不仅让人垂涎,更让人觉得是一件艺术品。任何一款蛋糕都离不开西点师的用心揣摩和精心雕琢,浓浓的情感与强烈的艺术气息经过西点师的双手融为一体,西点师通过巧妙的构思和精湛的技艺为人们打造出一款款精美的蛋糕。

装饰蛋糕是指在蛋糕的表面进行各种美观的、富有艺术感的装饰的蛋糕,是西点制作技术与绘画艺术、色彩搭配艺术和造型艺术等结合的综合作品。装饰蛋糕不但具有丰富的营养、美观雅致的造型、清新淡雅的色彩、芳香美味的口感,还具有各种不同的主题,表达了很多美好的情感。因此装饰蛋糕已经成了各种节日、纪念日和喜庆日传递人们感情的一种载体。

一般而言装饰蛋糕外表装饰的原料本身含高量油脂,经冷藏后冻结凝固可防止蛋糕内的水分被蒸发而失散,有的是坚硬的糖皮,防止水分的外泄,这些装饰原料都有防止蛋糕老化的作用,所以蛋糕经装饰后可达到长期保存的效果。

质地坚硬的蛋糕用硬性的装饰原料,质地柔软的蛋糕用软性的装饰原料。

重奶油蛋糕:可不做任何装饰,在表面点缀蜜饯水果或坚果核仁;用糖衣装饰。

轻奶油蛋糕:用奶油装饰原料。

乳沫类蛋糕:用奶油霜、鲜奶油和果冻装饰原料。

戚风类蛋糕:用奶油霜、鲜奶油和冰淇淋装饰原料。

装饰蛋糕主要的制作程序:确立主题,进行设计,准备原料和工具,基础构成,运用各种装饰方法布局装饰、配色,最后修饰完成。

一、奶油生日蛋糕(Birthday Cake)

1. 产品特点

中古时期的欧洲人相信,生日是灵魂最容易被恶魔入侵的日子,所以在生日当天,亲人朋友都会齐聚身边给予祝福,并且送蛋糕以带来好运驱逐恶魔。最早的蛋糕是用几样简单的材料做出来的,这些蛋糕是古老宗教神话与奇迹式迷信的象征。早期制作蛋糕的原料需要由远东向北输入,坚果、柑橘类水果、枣子与无花果从中东引进,甘蔗则从东方国家与南方国家进口。因此那个时候,最初只有国王才有资格拥有生日蛋糕。随着时间的推移,今天,不论是大人或小孩都可以在生日那一天,买个漂亮的蛋糕享受众人的祝福。

2. 配方

表 16-14　奶油生日蛋糕配方

原料	实际用量	原料	实际用量
10 寸戚风蛋糕圆底坯	1 只	果占	100 克
裱花甜奶油	1 盒	各式水果	200 克
巧克力	100 克		

3. 制作过程

(1)将贮藏在冰柜中的鲜奶自然溶化后,用搅拌机将其打发,至原来体积的 3 倍左右。形成色泽洁白,可塑性强的鲜奶膏体。

(2)将 10 寸的蛋糕圆底坯,用刀修理平整后,分为 3 片。厚薄一致,上层切面朝上。

(3)夹馅,每层中间夹一层鲜奶膏,厚约 0.5cm(可放鲜水果粒)。

(4)涂面、封边,用长刀将鲜奶膏均匀涂满糕坯表面和四周,要求刮面平整,抹光。

(5)将其余的鲜奶膏装入裱花袋,在表面和周边裱上图案式花纹。

(6)装饰上巧克力片和水果。

(7)用巧克力酱写上"生日快乐"。

4. 制作注意事项

(1)生日蛋糕裱制的一般程序:写字、构图。构图中要注意顺序,先裱花边,再裱主花,最后是锁边。

(2)面上也可以直接放水果进行装饰(去皮、核)锁边。

(3)装饰方法多种多样,可以用多种原料进行组合装饰。

5. 拓展空间

生日蛋糕的制作有很多品种,如蛋白裱花生日蛋糕、奶油生日蛋糕、儿童卡通生日蛋糕、巧克力生日蛋糕、水果生日蛋糕等。

二、巧克力蛋糕(Chocolate Cake)

1. 产品特点

巧克力是一种健康又美味的食品,科学合理地食用巧克力会给我们的生活带来快乐、幸福。用巧克力奶油膏夹馅,巧克力浆和巧克力片等进行表面装饰,图案简洁大方,蛋糕松软可口,巧克力味浓香甜,是送礼的佳品。

2. 配方

表 16-15　巧克力蛋糕配方

原料	实际用量	原料	实际用量
10 寸戚风蛋糕圆底坯	1 只	巧克力浆	100 克
裱花甜奶油	1 盒	各式水果	200 克
黑白巧克力	200 克		

3. 制作过程

(1)将贮藏在冰柜中的鲜奶自然溶化后,用搅拌机将其打发,至原来体积的 3 倍左右,形成色泽洁白、可塑性强的鲜奶膏体。

(2)将 500g 的圆坯,用刀修理平整后,分为 3 片。厚薄一致,上层切面朝上。

(3)夹馅,每层中间夹一层鲜奶膏,厚约 0.5cm(可放鲜水果粒)。

(4)涂面,封边,用长刀将鲜奶膏均匀涂满糕坯表面和四周,要求刮面平整,抹光。

(5)将巧克力浆均匀地淋在鲜奶上面。

(6)将黑、白巧克力溶解后裱制出各种巧克力制品,冷却成形后进行装饰,水果切片装饰。

4. 制作注意事项

(1)巧克力溶解的最佳温度是50℃,否则巧克力会发砂而不光洁。

(2)淋巧克力浆光滑,使鲜奶不露底。

5. 拓展空间

巧克力蛋糕可以有巧克力淋浆蛋糕、巧克力脆皮蛋糕、巧克力碎屑蛋糕等。

三、黑森林蛋糕(Schwarzwaelder Kirschtorte)

1. 产品特点

黑森林蛋糕是德国著名甜点。它融合了樱桃的酸、奶油的甜、巧克力的苦、樱桃酒的醇香。完美的黑森林蛋糕经得起各种口味的挑剔。黑森林蛋糕被称作黑森林的特产之一,德文原意为"黑森林樱桃奶油蛋糕"。正宗的黑森林蛋糕一点也不黑,不含黑色的巧克力。

黑森林蛋糕的雏形最早出现于南部黑森林地区。相传,每当樱桃丰收时,农妇们除了将过剩的樱桃制成果酱外,在做蛋糕时,也会大方地将樱桃一颗颗塞在蛋糕的夹层里,或是作为装饰细心地点缀在蛋糕的表面。而在打制蛋糕的鲜奶油时,更会加入大量樱桃汁。制作蛋糕坯时,面糊中也加入樱桃汁和樱桃酒。这种以樱桃与鲜奶油为主的蛋糕从黑森林传到外地后,也就变成所谓的"黑森林蛋糕"了。

目前大部分的糕饼师傅在制作黑森林时,会使用不少巧克力。蛋糕表面的黑色巧克力碎屑让人联想起美丽的黑森林,于是很多人认为黑森林因此得名。其实黑森林蛋糕真正的主角,是那鲜美的樱桃。

2. 配方

表 16-16　黑森林蛋糕配方

原料	实际用量	原料	实际用量
10 寸戚风可可蛋糕圆底坯	1 只	巧克力浆	100 克
裱花甜奶油	1 盒	黑樱桃	200 克
巧克力碎皮	200 克		

3. 制作过程

（1）制作蛋糕坯过程同前。

（2）将烤好的蛋糕切成 4 层备用。

（3）在糖水内加入少许白兰地，刷在每一层蛋糕上。

（4）将鲜奶打发涂抹在每层上，并撒上黑樱桃，最后用鲜奶膏将表面及四周抹均，并撒上巧克力碎皮。

（5）蛋糕表面可以用鲜奶裱图案或各种花纹，也可用巧克力针或红樱桃进行点缀。

4. 制作注意事项

（1）炉温控制适当不要外焦里不熟。

（2）片坯要厚薄均匀。

（3）鲜奶涂抹要平整，要覆盖均匀。

5. 拓展空间

目前德国对黑森林蛋糕的制作有严格的要求，在 2003 年的国家糕点管理办法中规定："黑森林樱桃蛋糕是樱桃酒奶油蛋糕，蛋糕馅是奶油，也可以配樱桃，加入樱桃酒的量必须能够明显品尝得出酒味。蛋糕底托用薄面饼，至少含 3% 的可可粉或脱油可可，也可使用酥脆蛋糕底。蛋糕外层用奶油包裹，并用巧克力碎末点缀"。在德国销售的蛋糕，只有满足以上条件，才称得上是"黑森林樱桃蛋糕"。在许多国家，黑森林蛋糕的一些成分被当地的特产所替代，或者去除了酒精成分。

四、杏仁皮蛋糕(Marzipan Cake)

1. 产品特点

杏仁膏(Marzipan,又称杏仁糖衣)是由杏仁核和其他核果所配成的膏状原料。杏仁膏可用于烘烤,制作杏仁饼及饼干,作为糕面及蛋糕内馅,也可用来制作小杏仁蛋糕及富有色彩和造型的糕点装饰。

2. 配方

表 16-17　杏仁皮蛋糕配方

原料	实际用量	原料	实际用量
10寸海绵蛋糕圆底坯	1只	朗姆酒	50克
裱花甜奶油	1盒	水果	300克
杏仁膏	300克	食用色素	少量

3. 制作过程

(1)将蛋糕坯分别切成厚薄均匀的 3 片。

(2)在切面洒上糖水、朗姆酒并夹上水果粒,抹上鲜奶膏。

(3)用鲜奶膏将表面、四周抹平、抹光。

(4)将杏仁膏擀成厚薄一致的杏仁皮,然后进行切割、修饰成一定的形状,多余的制成各种动物、花等装饰物。

(5)将杏仁膏小心地放在蛋糕上面,再放上杏仁装饰物和水果。

4. 制作注意事项

(1)主题突出,装饰要为主题服务;根据客人的要求,进行装饰和设计。

(2)色泽要淡雅。

5. 拓展空间

杏仁糖膏口味香甜,富有营养。杏仁糖膏还可以用于填充巧克力,或是做成水果、蔬菜、动物等造型的糖果和饼干等。

五、翻糖蛋糕的制作(Fondant Cake)

1. 产品特点

翻糖蛋糕源自于英国的艺术蛋糕,现在是美国人极喜爱的蛋糕装饰手法。延展性极佳的翻糖(Fondant)可以塑造出各式各样的造型,并将精细特色完美地展现出来,造型的艺术性无可比拟,充分体现了个性与艺术的完美结合,因此成为当今蛋糕装饰的主流。翻糖蛋糕凭借其豪华精美以及别具一格的时尚元素,除了被用于婚宴,还被广泛使用于纪念日、生日、庆典,甚至是朋友之间的礼品互赠!

翻糖音译自 fondant,常用于蛋糕和西点的表面装饰。是一种工艺性很强的蛋糕。是以翻糖为主要材料来代替常见的鲜奶油,覆盖在蛋糕体上,再以各种糖塑的花朵、动物等做装饰,做出来的蛋糕如同装饰品一般精致、华丽。因为它比鲜奶油装饰的蛋糕保存时间长,而且漂亮、立体,容易成形,在造型上发挥空间比较大,所以是国外最流行的一种蛋糕,也是婚礼和纪念日最常使用的蛋糕。

由于翻糖蛋糕用料以及制作工艺的与众不同,其可塑性是普通的鲜奶油蛋糕所无法比拟的。可以说,所有你能想象到和不能想象到的立体造型,都能通过翻糖工艺在蛋糕上一一实现。

2. 配方

厚 10cm,直径分别为 70cm、60cm、50cm、40cm、20cm 的黄油蛋糕 5 个。糖粉 10kg,蛋白 2kg,醋精 0.5kg,玉米糖浆 300 克,明胶 0.5kg,甘油 50ml,食用色素适量。

3. 制作过程

(1)将糖粉过 100 目铜筛两遍。

(2)将明胶以 1∶7 溶于水,加入玉米糖浆和甘油小火加热,直至所有原料完全溶解。

(3)将熬好的明胶溶液倒入糖粉,并加入适量的醋精调制成软度适量的翻糖皮。用糖皮将圆坯包严后,修齐、磨平待用。

(4)用糖粉与蛋清调制成糖膏。

(5)将糖膏舀入蜡光纸,在圆坯的边上裱挤图案、花纹及线条。

(6)在糖皮加入适量色素后,捏制小动物和玫瑰花等造型物。

(7)将裱制完工后的圆坯分别安装在五层支架上,最后在每层上面放上各类装饰物。

4.制作注意事项

(1)糖皮、糖膏应根据用量调制,否则易干燥难成形。

(2)线条粗细要一样,间距要相等。

(3)糖粉的颗粒越细,制作出来的翻糖越是细腻。

(4)糖皮、糖膏制作过程中要及时包好,否则易干燥。

(5)造型物的制作,最好能先制成纸板模块,根据纸模块的大小,再裁制成糖皮模块。

(6)难度大,做工精细,一定要耐心、细致。

(7)遇气候湿度大时,注意糖皮制品的返潮损坏,应采取干燥、除湿措施。

5.拓展空间

艺术造型蛋糕是各种蛋糕优点的综合体现,具有装饰性强、耐人寻味的特点,艺术蛋糕的造型,一般是对客观事物的模仿,如:楼、台、亭、阁、九曲桥、假山、大型糖塔、巧克力雕等。其制品难度大,费时费力,欣赏价值高,主要用于装饰橱窗、宴会及各种大型活动的布景及顾客的特殊需要。

第十七章　小西饼类产品制作实例

📖 **知识目标：**

　　了解小西饼（Cookies）的主要种类，掌握小西饼制作的工艺原理，熟悉小西饼制作的原辅料的性质特点，以及对原料的选用要求。

📖 **能力目标：**

　　掌握并能独立完成软性小西饼和韧性小西饼的主要代表品种的制作，可以运用不同的成形方法制作出不同的小西饼。掌握不同类型小西饼的面团（面糊）的调制技术、烘焙技术、装饰技术等。同时还能根据操作过程中出现的问题进行分析和处理解决，能拓展和创新小西饼制作的思路。

📖 **预习导航：**

　　1. 小西饼制作的基本原辅料的作用与选用。

　　2. 小西饼的主要类别。

　　3. 不同类型的小西饼调制面团（面糊）的技术要点。

　　4. 不同类型的小西饼的制作原理。

　　5. 裱挤型的小西饼的制作注意事项有哪些？

　　小西饼是一种松、酥、香、脆的小型西点，因为口感好，深受消费者的喜爱。因为小西饼的销路好、利润高，又可以长期储存，所以在很多饼店和酒店都有出售。在制作过程中，很多西点师会根据顾客的情况和环境的变化，形成自己独特的产品配方。随着式样的不断创新，产品的日益增加，小西饼在名称上也有很多的称呼，本章节主要是依据小西饼不同的性质和不同的调制方法，对小西饼进行一个大致的分类，并在每个类别列出一个典型的产品制作实例。

第一节 面糊类小西饼

面糊类小西饼所用的原料主要为面粉、蛋、糖、油、牛奶和化学膨松剂等。

一、软性小西饼

1. 产品特点

软性小西饼的口感较软,配方中含水量在面粉量的 35% 以上,性质与蛋糕相似,但是比蛋糕的韧性更强。此类小西饼通常呈面糊状,相当稀软,因此整形时往往直接将面糊用裱花袋挤在烤盘上,产品的形状往往是凹凸不平或者是不规则形的。此类小西饼在制作中经常加入水果蜜饯,使得产品具有水果的香味,同时也使得产品的水分更多,更为软韧。

2. 配方

表 17-1 葡萄干燕麦小西饼配方

原料	烘焙百分比(%)	实际用量(g)	原料	烘焙百分比(%)	实际用量(g)
黄油	75	150	盐	1	2
低筋粉	100	200	奶粉	6	12
全蛋	35	70	葡萄干	50	100
幼砂糖	100	200	水	70	140
发粉	1.5	3	燕麦片	60	120
核桃仁	30	60	肉桂粉	0.5	1

3. 制作过程

(1)葡萄干与水加热煮沸 5 分钟,水分收干至原来的一半,然后冷却待用。

(2)将幼砂糖和黄油、奶粉等中速搅拌至松发。

(3)分两次将蛋加入,并且搅拌充分。

(4)将准备好的葡萄干加入拌匀。

（5）加入已经过筛的面粉和发粉，慢速搅拌均匀。

（6）最后加入燕麦片和碎核桃仁。

（7）将面糊装在裱花袋中，挤在擦油的烤盘中。

（8）烘烤，上火180℃，下火170℃，时间为8～10分钟。

4. 制作注意事项

（1）糖油在搅拌过程中要停机将搅拌缸底部的油脂及时地搅匀。

（2）蛋要分次加入，每次加入充分乳化后再加第二次。

（3）面糊如果过干，可以添加少量牛奶稀释。

（4）注意裱挤时要厚薄均匀，不然会造成产品焦生的现象。

5. 拓展空间

通过改变不同的水果和蜜饯可以制作出不同口味的产品。

二、硬脆性小西饼

1. 产品特点

硬脆性小西饼配方中糖的用量比油脂多，油脂的用量比水多，面团硬和干，制作时把面团进行分割整形，然后切成薄片，或者是擀成薄片后用各种模具压出不同形状的产品，落盘后进行烘烤。产品口感较硬和脆。

2. 配方

表17-2　椰子小西饼配方

原料	烘焙百分比（％）	实际用量（g）	原料	烘焙百分比（％）	实际用量（g）
黄油	75	150	盐	1	2
低筋粉	100	200	奶粉	6	12
全蛋	25	50	椰子粉	6	12
糖粉	50	100	椰子香精	0.4	0.8
发粉	1.5	3			

3. 制作过程

（1）将糖粉和黄油中速搅拌至松发。

（2）蛋分次加入，搅拌均匀。

（3）面粉和发粉过筛后慢速加入，最后加入椰子粉，搅拌均匀。

（4）将面团放在面粉袋上用擀面杖擀成厚约 0.4 厘米的薄片，用模具刻出形状。

（5）落盘，用叉子在饼面上刺洞。

（6）烘烤，上火 180℃，下火 170℃，时间为 18～20 分钟。

（7）可以加果酱或者其他馅料来食用。

4. 制作注意事项

（1）糖油在搅拌过程中要停机将搅拌缸底部的油脂及时地搅匀。

（2）蛋要分次加入，每次加入充分乳化后再加第二次。

（3）擀制时要注意厚薄均匀。

5. 拓展空间

在面团中可以加入核桃仁等果仁，和樱桃等蜜饯混合，制成不同口味的产品。造型也可以是方形、圆形和条状，然后切成薄片。

三、酥硬性小西饼

1. 产品特点

酥硬性小西饼的配方中油脂和糖的用量基本相同，水分较少，面团较干，制作过程中打入较多的空气，油脂的含量比较多，因此面团既无法裱挤又无法擀制成形，需要用纸包起来后放入冰箱冷藏冻硬后再进行制作，因此又称为冰箱小西饼。这种品种口感较酥。

2. 配方

表 17-3　核桃小西饼配方

原料	烘焙百分比（%）	实际用量（g）	原料	烘焙百分比（%）	实际用量（g）
黄油	60	120	盐	0.5	1
低筋粉	100	200	奶粉	6	12
全蛋	20	40	核桃仁	25	50
糖粉	50	100			

3. 制作过程

（1）将糖粉和黄油中速搅拌至松发。

319

（2）蛋分次加入，搅拌均匀。

（3）面粉和发粉过筛后慢速加入，最后加入核桃仁，搅拌均匀。

（4）将面团整形成圆柱状或者是四方形，进冰箱冷藏。

（5）将冻硬的面团切成厚约0.6厘米的片，落盘。

（6）烘烤，上火190℃，下火180℃，时间为8～10分钟。

4. 制作注意事项

（1）糖油在搅拌过程中要停机将搅拌缸底部的油脂及时地搅匀。

（2）蛋要分次加入，每次加入充分乳化后再加第二次。

（3）刀切时要注意厚薄均匀。

（4）核桃仁要预先烤脆，再掰成小颗粒。

5. 拓展空间

此类产品可以有多种变化，一是加入不同的干果，二是加入不同的蜜饯，三是加入可可粉调制不同颜色的面团，然后制成棋盘状、螺旋状等多种形状的产品。

四、松酥性小西饼

1. 产品特点

松酥性小西饼的配方中面粉用量第一，其次是油脂，然后是糖，水分的含量相对较少。此类产品在制作中搅拌入较多的空气，因此面糊相对的松软，通常用裱花袋来裱挤成形。通过裱花嘴的不同，挤出多种形状的产品，口感松酥，比较受顾客的欢迎。

2. 配方

表 17-4　奶油曲奇小西饼配方

原料	烘焙百分比（%）	实际用量（g）	原料	烘焙百分比（%）	实际用量（g）
黄油	70	120	盐	1	2
低筋粉	100	200	牛奶	10	20
全蛋	25	50	香草水	1	2
糖粉	40	80			

3.制作过程

(1)将黄油、糖放入搅拌机里搅打,打至膨松,乳白色,逐个加入鸡蛋,边加边搅,直至加完搅打均匀。

(2)将过筛的面粉加入搅匀,即成了曲奇饼干糊。

(3)将饼干糊装入裱花袋内,在抹油撒粉的烤盘中裱成长形、圆形或圈形。

(4)入炉烘烤,烘烤温度:上火 180℃,下火 170℃,时间为 8～10 分钟。

4.制作注意事项

(1)加入面粉时,拌匀既可,不要过度搅拌,以防饼干糊出筋。

(2)饼干糊裱在烤盘中间距要均匀,防止过密,产生粘连。

(3)烤盘必须要涂油和撒少量的干面粉。

5.拓展空间

可以加入可可粉或者花生酱等制成可可曲奇或花生曲奇等。曲奇制作完成后还可以通过不同的装饰和夹馅手法制作出不同口味和色泽的产品。

第二节　乳沫类小西饼

乳沫类小西饼的原料以鸡蛋为主,再辅以面粉和糖,油脂和牛奶的用量根据产品的性质而定。

一、海绵类小西饼(Sponge Type)

1.产品特点

海绵类小西饼主要原料是蛋,再加上适量的糖和面粉,配方与海绵蛋糕相似,只是蛋的用量不如海绵蛋糕,制作过程也相似,面糊较稀,需要裱花袋来整形。以手指饼干为例。

2.配方

表 17-5 手指饼干配方

原料	烘焙百分比(%)	实际用量(g)	原料	烘焙百分比(%)	实际用量(g)
幼砂糖	100	120	盐	1	2
低筋粉	100	200	香草水	1	2
全蛋	100	50			

3.制作过程

(1)将鸡蛋的蛋黄和蛋白分开。

(2)将蛋黄与1/3的幼砂糖的原料搅打至乳黄色浓稠时,加入面粉轻轻搅拌均匀。

(3)再将蛋清与剩余的幼砂糖打发接近于干性发泡期。

(4)将蛋黄部分和蛋白部分轻轻搅拌均匀。

(5)将饼干面糊用裱花袋裱在烘焙纸上,成1.5厘米宽,10厘米长的条。

(6)入炉烘烤,烤熟烤透即可。烘烤温度:上火 190℃,下火 180℃,时间为 7～8 分钟。

4.制作注意事项

(1)不用热油纸,也可以直接用烤盘,但烤盘必须要涂油和撒少量的干面粉。

(2)干糊裱在烤盘中间距要均匀,防止过密,产生粘连。

(3)注意掌握好烘烤时间,薄型产品容易焦煳。

5.拓展空间

可以在面糊中加入不同的调料,制作出不同口味的手指饼干,如咖啡饼干,还可以在手指饼干的表面撒上各种干果碎,如椰丝、杏仁片等,做出各种风味的手指饼干。

二、蛋白类小西饼(Meringue Type)

1.产品特点

蛋白类小西饼的制作方法与天使蛋糕相似,面糊制成后用裱花袋将面糊裱挤到烤盘中。

2. 配方

表 17-6　蛋白类小西饼配方

原料	烘焙百分比(%)	实际用量(g)	原料	烘焙百分比(%)	实际用量(g)
幼砂糖	100	200	柠檬汁	16	32
蛋白	100	200	香草水	1	2
玉米淀粉	60	120	裱花甜奶油		1 盒

3. 制作过程

(1)蛋白打至出泡,分次加入幼砂糖搅打至湿性发泡,加入柠檬汁搅拌均匀。

(2)玉米淀粉过筛后加入,慢速搅拌均匀。

(3)将蛋白糊装入裱花袋中裱挤成形。

(4)烘烤,上火 110℃,下火 70℃,时间约为 120 分钟。

(5)装饰成形,可以夹上奶油等馅料和表面装饰后食用。

4. 制作注意事项

(1)搅拌程度要适当。

(2)裱挤的形状大小每只烤盘要一致。

(3)烘烤温度和烘烤时间要根据产品的大小厚薄来进行适当的调整。

(4)烘烤时间较长,烘烤过程中尽量避免使产品上色,要保持产品的洁白酥脆,可以将烘箱的门半开来保持炉内适宜的温度。

5. 拓展空间

面糊中可以加入杏仁粉等让口感更香甜。两片蛋白饼之间可以夹上奶油、果酱等馅料,增加口味。可以在表面撒上白砂糖、水果、巧克力等装饰料,在色彩和口味上更佳。

第十八章　起酥类产品制作实例

📖 **知识目标：**

　　了解起酥制作的工艺流程，熟悉起酥制作的原辅料的性质特点，以及对原料的选用要求。

📖 **能力目标：**

　　掌握并能独立完成起酥面团的调制和十种以上起酥产品的制作，掌握起酥面团的调制技术、烘焙技术、装饰技术等。掌握和熟练使用相应的设备和工具，同时还能根据操作过程中出现的问题进行分析和处理，能拓展和创新起酥产品制作的思路。

📖 **预习导航：**

　　1.起酥制作的基本原辅料的选用。

　　2.起酥产品的特点是什么？水面团和油面团的调制要求是什么？

　　3.起酥产品的起酥原理是什么？

　　4.起酥产品的制作关键在哪里？如何把握？

　　5.起酥产品的烘烤的温度和时间如何控制？

　　6.充分松弛对起酥产品的重要性。

　　起酥类产品（Puff Pastry）又称为清酥类，也称为松饼，或者是用西式起酥的名称来区别中式油酥类制品。起酥类制品是用水面团包裹油面团，经过多次的擀叠后制作而成，成品层次多且清晰，制品成熟后口感酥、松、脆。

第一节　起酥面团的调制

一、水面团的调制

1. 起酥类产品水面团的特点

起酥类产品的面团因为一要包裹住多量的油脂,二要包裹住在烘焙过程中产生的大量气体,使得清酥制品可以膨胀至原来体积的 7～8 倍,所以起酥类产品的水面团必须要有良好的延伸性和弹性,才可以保存住气体,而形成良好的体积。

2. 配方

表 18-1　配方一:胀性较小的较酥的产品(法式包油法)

原料	烘焙百分比(%)	实际用量(g)	原料	烘焙百分比(%)	实际用量(g)
高筋粉	80	1600	盐	1	20
低筋粉	20	400	冰水	50	1000
黄油	10	200	包裹用油	90	1800

表 18-2　配方二:胀性较大的产品(英式包油法)

原料	烘焙百分比(%)	实际用量(g)	原料	烘焙百分比(%)	实际用量(g)
高筋粉	100	2000	白醋	2	40
蛋	5	100	冰水	50	1000
黄油	15	300	包裹用油	85	1700
糖	3	60			

表 18-3　配方三:苏格兰简易法

原料	烘焙百分比(%)	实际用量(g)	原料	烘焙百分比(%)	实际用量(g)
高筋粉	50	1000	糖	3	60
低筋粉	50	1000	冰水	50	1000
麦琪淋	75	1875			

3.制作过程

配方一：

将盐溶解于冰水中,面粉过筛倒入搅拌缸,用钩状搅拌桨搅拌至卷起,再加入黄油搅拌至光滑不粘缸,软硬度与包裹用油脂的硬度一致。用湿布包裹在冰箱中静置约半小时,取出压成四方形,厚约2厘米,用锋利刀具在中央切十字裂口,深度为面团厚度的一半。把4个裂角用擀面棍擀开,将包裹用油脂包入。

配方二：

将冰水、蛋、糖、醋放入搅拌缸中搅拌一分钟,面粉过筛加入搅拌缸搅拌至面团卷起,再加入黄油搅拌至光滑不粘缸,面筋完全扩展。将面团取出滚圆,表面切十字裂口,用湿布盖好后放入冰箱静置20分钟。取出后用擀面杖擀成厚2厘米的长方形面皮,长度为宽度的3倍,再将包裹用油脂铺在面皮的2/3的面积,再把1/3空白面皮盖住铺油的1/2,继续把另外的1/2铺油的面皮盖住此空白面皮上。静止松弛。

配方三：

面粉过筛倒入搅拌缸,将麦琪淋用刮刀切成乒乓球的大小,加入搅拌缸中,用桨状搅拌器慢速搅拌,使面粉与油脂黏合成一团。再将盐溶解在冰水中,加入搅拌缸搅拌至粉油成团。取出面团,用擀面杖稍稍擀平后静置在冰箱十分钟。再用擀面杖擀成厚约1.5厘米的长方形。

4.调制注意事项

(1)水面团的软硬度要与所包裹的油脂的软硬度一致。

(2)水面团的调制程度应该接近于面筋扩展阶段,如搅拌不到位,则面团筋性不够,不能很好地包裹油脂,会造成产品的外形不美观。如搅拌过度,则会使面团失去韧性,导致产品的膨胀效果差。

(3)面团中的油脂用量可以根据面粉的面筋度进行适当的调整,筋度较高可以适当增加,筋度较低则适当减少。

(4)面团的筋性较强,在制作之前要静置。

(5)面团调制使用冰水,因为冰水可以增加面团的吸水量,冰水揉成的面团不黏手,容易操作,冰水揉成的面团可以与包裹用油的硬度一致。

二、起酥类产品油面团的调制

1.起酥类产品油面团的特点

油脂需要选用有一定的硬度,又要有一定的可塑性的,熔点不能太低,这样才能在操作中经受反复的擀制、折叠和成形制作等过程,使油脂不至于被熔化而造成层次的粘连以致不酥松膨胀。

2.制作过程

(1)目前普遍选用的是片状起酥油,熔点高,加工性能好,制作方便。制作之前将片状起酥油敲软,与水面团的软硬度相一致,整形至包油所需要的形状。

(2)传统的起酥类产品选用的是黄油或是麦琪淋,熔点较低,可塑性略差,制作时有一定的难度,因此在制作过程中,需要添加适当的面粉擦匀冷冻定型再进行包油制作。

3.制作注意事项

(1)包裹用油的熔点在44℃左右为佳,可塑性好,胀性也很好,可以使得产品酥松膨胀,但是高熔点的油脂不易于为人体消化吸收。

(2)包裹用油中的含水量不超过18%为佳。水分含量过多会造成多余的水分留在产品内部,影响产品的口感等品质。水分含量过少,产品亦不能形成最佳品质。

三、起酥类产品的制作过程

1.包油

起酥类产品的包油方法主要有法式包油法、英式包油法和苏格兰简易法。

(1)法式包油法。面团搅拌至面筋基本扩展,滚圆,用锋利的西点刀在面团的顶部切十字裂口,刀口约为面团的1/2,然后盖上布松弛10分钟。面团经过松弛后裂口向外扩展,变成了正四方形,用擀面杖将裂口的四角向外擀开,中间厚,四边擀开的厚度为中间的1/4,然后将包裹用油整形成四方形大小正好是中间厚的部分,将油脂放在中间厚的部分,将四边的面皮按顺序包向油脂,每片面皮都完全覆盖住油脂,因此油脂四周面皮的厚度是一致的。

静置 20 分钟之后进行擀叠。

(2)英式包油法。面团搅拌至面筋基本扩展,滚圆,用锋利的西点刀在面团的顶部切十字裂口,刀口约为面团的 1/2,然后盖上布松弛 10 分钟。面团经过松弛后裂口向外扩展,变成了正四方形,用大擀面杖将面皮擀成厚约 2 厘米的长方形面皮,长度为宽度的 3 倍。将包裹用油整形为面皮的 2/3 大小铺在面皮上,边缘线留白约 1 厘米,将空白的 1/3 叠在包油的面皮上,再将另外的 1/3 已经铺油的面皮叠在此空白的面皮上,形成 3 层面皮 2 层油脂的面团,静置 20 分钟。

(3)苏格兰简易法。将配方中所有的面粉放入搅拌缸,将油脂分成小块放入,经过搅拌,使得油脂像乒乓球大小,最后将冰水倒入面团搅拌均匀即可。注意不要搅拌过久,以免油脂和面粉充分融合。

注意:所有包油完成的面团都需要静置,最好在 2℃～10℃ 的冰箱内静置。

2. 擀叠

(1)四折法。将法式包油法的面团擀开成厚薄均匀的长方形,厚约 1 厘米,长度为宽度的 2 倍,将两端面皮折向中间,然后再对折,这样就完成了第一次四折法的包油。静置 20～30 分钟,最好在 2℃～10℃ 的冰箱内进行静置。然后重复以上步骤,一共 4 次,理论上可以形成 512 层面皮,实际上约为 257 层。

(2)三折法。将英式包油法的面团擀开成厚薄均匀的长方形,厚约 1 厘米,长度与宽度的比例为 3 比 2,用包油方法将面皮三折,然后静置 20～30 分钟,最好在 2℃～10℃ 的冰箱内进行静置。然后重复以上步骤,一共 5 次,理论上可以形成 729 层面皮,实际上约为 487 层。

擀叠好的面皮可以在 5℃ 的冰箱内保存两天,需要制作时取出整形制作。如果需要长期保存,则可以放置在冷冻(-27℃)箱内,需要时提前一天取出解冻后,再进行制作。

3. 整形

将擀叠好的面团根据产品的不同,擀压至 0.2～0.3 厘米厚薄的面皮,进行各种产品的制作。

整形过程中的注意事项:

(1)整形的面团不可以过硬,如果太硬可以静置至恢复适当的软硬度。

（2）整形的动作要快，制作时间越长，会使得面团过于柔软，增加整形的困难，妨碍产品的膨大和形状的完整。

（3）整形使用的刀具要锋利，可以让产品不粘连，更为松发。

（4）分割要注意形状的完整和规格一致。

（5）整形留下的边皮集中后可以制作一些膨胀性比较小的产品。

（6）整形后的产品落盘时要注意适当的间隔距离。

4. 烘烤

整形完成后要松弛 30 分钟，然后刷上蛋水，进炉烘烤，烘箱内可以喷蒸汽，炉温为 225℃，等到产品的体积充分形成之后，改用 175℃继续烘烤至产品成金黄色，质地坚实硬脆，充分熟透。

烘烤时为了避免颜色过快产生，或者是有时产品厚薄不一致，可以用厚牛皮纸盖在产品的表面，等到产品体积充分形成后再取出这张纸。

5. 装饰加工

产品出炉后可以用果酱在表面刷一层，增加产品的色泽和甜味。在出售前还可以在表面撒上糖粉来增加对顾客的吸引力。

6. 储存

已经成熟的产品可以储存在 5℃的冷藏箱内两三天，用塑料袋包装好，需要时取出，放入 225℃的烘箱里烘烤 7～8 分钟，然后再进行装饰后食用。

第二节　各类起酥产品的制作

完成整形后的起酥面团可以制作出很多同类不同样的产品。

一、马蹄酥（Horse Hoof Plain Pastry）

1. 原料

清酥面团 500 克，砂糖 250 克。

2. 制作过程

（1）将清酥面团擀成 2 毫米厚的片，撒上砂糖，抹均匀，用擀面杖压一下。

（2）把面片从两侧向中间各折 3 层，成为约 6 厘米粗的卷，横过来切成 8

毫米厚的片，平放在烤盘里。

(3)入炉烘烤，烤至底部成金黄色，及时翻过来把另一面也烤成金黄色，出炉后冷却。

烘烤温度：上火200℃，下火180℃，时间约为25分钟。

3. 制作注意事项

糖不要放得太多，以防产品烤煳。

二、苹果条(Plain Pastry Apple Cake)

1. 原料

清酥面团500克，苹果馅500克，鸡蛋50克。

2. 制作过程

(1)将清酥面团擀成3毫米厚、7厘米宽、40厘米长的面片做底。

(2)将苹果馅放在面片的中间，在面片的两边刷上蛋液。

(3)再将另一条面片盖上去，并在上面每隔1厘米割一刀，刀口长4～5厘米，两边不能割开。

(4)刷上蛋液，入炉烘烤。烤好后冷却，再切成块。

烘烤温度：上火200℃，下火170℃，时间约为25分钟。

3. 制作注意事项

产品一定要烤透，以防成品回软，影响松脆。

三、果酱包(Plain Pastry Jam Cake)

1. 原料

清酥面团500克，果酱100克，鸡蛋50克。

2. 制作过程

(1)把清酥面团擀成3毫米厚的片，用刀切成8厘米见方的片。

(2)将果酱放入面片的中间，四周刷上蛋液，再将一边折过来成长方形，上面的一层要盖过下面一层2毫米，上面斜划几刀。

(3)刷上蛋液，静置20分钟，入炉烘烤。烤上色至松脆，出炉冷却即可。

烘烤温度：上火200℃，下火170℃，时间约为25分钟。

3.制作注意事项

果酱不要放得太多,以免挤出影响外观。

四、淇淋筒(Cream Horn)

1.原料

清酥面团 500 克,砂糖 75 克,鸡蛋 50 克,鲜奶油 300 克。

2.制作过程

(1)将清酥面团擀成 2 毫米厚的片,用刀切成 2 厘米宽、25 厘米长的片。

(2)在上面刷上蛋液,绕在干净的角形模子上,绕的时候,用一只手拿着面片,另一只手拿着角形模,从尖的一端开始一直往粗的一端绕,绕完后,在一面刷上蛋液,粘上砂糖,放入烤盘,将无糖的并且有接口的一面朝下。

(3)入炉烘烤,烤至糖上色,产品松脆即可出炉冷却。烘烤温度:上火 200℃,下火 170℃,时间约为 25 分钟。

(4)将鲜奶油裱入淇淋筒里,用切碎的樱桃作点缀。

3.制作注意事项

卷制时要注意两边要有一定的重叠部分,否则烘烤成熟后会因为膨胀而造成较大的裂缝。

五、苹果卷(Apple Roll)

1.原料

清酥面团 500 克,苹果馅 600 克,鸡蛋 50 克。

2.制作过程

(1)把清酥面团擀成 3 毫米厚、15 厘米宽、40 厘米长的片。

(2)将苹果馅放入面片的中间,两边刷上蛋液,卷过来,面片的两侧也用蛋液粘住,在面的上面刷上蛋液,用叉子划出花纹。静置 20 分钟。

(3)入炉烘烤,烤至金黄色松脆即可。出炉冷却,切块。烘烤温度:上火 200℃,下火 170℃,时间约为 25 分钟。

3.制作注意事项

苹果馅要适当。

六、领结酥(Plain Pastry bow tie)

1. 原料

清酥面团 500 克,速溶糖 50 克,糖粉 50 克,可可粉少许,樱桃 25 克。

2. 制作过程

(1)把清酥面团擀成 3 毫米厚的片,切成 4 厘米宽、10 厘米长的长方块,在中间扭转,平放烤盘中,静置 20 分钟。

(2)入炉烘烤,烤上色,烤透即可,出炉冷却待用。烘烤温度:上火 200℃,下火 170℃,时间约为 25 分钟。

(3)将可可粉放入速溶糖里,隔水加热至 40℃,用裱花纸将它裱在撒有糖粉的领结酥上,中间用樱桃点缀。

3. 制作注意事项

造型时扭转要到位,必须静置充分后再进行烘烤。

七、芝士条(Cheese Finger)

1. 原料

清酥面团 500 克,芝士 50 克,红椒粉少许。

2. 制作过程

(1)将清酥面团擀成 3 毫米厚的片。

(2)将芝士粉、红椒粉撒在面片上,抹均匀,折成 3 层,再擀成 3 毫米厚的片,切成 8 毫米宽、7 厘米长的条,拧成麻花形,放入烤盘,静置 20 分钟。

(3)入炉烘烤,烤上色松脆即可出炉。烘烤温度:上火 200℃,下火 170℃,时间约为 20 分钟。

3. 制作注意事项

装饰物可以多种多样,甜咸皆可。

八、苹果包(Apple in Plain Pastry)

1. 原料

清酥面团 500 克,苹果 1000 克(10 个),玉桂粉少许,砂糖 200 克,鸡蛋

50 克。

2. 制作过程

(1)将清酥面团擀成 2 毫米厚的片,切成 10 块。

(2)将苹果去皮,挖去芯,把糖、玉桂粉拌匀,装入挖空的苹果内,用面片包住苹果,包紧,放在烤盘上刷上蛋液,静置 20 分钟。

(3)入炉烘烤,烤上色烤熟即可。烘烤温度:上火 200℃,下火 170℃,时间约为 25 分钟。

3. 制作注意事项

苹果不能过大,注意调整烘烤的时间和上下火的温度。

九、风车酥(Pinwheel Crisp)

1. 原料

清酥面团 500 克,苹果酱 50 克,鸡蛋 50 克。

2. 制作过程

(1)将清酥面团擀成 3 毫米厚的片,切成 7 厘米见方的片。

(2)从四角向中间割四道 3 厘米长的口,把开口的面折过一角,折到中间,四个角都折过来,把四个角在中间按住,挤上一点果酱,在面上刷上蛋液。静置 20 分钟。

(3)入炉烘烤,上色烤透即可。烘烤温度:上火 200℃,下火 170℃,时间约为 20 分钟。

3. 制作注意事项

切割用刀要锋利,造型时中间黏合要紧实。

十、牛舌酥(Plain Pastry Ox Tongue)

1. 原料

清酥面团 500 克,砂糖 100 克,鸡蛋 50 克。

2. 制作过程

(1)将清酥面团擀成 5 毫米厚的片,用腰形印模印出腰形片,再将它擀成长约 12 厘米、宽约 5 厘米的片,刷上蛋液。

（2）将砂糖放在桌上，再将面片刷有蛋液的一面朝下，放在砂糖上，按一下，翻过来将有糖的一面朝上放入烤盘里，静置 20 分钟。

（3）入炉烘烤，烤至表面的糖上色即可出炉。烘烤温度：上火 200℃，下火 180℃，时间约为 12 分钟。

3. 制作注意事项

（1）擀面要迅速，以防面软操作变形。

（2）烘烤时，要烤透，以防回软。

十一、奶油千层酥（Milleffeuille Chantilly）

1. 原料

清酥面团 250 克，鲜奶油 250 克，糖粉 100 克。

2. 制作过程

（1）将清酥面团擀成 3 毫米厚的片，放入烤盘里，用叉子在面片上戳些洞，静置 20 分钟。

（2）入烤炉烘烤，烤上色烤透出炉，冷却待用。烘烤温度：上火 200℃，下火 180℃，时间约为 15 分钟。

（3）将烤好的面片切成大小一样的三块，再把打发的鲜奶油抹在三块面片的中间，叠整齐，在最上面也抹上鲜奶油，然后把切下来的边缘小块，搓成渣，撒在上面，筛上糖粉。

（4）切成大小合适的块即可。

3. 制作注意事项

（1）烤之前，面片上一定要戳些孔，以防中间太空，不好制作。

（2）最后切块时，要小心，别用力太大，以防变形。

十二、咖喱蔬菜包（Curried Vegetables Cake）

1. 原料

清酥面团 500 克，卷心菜、洋葱、胡萝卜、蘑菇各 300 克，咖喱适量，调味品少许，黄油少许，生粉适量，鸡蛋 50 克。

2. 制作过程

（1）将原料中蔬菜用黄油炒，加水少许，加调料等，熟后淋芡，起锅冷却待用。

（2）将清酥面团擀成 3 毫米厚的片，切成 8 厘米见方的片。

（3）将蔬菜馅放在每一片的中间，四周刷上蛋液，对角包上，成三角形，刷上蛋液，静置 20 分钟。

（4）入炉烘烤，烤上色，烤透出炉即可。烘烤温度：上火 200℃，下火 170℃，时间约为 20 分钟。

3. 制作注意事项

馅料调制要咸淡适宜，成形时要注意上面部分盖过下面部分，三角形的边要粘实。

十三、咖喱牛肉角（Curried Beef Cake）

1. 原料

清酥面团 250 克，咖喱牛肉馅 250 克，鸡蛋 50 克。

2. 制作过程

（1）将清酥面团擀成 3 毫米厚的片，切成 8 厘米见方的块。

（2）在面片的四周刷上蛋液，将牛肉馅放在面片的中间，对角包上，成三角形，刷上蛋液，静置 20 分钟。

（3）入炉烘烤，烤上色，烤透出炉，冷却即可。烘烤温度：上火 200℃，下火 170℃，时间约为 20 分钟。

3. 制作注意事项

馅料调制要咸淡适宜，成形时要注意上面部分盖过下面部分，三角形的边要粘实。

十四、柠檬酥盒（Lemon Vol au Vent）

1. 原料

清酥面团 500 克，牛奶 350 克，鸡蛋 75 克，砂糖 75 克，柠檬 75 克，低筋粉 40 克，香兰素少许。

2. 制作过程

（1）将清酥面团擀成 1.2 厘米厚的片，用直径 7 厘米的圆花印模，印出圆片来,再将直径 4 厘米的圆印模,在圆片中间印出深度为 8 毫米的圈,放入烤盘,刷上蛋液,静置 20 分钟。

(2)入炉烘烤,烤上色,烤透出炉冷却后,取下中间的小圆盖,挖去中间一部分面,待用。烘烤温度:上火 200℃,下火 170℃,时间约为 20 分钟。

(3)将蛋黄、糖、面粉搅匀,加入煮沸的牛奶搅匀,在文火上煮开放入柠檬皮末和柠檬汁、香兰素搅匀,成为蛋黄柠檬少司。

(4)将少司放入烤好的酥盒里,盖上小圆盖子即可。

3. 制作注意事项

面皮要厚薄均匀,成品才能端正不歪斜。内馅可以有多种变化,如加入巧克力少司即成为巧克力酥盒(Chocolate Vol au Vent)。

十五、草莓酥盒(Strawberry Vol au Vent)

1. 原料

清酥面团 500 克,鲜奶油 250 克,新鲜草莓 250 克,鸡蛋 50 克。

2. 制作过程

(1)将清酥面团擀成 1.2 厘米厚的片,用直径 7 厘米的圆花印模,印出圆片来,再将直径 4 厘米的圆印模,在圆片中间印出深度为 8 毫米的圈,放入烤盘,刷上蛋液,静置 20 分钟。

(2)入炉烘烤,烤上色,烤透出炉冷却后,取下中间的小圆盖,挖去中间一部分面,待用。烘烤温度:上火 200℃,下火 170℃,时间约为 20 分钟。

(3)将草莓洗净沥干水分,加入打发的鲜奶油拌匀,装入酥盒里,上面盖上小圆盖子即可。

3. 制作注意事项

面皮要厚薄均匀,成品才能端正不歪斜。内馅可以有多种变化,如加入菠萝即成为菠萝酥盒(Pineapple Vol au Vent)。

十六、拿破仑(Napoleon)

1. 原料

清酥面团 500 克,奶油馅,各种水果,糖粉。

2. 制作过程

(1)将清酥面团擀成0.4厘米厚的片,用大擀面杖将擀好的面皮移到平烤盘上,大小与烤盘基本一致。用滚筒或是叉子在面皮表面刺洞,静置30分钟。

(2)入炉烘烤,烤上色,烤透出炉冷却后,待用。烘烤温度:上火180℃,下火170℃,时间约为20分钟。

(3)将冷却的酥皮用利刀将四边切平整。切下的碎片用于表面装饰。然后将酥皮切成长方形的条。

(4)取切好的酥皮一块涂上奶油馅,铺上水果。再将第二块酥皮放上去,涂上奶油馅,铺上水果,将第三块酥皮放上,光面朝上,轻轻压一下,使得三层黏合在一起。表面裱挤奶油装饰水果,在食用前撒上糖粉。

3. 制作注意事项

可以选用其他产品制作过程中的边皮来制作。面皮厚薄要一致。烘烤时要注意烤透。

拓展空间:

清酥制品的制作相对比较复杂,制作时间较长,可以将清酥面团制作完成后放入冰箱冷冻,在需要时取出解冻成形、烘烤。

清酥制品的馅料和造型可以有更多的变化,如葡式蛋塔,还可以用于西餐的菜品制作,如酥皮海鲜盅等。

第十九章 泡芙类产品制作实例

📖**知识目标：**

　　了解泡芙制作的工艺流程，熟悉泡芙制作的原辅料的性质特点，以及对原料的选用要求。

📖**能力目标：**

　　掌握并能独立完成泡芙面糊的调制和五种以上泡芙产品的制作，五种以上泡芙品种的装饰，掌握泡芙面糊的烫面技术、搅拌技术、烘焙技术、装饰技术等。掌握泡芙馅心的调制。同时还能根据操作过程中出现的问题进行分析和处理，能拓展和创新泡芙产品制作的思路。

📖**预习导航：**

　　1.泡芙制作的基本原辅料的选用。

　　2.泡芙产品的特点是什么？

　　3.泡芙产品的起发原理是什么？

　　4.泡芙产品的制作关键在哪里？ 如何把握？

　　5.泡芙的馅料有哪些？ 可以有何创新？

　　6.泡芙成熟的方法有哪些？ 泡芙产品烘烤的关键是什么？

　　泡芙是英文 Puff 的音译，也叫哈斗、气鼓或是奶油空心饼。泡芙是西点中非常常见的品种，制作方法不同于其他的西点制品。泡芙造型多样，内部填馅变化也很多，再加上外部装饰的点缀，口感外皮脆香，内馅绵软香甜，既美观又美味，非常受消费者的欢迎。但是泡芙在制作过程中也容易遭遇到失败，需要在制作过程中认真学习和真正理解。

第一节　泡芙面糊的调制

一、配方

泡芙的主要原料有面粉、鸡蛋、黄油、牛奶、水等,根据制作成本和产品种类的不同,配方的调配也不相同,因此有高、中、低成分等不同的配方。

表 19-1　配方一:高成分配方

原料	烘焙百分比(%)	实际用量(g)	原料	烘焙百分比(%)	实际用量(g)
中筋粉	100	300	盐	1	12
水	83	250	鸡蛋	200	600
黄油	83	250	牛奶	83	250

表 19-2　配方二:低成分配方

原料	烘焙百分比(%)	实际用量(g)	原料	烘焙百分比(%)	实际用量(g)
高筋粉	100	100	盐	1	1
水	150	150	鸡蛋	200	200
黄油	50	50			

二、面糊制作过程

1. 烫面

将水、牛奶、油脂、盐等原料放入锅子中,用中火烧开,待黄油全部化开,用一根擀面杖将油脂和水搅拌均匀,将面粉过筛,成一条直线倒入沸腾的油水中,同时用擀面杖快速搅拌,直到面粉完全糊化,面团烫熟,关火。

2. 搅拌

将烫熟的面糊倒入搅拌缸中,用桨状搅拌器慢速搅拌,直至面糊的温度冷却到 60℃～65℃。然后将鸡蛋逐个加入搅拌,边加边搅拌,每次加蛋后必须充分搅拌至蛋液与面糊已经完全融合均匀,才加入下一个蛋。鸡蛋的加入量要根据面糊的稀薄来做决定。正确判断面糊的稀薄度:用刮刀将面糊刮起,刮刀上留下的面糊成三角形的薄片,则表示面糊恰到好处。

三、制作注意事项

(1)水油必须充分煮沸,水油沸腾时间较长则水分蒸发较多,蛋的用量可增加。水油沸腾时间较短,则蛋的用量相应减少。

(2)面糊必须要烫透。

(3)面糊要冷却到60℃~65℃,过冷则影响加蛋的量,过热则把加入的鸡蛋烫熟了,而起不到鸡蛋发泡的作用。

(4)正确判断面糊的稀薄度。

第二节　各类泡芙产品的制作

一、奶油泡芙(Cream Puffs)

1. 原料

泡芙面团1000克,鲜奶油500克,糖粉100克。

2. 制作过程

(1)先将烤盘涂上油脂,撒上少量干面粉,并将烤盘左右震动一下,使面粉能均匀地铺在整个烤盘中,再将泡芙面团用裱花袋裱在烤盘中,裱成5厘米大小的圆形,间隔距离别太近。

(2)及时入炉烘烤,烤熟后冷却待用。烘烤温度:上火210℃,下火180℃,时间为25~30分钟。

(3)将泡芙在腰部用刀割一道口子,再将打发的鲜奶油用裱花袋裱入泡芙的口子中,裱满为止。

(4)将糖粉用筛子均匀地筛在泡芙上即可。

3. 制作注意事项

(1)烤盘涂油要适当、均匀,没涂到的地方,成品易粘盘,破底;油多了也不好,容易走动,裱的时候,易跟起来,而且底部易产生凹陷,形状不好。

（2）烘烤时，避免震动和过早出炉，以防回缩。

二、咖啡泡芙（Coffee Puffs）

1. 原料

泡芙面团 1000 克，牛奶 500 克，蛋黄 50 克，砂糖 125 克，低筋粉 50 克，速溶咖啡 25 克。

2. 制作过程

（1）先将烤盘涂上油脂，撒上少量干面粉，并将烤盘左右震动一下，使面粉能均匀地铺在整个烤盘中，再将泡芙面团用裱花袋裱在烤盘中，裱成 5 厘米大小的圆形，间隔距离别太近。

（2）及时入炉烘烤，烤熟后冷却待用。烘烤温度：上火 210℃，下火 180℃，时间为 25～30 分钟。

（3）将蛋黄、砂糖、咖啡、面粉放入锅中搅拌均匀，然后将煮沸的牛奶冲入搅匀，在文火上煮开，离火即成咖啡淇淋少司，待凉。

（4）将烤好的泡芙在腰部处割一口子，把咖啡淇淋少司用裱花袋裱入泡芙的口子中，灌满为止。

（5）在泡芙上筛上糖粉即可。

3. 制作注意事项

（1）泡芙必须烤透，不可过早出炉，以防回缩。

（2）烤盘上涂油要均匀，以防粘盘破底。

三、巧克力泡芙（Chocolate Puffs）

1. 原料

泡芙面团 1000 克，牛奶 500 克，蛋黄 50 克，砂糖 125 克，低筋粉 50 克，可可粉 25 克，速溶糖 200 克。

2. 制作过程

（1）先将烤盘涂上油脂，撒上少量干面粉，并将烤盘左右震动一下，使面粉能均匀地铺在整个烤盘中，再将泡芙面团用裱花袋裱在烤盘中，裱成长 9 厘米、宽 2 厘米的条形，间隔距离别太近。

（2）及时入炉烘烤,烤熟后冷却待用。烘烤温度:上火 210℃,下火 180℃,时间为 25～30 分钟。

（3）将蛋黄、砂糖、10 克可可粉、面粉放入锅中搅拌均匀,然后将煮沸的牛奶冲入搅匀,在文火上煮开,离火即成可可淇淋少司,待凉。

（4）将烤好的泡芙在腰部处割一口子,把可可淇淋少司用裱花袋裱入泡芙的口子中,灌满为止。

（5）将速溶糖加入 15 克可可粉隔水加热溶化,便成了巧克力速溶糖,再将泡芙的表面粘上一层巧克力速溶糖即可。

3. 制作注意事项

（1）蛋的量要看面团的软硬程度而定,太硬了要增加,太软了要减少。

（2）面糊过硬,烘烤时影响膨胀;面糊太软,烘烤时没有支撑力。

（3）加入面粉时,一定要把面粉烫熟,以免影响质量。

（4）粘巧克力速溶糖时,动作要快,不要来回抹,这会影响表面的光亮度。

（5）烘烤时要避免震动和过早出炉,以免回缩。

四、鸭形泡芙(Duck Puffs)

1. 原料

泡芙面团 1000 克,牛奶 1000 克,蛋黄 100 克,砂糖 250 克,低筋粉 100 克,柠檬 1 个,糖粉 50 克。

2. 制作

（1）先将烤盘涂上油脂,撒上少量干面粉,并将烤盘左右震动一下,使面粉能均匀地铺在整个烤盘中,再将泡芙面团用裱花袋裱在烤盘中,裱成宽 2 厘米、长 8 厘米的条形,间隔距离别太近。

（2）在另一个烤盘里将泡芙面团裱成 3 毫米粗的"乙"字形,作为鸭脖子,用筷子沾一下水在鸭脖子的一端按一个小圆孔,成鸭子的眼睛,在眼睛的下面用小刀按一道小口,成鸭子的嘴。

（3）及时入炉烘烤,烤熟后冷却待用。烘烤温度:上火 210℃,下火 180℃,时间为 25～30 分钟。

（4）将蛋黄、砂糖、面粉放入锅中搅拌均匀,然后将煮沸的牛奶冲入搅匀,在文火上煮开,离火挤入柠檬汁和加入柠檬皮末,即成了柠檬淇淋少司,待凉。

(5)将烤好的泡芙表面切下一块,切成翅膀形状一对,在泡芙里面灌满柠檬淇淋少司,就成了鸭身;装入"乙"字形的泡芙成鸭脖子;再装入一对翅膀。

(6)筛上糖粉,整个鸭形泡芙就做成了。

3.制作注意事项

(1)蛋的量要看面团的软硬程度而定,太硬了要增加,太软了要减少。

(2)面糊过硬,烘烤时影响膨胀;面糊太软,烘烤时没有支撑力。

(3)加入面粉时,一定要把面粉烫熟,以免影响质量。

(4)烤盘上涂油要均匀,以防粘盘破底。

(5)烘烤时要避免震动和过早出炉,以免回缩。

五、泡芙山(Puff Mountain)(Croquembouche)

1.原料

泡芙面团 1000 克,糖浆(砂糖、麦芽糖和水熬成的有点黏稠的糖浆)200克,鲜奶油 500 克,糖粉 200 克。

2.制作过程

(1)先将烤盘涂上油脂,撒上少量干面粉,并将烤盘左右震动一下,使面粉能均匀地铺在整个烤盘中,再将泡芙面团用裱花袋裱在烤盘中,裱成 3 厘米大小的圆形,间隔距离别太近。

(2)及时入炉烘烤,烤熟后冷却待用。烘烤温度:上火 210℃,下火 180℃,时间为 25～30 分钟。

(3)将泡芙在腰部用刀割一道口子,再将打发的鲜奶油用裱花袋裱入泡芙的口子中,裱满为止。

(4)将泡芙一个一个沾上一点糖浆相互粘连起来,堆成 20 厘米高,甚至更高。

(5)筛上糖粉即可。

3.制作注意事项

(1)蛋的量要看面团的软硬程度而定,太硬了要增加,太软了要减少。

(2)面糊如果过硬,烘烤时影响膨胀;面太软,烘烤时没有支撑力。

(3)加入面粉时,一定要把面粉烫熟,以免影响质地。

(4)粘糖浆时,动作要快,不要来回抹,这会影响表面的光亮度。

(5)烘烤时要避免震动和过早出炉,以免回缩。

六、炸泡芙圈(Circle Puffs)

1. 原料

泡芙面团 1000 克,牛奶 1000 克,蛋黄 100 克,砂糖 250 克,低筋粉 100 克,柠檬 1 个,糖粉 50 克。

2. 制作过程

(1)将泡芙面团用裱花袋裱在抹过油的纸上,裱成粗 1.5 厘米、直径 6 厘米的圆圈,带纸用温油炸发起并成熟(炸时倒扣着放入油锅内),出锅。炸制温度:油温别太高,以防颜色太深。油温在 185℃,炸至金黄色。

(2)将蛋黄、砂糖、面粉放入锅中搅拌均匀,然后将煮沸的牛奶冲入搅匀,在文火上煮开,离火挤入柠檬汁和加入柠檬皮末,即成了柠檬淇淋少司,待凉。

(3)在泡芙腰部割一道口子,再将柠檬淇淋少司灌入泡芙内。

(4)将速溶糖隔水溶化,在泡芙表面粘上速溶糖即可。

3. 制作注意事项

(1)蛋的量要看面团的软硬程度而定,太硬了要增加,太软了要减少。

(2)加入面粉时,一定要把面粉烫熟,以免影响质量。

七、炸泡芙(Fried Puffs)

1. 原料

泡芙面团 1000 克,牛奶 1000 克,蛋黄 100 克,砂糖 250 克,低筋粉 100 克,糖粉 50 克。

2. 制作过程

(1)将泡芙面团用裱花袋裱在抹过油的纸上,裱成直径 3 厘米的圆形,带纸用温油炸发起并成熟(炸时倒扣着放入油锅内),出锅。炸制温度:油温别太高,以防颜色太深。油温在 185℃,炸至金黄色。

(2)将蛋黄、砂糖、面粉放入锅中搅拌均匀,然后将煮沸的牛奶冲入搅匀,在文火上煮开,离火即成了蛋黄淇淋少司,待凉。

(3)在泡芙腰部割一道口子,再将蛋黄淇淋少司灌入泡芙内。

(4)筛上糖粉。

3. 制作注意事项

(1)注意控制好油温。

(2)面糊可以稍微厚一些,便于制作。

八、杏仁奶油泡芙(Cream Almonds Puffs)

1. 原料

泡芙面团 1000 克,杏仁片 200 克,鲜奶油 500 克,砂糖 100 克。

2. 制作过程

(1)先将烤盘涂上油脂,撒上少量干面粉,并将烤盘左右震动一下,使面粉能均匀地铺在整个烤盘中,再将泡芙面团用裱花袋裱在烤盘中,裱成 3 厘米大小的圆形,间隔距离别太近,撒上杏仁片和砂糖。

(2)及时入炉烘烤,烤熟后冷却待用。烘烤温度:上火 180℃,下火 160℃,时间为 25~30 分钟。

(3)将泡芙在腰部用刀割一道口子,再将打发的鲜奶油用裱花袋裱入泡芙的口子中,裱满为止。

3. 制作注意事项

(1)蛋的量要看面团的软硬程度而定,太硬了要增加,太软了要减少。

(2)面糊过硬,烘烤时影响膨胀;太软,烘烤时没有支撑力。

(3)加入面粉时,一定要把面粉烫熟,以免影响质量。

(4)烘烤时要避免震动和过早出炉,以免回缩。

九、芝士泡芙(Cheese Puffs)

1. 原料

泡芙面团 1000 克,芝士粉 100 克,鸡蛋 50 克。

2. 制作过程

(1)将芝士粉加入泡芙面团搅匀。

（2）先将烤盘涂上油脂，撒上少量干面粉，并将烤盘左右震动一下，使面粉能均匀地铺在整个烤盘中，再将泡芙面团用裱花袋裱在烤盘中，裱成直径5厘米的圆形，间隔距离别太近，刷上蛋液用叉子划出花纹。

（3）及时入炉烘烤，烤熟后冷却即可。烘烤温度：上火210℃，下火180℃，时间为25～30分钟。

3. 制作注意事项

（1）蛋的量要看面团的软硬程度而定，太硬了要增加，太软了要减少。

（2）面过硬，烘烤时影响膨胀；面太软，烘烤时没有支撑力。

（3）加入面粉时，一定要把面粉烫熟，以免影响质量。

（4）烤盘上涂油要均匀，以防粘盘破底。

（5）烘烤时要避免震动和过早出炉，以免回缩。

十、贵人指泡芙（Finger Puffs）

1. 原料

泡芙面团1000克，樱桃酒50克，榛子粉200克。

2. 制作过程

（1）先将烤盘涂上油脂，撒上少量干面粉，并将烤盘左右震动一下，使面粉能均匀地铺在整个烤盘中，再将泡芙面团用裱花袋裱在烤盘中，裱成1厘米宽、8厘米长的长条，间隔距离别太近，刷上蛋液用叉子划出花纹。

（2）及时入炉烘烤，烤熟后冷却待用。烘烤温度：上火210℃，下火180℃，时间约为15分钟。

（3）在泡芙上浇上樱桃酒，撒上榛子粉即可。

3. 制作注意事项

（1）注意裱挤时粗细大小均匀。

（2）烤盘上涂油要均匀，以防粘盘破底。

拓展空间：

泡芙的馅心还可以选用冰淇淋、巧克力等，口感独特。泡芙的表面可以用糖粉、巧克力、酥皮、各种果仁等进行装饰，形态多样，造型美观。表皮与内馅相互映衬，外酥内滑，是幸福的味道。

第二十章　派挞类产品制作实例

📖 **知识目标：**

　　了解派挞类产品(Pie & Tart)制作的工艺流程,熟悉派挞类制作的原辅料的性质特点,以及对原料的选用要求。

📖 **能力目标：**

　　掌握并能独立完成派类、挞类产品的调制,掌握双皮派挞和单皮派挞的制作,掌握派挞面团的调制技术、成形技术、烘焙技术、装饰技术等。掌握派挞馅心的调制。同时还能根据操作过程中出现的问题进行分析和处理解决,能拓展和创新派挞类产品制作的思路。

📖 **预习导航：**

　　1.派挞制作的基本原辅料的选用。

　　2.派类、挞类产品的特点是什么?

　　3.派挞面团的起酥原理是什么?

　　4.甜酥皮和咸酥皮的调制方法有何区别?

　　5.派挞皮的调制过程中应注意什么问题?

　　6.派挞通过面团、馅料、装饰、模具的不同变化如何进行创新制作?

　　派和挞是西点中常见的品种。派和挞一般都是以面粉、黄油、糖、鸡蛋为主要原料,经过面团调制、擀制、成形、填馅、成熟和装饰等工艺制成的一类西点。派也称为馅饼,一般都是切块后食用,一个派可供多人食用。挞的底盘较深一些,一般都是单只成形食用。派和挞通过多种模具、馅心、装饰等的变化而形成很多个品种。

第一节 派挞皮的调制

一、配方

表 20-1 甜酥皮配方

原料	烘焙百分比(%)	实际用量(g)	原料	烘焙百分比(%)	实际用量(g)
低筋粉	100	500	盐	1	5
糖粉	30～40	150～200	鸡蛋	20～30	100～150
黄油	50～70	250～350			

表 20-2 咸酥皮配方

原料	烘焙百分比(%)	实际用量(g)	原料	烘焙百分比(%)	实际用量(g)
中筋粉	100	500	盐	2	10
冰水	25～45	125～225	鸡蛋	10～30	50～150
黄油	50～80	250～350			

二、制作过程

1. 甜酥面团调制

将黄油和糖粉搅拌至呈乳白色,逐个加入蛋液,搅拌至乳化均匀,加入过筛后的低筋粉,混合均匀即可。将面团用保鲜膜包好后进冰箱冷藏,待用。

2. 咸酥面团调制

将黄油切成小块与面粉混合均匀,加入蛋液、冰水和食盐拌和成面团,用擀面杖轻轻擀成四方形,放入冰箱冷藏。约 30 分钟后取出擀开成 0.8 厘米的片状,然后三折,冷藏 20 分钟,再取出反复操作三次,然后用保鲜膜包好后进冰箱冷藏待用。

三、制作注意事项

(1)甜酥面加入面粉后拌匀即可,不要过多搅拌,以免起筋。

(2)咸酥面制作时要保持面团温度足够低,和面选用冰水。

(3)黄油的颗粒大小要适合,1厘米见方左右。

第二节　各类派挞产品的制作

一、核桃派（Walnut Pie）

1.原料

冻硬甜酥面团250克,核桃仁300克,砂糖200克,蛋清100克,苹果酱100克。

2.制作过程

(1)将甜酥面团擀成3毫米厚的片,放入派盘里,修去多余的边,用叉子在底面上戳些洞,入炉烘烤。烘烤温度:上火180℃,下火160℃,时间约为5分钟。

(2)烤5分钟左右,烤成半熟出炉,把果酱抹在派面上,抹均匀。

(3)将核桃仁切碎(别切太小太碎),和砂糖、蛋清放入锅内,边加热边搅拌到50℃~60℃时离火,将面粉加入拌匀,制成核桃糊。

(4)将核桃糊倒在烤成半熟的派里,放均匀平整。

(5)再将核桃派入炉烘烤。烘烤温度:上火150℃,下火130℃,时间约为20分钟。

3.制作注意事项

(1)第一次烤派时,千万不能烤太熟太老,否则第二次就没法再烤了。

(2)蛋清不能一次加完,要看糊的软硬度。

(3)往派底上倒入核桃糊时,动作要快,一次完成摊平,不要来回抹以防表面失去亮光。

(4)第二次烘烤时,见核桃糊膨胀起来,上面呈浅黄色,略有小裂纹,即已成熟。

二、苹果派(Apple Pie)

1. 原料

甜酥面团 500 克,苹果若干只,砂糖适量,玉桂粉适量,装饰蛋液 100 克。

2. 制作过程

(1)将冷冻好的甜酥面团取出并搓揉,擀压成 3 毫米厚的片放入派模里,修去多余的边,刷上蛋液,用叉子在底面上戳些洞。

(2)将苹果去皮去核,切成指甲片,加入砂糖、玉桂粉拌匀待用。

(3)铺上苹果片,刷上蛋液,再盖上一层甜酥面,修去多余的边,刷上蛋液,划些花纹,用叉子在面上戳些洞,放置 10 分钟,入炉烘烤。烘烤温度:上火 180℃,下火 160℃,时间 35 分钟左右。

3. 制作注意事项

(1)苹果片内不能有核存在。

(2)苹果派出炉后可趁热刷上亮光液。

(3)待苹果派冷却,回软后方可切割成块。

三、奶油水果塔(Fruit Tart with Cream)

1. 原料

冻硬的甜酥面 400 克,鲜奶油 200 克,菠萝 1 罐,巧克力酱 150 克,猕猴桃 2 个,红樱桃(带把)15 粒。

2. 制作过程

(1)将冻硬的甜酥面擀成 2 毫米厚的片放入小花模内,修整齐。

(2)在面片上戳些洞,入炉烘烤。烘烤温度:上火 180℃,下火 160℃,时间大约 10 分钟。

(3)取出冷却后,在塔的内部刷上巧克力酱。

(4)将打发的鲜奶油裱入塔内,奶油高出塔边 2 厘米。

(5)用水果在奶油上做装饰。

(6)在水果表面刷上亮光液即可。

3. 制作注意事项

（1）甜酥面放入塔模内后，应该静置 10 分钟后进入烤炉烘烤。

（2）水果表面刷亮光液既防止水果出水后发蔫，又增加了美观。

拓展空间：

派挞类产品由底坯、馅心、表面装饰、模具四个部分共同制作而成，可以将这四个部分进行不同的排列组合，制作出很多种不同风味、不同造型的派挞类产品。

第二十一章　冷冻品类产品制作实例

📖 **知识目标：**

　　了解冷冻制品制作的工艺流程，熟悉冷冻品类制作的原辅料的性质特点，以及对原料的选用要求。

📖 **能力目标：**

　　掌握并能独立完成果冻、慕斯、奶油冻和冰淇淋的制作，掌握果冻、慕斯、奶油冻和冰淇淋的制作工艺技术、装饰技术等。掌握相关设备和容器的使用，掌握好冷冻、冷藏的温度控制。同时还能根据操作过程中出现的问题进行分析和处理，能拓展和创新冷冻品类产品制作的思路。

📖 **预习导航：**

　　1.冷冻品制作的基本原辅料的选用。凝胶剂的概念和种类。

　　2.冷冻品类产品的特点是什么？如何分类？

　　3.什么是慕斯？慕斯有什么特点？

　　4.慕斯浆液调制的关键在哪里？如何把握？

　　5.冰淇淋是什么？制作工艺过程有哪些？有什么操作要点？

　　冷冻品类产品是主要以糖、蛋、乳制品以及凝胶剂等为原料制作而成，需要经过冷藏后才能食用。此类产品香甜细腻、柔软滋润，为西点中常见的餐后甜品。

第一节　果冻类

一、产品特点

　　果冻(Fruit Jelly)价廉物美、口味酸甜、色泽鲜艳、制作方便、造型多变，在自助餐中经常使用。

二、配方

表 21-1　果冻浆液的配方

原料	烘焙百分比(%)	实际用量(g)	原料	烘焙百分比(%)	实际用量(g)
水	100	1000	食用香精	适量	适量
白砂糖	25	250	食用色素	适量	适量
明胶	5	50	水果	适量	适量

三、制作过程

(1)水果洗净,沥干,切成小块,待用。

(2)明胶用水泡软,加入水、白砂糖加热溶化,搅拌均匀,过滤。

(3)将稍稍冷却后的果冻浆液倒入各种模具中,加入已经处理过的水果块。

(4)冷藏定型。

(5)脱模,装盘。

四、制作注意事项

(1)明胶片要先泡软后再使用。

(2)水果的酸度不要过高,如果酸度过高可以先将水果蒸煮几分钟后再使用。

(3)明胶使用量根据天气变化适当调整。明胶用量大则凝固时间短,但是口感发硬。明胶用量少,则凝固时间长,不易定型。

(4)冷藏温度一般为 0℃～4℃,过低则会使得果冻结冰,失去果冻的品质。

五、拓展空间

不同的色素和香精可以调配出不同口味的果冻。不同的模具可以制作出不同造型的果冻。

第二节 慕斯类

一、产品特点

慕斯是法语 Mousse 直接音译过来的称呼,慕斯蛋糕口感柔软,入口细腻,再加上各种风味的辅料,使得慕斯蛋糕的外形、口味、色泽、结构等具有多种变化,为冷冻品中的上品。

二、配方

1. 草莓慕斯浆液

表 21-2 草莓慕斯浆液的配方

原料	烘焙百分比(%)	实际用量(g)	原料	烘焙百分比(%)	实际用量(g)
淡奶油	100	1000	草莓果茸	40	400
幼砂糖	25	250	新鲜草莓	适量	适量
明胶	5	50			

2.海绵蛋糕底坯一板

三、制作过程

(1)取六寸慕斯圈 1 只,用锡纸将底部包紧,包好。海绵蛋糕切成圆片状,略小于慕斯圈,将蛋糕片垫入慕斯圈底部。

(2)明胶片在冷水中软化。

(3)草莓果茸加入幼砂糖,隔水加热至幼砂糖溶化,加入明胶片,搅拌至明胶片充分溶化,离火冷却。

(4)淡奶油打发至呈细腻的半凝固状。加入果茸搅拌均匀。

(5)草莓慕斯浆液倒入慕斯圈中,全满。轻轻敲击慕斯圈,除去小气泡使得整个蛋糕平整。

(6)放入冰箱冷藏至凝固。

(7)食用前加热慕斯圈,然后脱模。点缀新鲜草莓等装饰品。

四、制作注意事项

(1)模具要包好,以免浆液渗出。

(2)明胶溶化后与淡奶油混合时需要注意控制好温度,不能过低,不然明胶遇冷提前凝固,影响产品质量。

(3)冷藏时要注意不要让冷凝水滴入。

(4)明胶要隔水溶化。

五、拓展空间

加入不同的辅料即成为不同口味的慕斯,如芒果慕斯、抹茶慕斯等。

第三节　奶油冻

奶油冻(Bavaroise)是一种含有丰富的乳脂和蛋白的冷冻甜品。口感细腻柔软,点缀上水果,有水果的清香,色泽美观大方。一般作为饭后甜点。

一、配方

表 21-3　草莓奶油冻的配方

原料	烘焙百分比(%)	实际用量(g)	原料	烘焙百分比(%)	实际用量(g)
鲜奶油	100	200	蛋清	15	30
草莓	100	200	柠檬汁	3	6
幼砂糖	30	60	草莓(装饰)	适量	适量
明胶	7	14			

二、制作过程

(1)明胶用冷水浸泡,软化,然后隔水加热熔化。

(2)将草莓洗净,打成泥状,然后加入柠檬汁和1/3的幼砂糖,充分搅拌制成草莓泥,待用。

(3)将奶油搅拌至蓬松。

(4)蛋清与 2/3 的幼砂糖搅拌至干性发泡。

(5)将化开的明胶与草莓泥搅拌均匀,然后加入打发的鲜奶油和打发的蛋清搅拌均匀。装入奶油冻的模具中,放入冰箱冷藏 3～4 小时。

(6)待奶油冻完全凝固之后取出,在模具外侧稍稍加热,然后轻轻倒出奶油冻,在四周装饰上草莓片,装盘上桌。

三、制作注意事项

(1)取蛋清的容器和搅拌器都要清洁无油污。

(2)明胶的用量要准确,过多会影响口感,过少则不利用于奶油冻成形。

(3)奶油冻的浆液搅拌时动作要轻柔,要快速,避免泡沫过多消失。

(4)冷藏箱的温度为 1℃～4℃比较合适。过低会使奶油冻中的水分凝固成为冰,影响奶油冻细腻的口感。过高则不利于奶油冻的凝固定型。

(5)冷藏时间要根据明胶的含量,产品的大小、厚度等情况来进行适当的调整。

四、拓展空间

(1)奶油冻的浆液中可以加入不同的水果泥、香草、巧克力等即成为不同口味的奶油冻。

(2)模具可以多种变化,造型各异。

(3)在点缀装饰上可以有多种变化。

第四节　冰淇淋

冰淇淋(Ice Cream)是以牛奶、奶油、鸡蛋和白砂糖等为主要原料,经过加热、搅拌、均质、降温和凝固定型等工艺制作而成的体积略有膨胀的固态冷冻甜品。冰淇淋口感细腻柔滑、清凉舒爽,是深受消费者欢迎的冷冻甜品。

一、配方

表 21-4　香草冰淇淋的配方

原料	烘焙百分比(%)	实际用量(g)	原料	烘焙百分比(%)	实际用量(g)
牛奶	100	500	蛋黄	40	200
淡奶油	100	500	香草粉	适量	适量
白砂糖	50	250	栗粉	3	15
葡萄糖	30	150	全脂奶粉	7	35

二、制作过程

(1)将蛋黄、葡萄糖和 1/3 的白砂糖搅拌至蓬松。再加入栗粉搅拌均匀成蛋黄面糊。

(2)将牛奶与剩余的白砂糖一起煮沸,冷却至 70℃～80℃待用。

(3)将冷却的牛奶加入蛋黄糊中搅拌均匀。

(4)以上浆液回锅小火加热至 83℃,边加热边搅拌至浓稠状,离火冷却,加入奶粉,最后拌入香草粉,制成冰淇淋糊。

(5)将冰淇淋糊放入冰淇淋机中搅拌并制冷,待其膨松冷凝后取出。

(6)食用前用冰淇淋勺将冰淇淋舀出成球状,放入盘子中,再装饰上水果、薄荷叶和巧克力酱等上桌。

三、制作注意事项

(1)牛奶加热后必须冷却到一定温度,加入蛋黄糊中要边加边搅拌,以免蛋黄受热凝固变性。

(2)调好的冰淇淋浆液为了组织更细腻柔滑,需要将浆液进行过滤。

(3)冰淇淋糊加入冰淇淋机的量为容积的 70% 左右。

(4)搅拌好的冰淇淋需要在冷冻箱中冷冻 2～3 小时。

四、拓展空间

(1)可以在冰淇淋糊中加入各种水果汁,即成为水果味的冰淇淋。

(2)也可加入各种蜜饯和干果。

第二十二章　其他产品制作实例

📖 **知识目标：**

　　了解布丁等甜品制作的工艺流程，了解西方饮食文化，以及西方各种节日饮食的特点。

📖 **能力目标：**

　　掌握并能独立完成布丁、苏夫力、浜格、马卡龙等甜品的制作，掌握各种甜品的面糊（浆液）的调制技术、搅拌技术、烘焙技术、装饰技术等。基本掌握西方主要节日的主要甜点的制作。同时还能根据操作过程中出现的问题进行分析和处理，能拓展和创新西式甜品产品制作的思路。

📖 **预习导航：**

　　1. 什么是布丁？布丁有什么特点？布丁的种类有哪些？

　　2. 什么是苏夫力？苏夫力制作的关键在哪里？

　　3. 浜格面糊调制的注意事项是什么？

　　4. 浜格的成形方法有哪些？可以有什么变化？

　　5. 西方的主要节日有哪些？与其相应的西点有哪些？

　　6. 马卡龙的由来？马卡龙的制作技巧？

第一节　布丁类

　　布丁是英语 Pudding 的音译，布丁主要用鸡蛋、牛奶、糖等制作而成，可以加入不同的水果等辅料，制作出多种布丁，口感润滑、香甜可口、营养丰富，老少咸宜，深受消费者的欢迎。

一、焦糖布丁（Caramel Pudding）

1. 配方

表 22-1 焦糖布丁的配方

原料	烘焙百分比(%)	实际用量(g)	原料	烘焙百分比(%)	实际用量(g)
鸡蛋	100	100	水	50	50
牛奶	500	500	香草粉	适量	适量
幼砂糖	150	150			

2. 制作过程

（1）将 75 克白砂糖加水 30 克，小火熬制成焦糖。趁热将焦糖浆倒入布丁模的底部，薄薄的一层即可。

（2）将鸡蛋和剩余的幼砂糖在锅中搅拌至糖全部溶化。

（3）将牛奶加热至温。

（4）将温热的牛奶分次加入蛋液中拌匀，过筛，倒入布丁模中，八分满，然后用干净的纸吸去蛋液上细小泡沫。

（5）在布丁模上盖上锡纸，放入烤盘中，烤盘中加入一半的热水，约 50℃，上下火 180℃，烘烤 30 分钟。

（6）将烤好的布丁进冰箱冷藏 4～5 个小时，然后脱模上桌。

3. 制作注意事项

1. 熬制焦糖时要注意火候的控制，使焦糖颜色深浅适宜。

2. 布丁液要混合均匀，可以过筛后使用，使制出的布丁表面光滑、口感细腻。

3. 布丁模可以在内壁抹上黄油，便于脱模。

4. 拓展空间

布丁浆液中可以加入南瓜、红糖、各种干果、各种蜜饯等辅料，制作出不同口味的布丁。布丁模具也可以有多种变化。

二、英国式面包布丁（Pudding aux Pain a la Anglaise）

1. 配方

表 22-2　面包布丁的配方

原料	烘焙百分比(%)	实际用量(g)	原料	烘焙百分比(%)	实际用量(g)
鸡蛋	100	200	葡萄干	30	60
牛奶	250	500	香兰素	适量	适量
幼砂糖	50	100	面包	30	60

2. 制作过程

(1)面包去皮,切成 3～4 毫米厚的窄长片,浇上熔化的黄油,用低温炉烘烤干待用,注意不要烤焦。

(2)在较深的模具内涂上黄油,将面包片放入模具内,撒上葡萄干,再铺入面包片,如此反复,直至合适为止。

(3)将蛋、砂糖一起搅拌均匀,加入煮沸的牛奶,加入香兰素,搅拌均匀。

(4)将蛋奶糊倒入模具中,倒满为止。

(5)隔水烘烤,烤好后撒上香草砂糖,放在铺有餐巾的银盘上即可上桌。烘烤温度:上火 180℃,下火 150℃,时间约为 15 分钟。

3. 制作注意事项

(1)香草砂糖的制作:砂糖滴上几滴香兰素,用手搓匀干燥即可。

(2)鸡蛋液可以是四个蛋黄,两个蛋白,调制出来的布丁液更好。

4. 拓展空间

面包布丁中可以加入豆沙、红枣、香蕉等不同的辅料,既增加营养,又丰富口味。

三、杏仁布丁（Pudding aux Amandes）

1.配方

表 22-3　杏仁布丁的配方

原料	烘焙百分比（%）	实际用量（g）	原料	烘焙百分比（%）	实际用量（g）
鸡蛋	100	200	面粉	62.5	125
牛奶	100	200	黄油	90	180
幼砂糖	40	80	香兰素	适量	适量
杏仁	20	40	蛋清	50	100

表面装饰料：炒熟杏仁薄片少许。

2.制作过程

（1）将 60 克黄油化开筛入面粉搅拌均匀，加入香兰素和煮沸的牛奶（分次加入），然后边煮边搅。当煮至面糊不粘搅拌的工具时，离火。加入砂糖、全蛋、蛋黄搅拌成稠糊状。

（2）将 120 克的黄油软化后加入搅拌均匀，再加入切碎的杏仁拌匀，最后加入打发的蛋清，搅拌均匀。

（3）在圆形模具内涂抹上黄油，撒上炒杏仁片后，将调好的糊装入模内 3/4 满，隔水烘烤。烘烤温度：上火 180℃，下火 150℃，时间约为 15 分钟。

（4）烤好后，静置几分钟，待膨胀的表面稍凹下去的时候，再脱模，放于银盘内，浇上有利口酒调味的英格兰少司即可。

3.制作注意事项

烤好不马上脱模，因为此时的布丁是最软的时候，很难脱模。

4.拓展空间

杏仁布丁的制作还可以选择在浆液中加入杏仁浆液，使布丁口感细腻香味浓郁。表面装饰可以根据不同的季节点缀不同的水果。

第二节　苏夫力类

苏夫力是英语 Souffle 的音译，苏夫力的口感松软香甜，入口细腻，蓬松的体积也让消费者十分喜爱。苏夫力的制作技术难度较高,是西点中的高级甜品,多用于晚餐甜品和宴会的甜品。

一、奶油苏夫力(Souffle a la Cream)

1.配方

A.牛奶 100 克,砂糖 30 克,盐少许;B.低筋粉 25 克;C.蛋黄 2 个,黄油 10 克,香兰素少许;D.蛋清 3 个。

2.制作过程

(1)将牛奶煮沸加入糖和盐,使其溶化,再用少许牛奶将过筛的"B"原料搅成稀糊,然后加入煮沸的牛奶一边搅拌一边熬煮。

(2)2~3 分钟后,离火,加入蛋黄、黄油和香兰素仔细搅拌。

(3)将蛋清打发至接近于干性发泡期,与牛奶糊轻轻地搅拌均匀。

(4)将盛器抹上黄油,撒上粉砂糖,再将糊盛入器皿内。

(5)隔水烘烤,烤好后出炉,撒上粉砂糖,入高温炉内烘烤,表面上色立刻出炉,用铺有餐巾的银盘托底上桌。烘烤温度:上火 170℃,下火 150℃,时间约为 15 分钟。

3.制作注意事项

(1)蛋清要打发,可适量放些糖。

(2)出炉后,立刻上桌,以防回缩。

4.拓展空间

可以添加水果(如芒果)、巧克力、干果(如杏仁末)等到苏夫力的面糊中,制作出不同风味的苏夫力。

二、冻奶油苏夫力(Cold Souffle)

1.配方

表 22-4　冻蓝莓苏夫力的配方

原料	烘焙百分比(%)	实际用量(g)	原料	烘焙百分比(%)	实际用量(g)
鸡蛋	100	200	蓝莓果泥	120	240

原料	烘焙百分比(%)	实际用量(g)	原料	烘焙百分比(%)	实际用量(g)
牛奶	50	100	樱桃利口酒	40	80
幼砂糖	90	180	薄荷叶	适量	适量
淡奶油	120	240			

2. 制作过程

(1)先将牛奶、幼砂糖混合,并不断地搅动,边搅边煮,直至光滑、浓稠。

(2)将鸡蛋打发,慢慢加入温热的糖浆,继续搅拌至冷却。

(3)将淡奶油打发。

(4)将所有原料混合均匀。

(5)在模具内垫入玻璃纸,略高于边缘。将混合好的浆料倒入模具中,冷冻 2~3 小时。

(6)食用前取出,去掉玻璃纸,表面淋上甜汁,并装饰上薄荷叶。

3. 制作注意事项

(1)浆液混合时要注意混合均匀但是不能过度搅拌,以免气泡消失。

(2)食用前略微解冻一下口味更佳。

(3)如果存放时间较长,可以在冷冻 2 小时后放入冷藏箱待用。

4. 拓展空间

冻奶油苏夫力可以通过添加不同的果泥,如草莓果泥、芒果果泥、桑葚果泥等改变其口味和色泽。

第三节　浜格类

浜格(Pan Cake)也称为法式薄饼,也可以写作班戟等,这是一种早、中、晚餐都适用的甜点心,是由面粉、鸡蛋、砂糖、牛奶为主要原料,辅以鲜奶油、黄油、果酱、杏仁糖粉、水果及各种甜酒等原料制作而成。可以有甜、咸两种口味,也可以调制出不同的馅料来制作出不同的浜格。日式的浜格经过改良口味更柔软,也称为可丽饼。

一、配方

表 22-5　浜格面糊的配方

原料	烘焙百分比(%)	实际用量(g)	原料	烘焙百分比(%)	实际用量(g)
低筋粉	100	200	黄油	25	50
鸡蛋	50	100	淡奶油	100	200
牛奶	50	100	糖粉	20	40
幼砂糖	50	100	香兰素	适量	适量
夹馅水果	适量	适量			

二、制作过程

(1)将少量牛奶和砂糖先溶解,再加入鸡蛋、面粉和余下的牛奶搅拌均匀,过筛,加入融化的黄油搅拌均匀,再加入香兰素搅匀,即成了浜格面糊。

(2)选用小型平底煎锅,锅底抹上少许色拉油,将糊摊成一张厚薄均匀的薄饼,双面呈浅黄色,纹路清晰。

(3)淡奶油与糖粉打发。

(4)取冷却后的饼皮,包入甜奶油和鲜果粒,卷裹起来。

(5)装盘:淋上巧克力汁,装饰薄荷叶和水果。

三、制作注意事项

(1)面糊的调制要注意掌握好浓稠度。

(2)面糊要细腻柔滑,调制好后需要过筛,除去未调均匀的颗粒。

(3)煎饼时要控制好火候,饼皮要厚薄均匀,不能过厚。

四、拓展空间

(1)浜格的装饰方法有很多,取冷却后的饼皮一张,抹上淡奶油和鲜果粒,如此反复,叠7~8层,冷藏待用。将夹好馅冷藏后的浜格切成三角形,装盘,用樱桃薄荷叶等进行装饰后上桌。

(2)将浜格饼先放入锅内,再将炒熟的苹果馅放入浜格饼上,浇上少量的浜格糊,翻身煎熟,折成扇形,撒上糖粉即可。

(3)浜格可以调制多种馅心和多种装饰方法,可以有很多种的变化。

第四节　马卡龙类

马卡龙(Macarons)是一种用蛋白、杏仁粉、白砂糖和糖霜所做的意大利甜点,通常在两块饼干之间夹有水果酱或奶油等内馅,其外皮酥脆,里面柔软。马卡龙的由来可追溯至 19 世纪的蛋白杏仁饼。蛋白杏仁饼于 1792 年在意大利的修道院发明。英文名字从意大利词 Maccarone 获得(意为杏仁酱)。20 世纪初期,巴黎的烘焙师发明一种方法来呈现马卡龙,利用三明治夹法将甜美的稠膏状馅料夹于传统的两个盖子层,成为新的小圆饼,更由于香料和色素的使用、湿度控制,使得马卡龙性质改良。相较于更早之前的小圆饼的甜、干、易碎的特性,新的圆饼具备外壳酥脆的口感,内部却湿润、柔软而略带黏性,改革后的马卡龙直径为 3.5～4 厘米。马卡龙有法式做法和意式做法,因为最早的马卡龙其实是由意大利引进而来,在法国发扬光大。

一、配方

杏仁粉部分:杏仁粉 250g,糖粉 250g,蛋白 90g,色素 4g。

蛋白霜部分:糖 270g,水 80g,蛋白 90g,塔塔粉 1.5g。

表 22-6　马卡龙的配方

原料	烘焙百分比(%)	实际用量(g)	原料	烘焙百分比(%)	实际用量(g)
杏仁粉	100	100	蛋清	120	120
糖粉	190	190	幼砂糖	28	28
色素	适量	适量			

二、制作过程

(1)杏仁粉和糖粉混合过筛。

(2)蛋白打至粗泡状,加入大约 1/3 细砂糖,中速打发至泡沫细腻时,加入剩下的细砂糖的 1/2,继续中速打发,打至泡沫细腻、出现纹路时,加入最后的细砂糖,继续中速打发,检查打发状态:用刮刀或打蛋头轻轻捞起泡沫,出现一个细尖角,尖角头略弯曲;整个蛋白霜的状态是细腻、光滑、有光泽。

(3)分3次将杏仁粉和糖粉加入蛋白霜中,每次都要搅拌均匀,再加下一次。

(4)拌至面糊光滑细腻,用刮刀捞起后如绸缎般缓慢滴落,面糊即成。

(5)用直径约0.5厘米的圆口裱花嘴将面糊挤在不粘烤盘上,挤的时候裱花嘴与烤盘角度垂直。

(6)挤好后的饼干坯放在通风处晾干,晾干至饼干坯表面出现一层硬模,手指轻按一下,不会粘手即可。

(7)烤箱事先预热。先用180℃烤几分钟。一般6～8分钟的时候,马卡龙会出现裙边。这个时候就可以将温度降到140℃,继续烤25分钟左右。

(8)馅心:糖粉和杏仁粉混合放进料理机的研磨器,研磨片刻后加入几滴朗姆酒,继续高速研磨,杏仁粉出油成糊状,加入软化到室温的黄油,用力搅拌均匀即可。

(9)烤好后的饼干坯冷却至室温后,选择大小基本一样的两片饼干,在其中一片饼干中心涂抹适量奶油杏仁馅,加上另一片饼干,即可。

三、制作注意事项

(1)可以先将少量蛋清与杏仁粉搅拌,更容易制作。

(2)蛋清打发程度控制好。

(3)混合均匀后继续搅拌面糊:从周边往中间拌匀或从中间往周边拌匀,切勿画圈搅拌。

(4)选择风炉烘烤更佳。

(5)色粉调制要均匀,使用量得当。

四、拓展空间

(1)马卡龙的馅心制作很丰富,各种奶油馅、巧克力馅均可。

(2)马卡龙的色彩变化丰富多彩。

(3)可以在马卡龙的表面进行适当的裱饰,制作出生动有趣的各种造型。

第五节　节日点心类

一、圣诞节（Christmas）

圣诞节是每年的 12 月 25 日，但从 12 月初到新年这一段时间内，各类圣诞西点的销售都很旺，常见的品种有各种风味的饼干，圣诞屋、圣诞蛋糕、圣诞布丁、树根蛋糕、圣诞面包、圣诞老人、巧克力钟、靴子、果料蛋糕等等。装饰品有星星、月亮、松树、蜡烛等等。调味品以白兰地、朗姆酒、桂皮粉、姜粉、豆蔻粉、丁香粉为主，而且一些品种表面常用糖粉装饰，以象征寒冷。

【实例 1】圣诞姜饼屋（Christmas Gingerbread House）

1. 配方

细砂糖 50g，冷水 40g，蜂蜜 150g，黄油 50g，蛋黄 1 个，牛奶 10g，小苏打 3g，泡打粉 4g，玉桂粉 2g，姜粉 4g，盐 2g，低粉 280g。

2. 制作过程

（1）细砂糖放锅里小火煮至金黄后加入冷水，熬成焦糖液。

（2）关火加入蜂蜜、黄油，冷却备用。

（3）所有粉类过筛混合加入蛋黄，拌匀。

（4）在（3）中倒入（2），揉成面团。用保鲜膜包起来松弛半小时以上。（面团不要揉出筋）

（5）将面团擀成薄片。

（6）用硬纸板将姜饼屋的模型剪下来。放在面饼上，按模型刻出来。

（7）表面刷上蛋液。

（8）烤箱预热 180℃，小块的烤 8 分钟左右，大块的 10～15 分钟。

（9）放凉后食用。

3. 制作注意事项

（1）面皮擀制要厚薄均匀。

（2）烘烤时间可以根据厚薄和大小进行适当的调整，要完全熟透。

（3）姜饼屋搭好后，用白帽进行裱饰，再进行各种装饰。

【实例2】树根蛋糕(Yule Cake)

1.配方

原料1:鸡蛋6个,白糖100g,面粉220g,黄油35克,可可粉120克。

原料2:黄油330克,白糖280g。

原料3:鸡蛋6个,白糖100g,香草少许,黑巧克力70克。

2.制作过程

(1)先将原料1中的鸡蛋、白糖,用搅拌器打发,再拌入原料1中的其他材料,加适量水,搅拌制成浆,倒入烤盘内,铺平,用200℃烤熟取出待用。

(2)将原料2打发,拌入少许香草香料,待用。

(3)黑巧克力用隔水加热法熔化成黑巧克力浆。

(4)将原料3打发,拌入黑巧克力浆中。

(5)将(2)(3)混合。

(6)将蛋糕坯平放在桌上,把(4)的混合物铺在上面,然后卷成圆形,有点儿像蛋卷的样子。卷起后,在圆筒上再铺一层(4)的混合物。

(7)取出卷好的蛋糕,入冰箱冷冻格,冻20分钟,取出,用刀切成一片片的即可食用。

3.制作注意事项

(1)烤好的蛋糕片晾凉的时间也不可过长,否则表面发干,卷制时容易开裂。

(2)蛋糕片上涂抹的鲜奶油不可涂抹得过满,以防卷制时奶油溢出。

【实例3】圣诞布丁(Christmas Pudding)

圣诞布丁是英国圣诞节不可缺少的一种甜食。

1.配方

牛板油500克,面粉150克,面包粉600克,普通葡萄干200克,士麦那葡萄干200克,科林斯葡萄干200克,蜜饯橘皮100克,蜜饯柠檬皮100克,苹果2个,糖渍生姜60克,干无花果100克,柑橘2个,柠檬2个,巴旦杏仁末100克,褐色砂糖250克,牙买加胡椒12克,朗姆酒和白兰地400克,全蛋4个。

2.制作过程

(1)将牛板油去筋,切成小块;面包粉只用白色部分。

（2）将 3 种葡萄干洗净,加入少许朗姆酒渍泡 2～3 天。

（3）将蜜饯橘皮和蜜饯柠檬皮切成丝;苹果去皮去核,切成粗丝;糖姜切成丝;干无花果用水泡软,切成丝;柑橘皮切碎,挤出柑橘汁待用。

（4）取一个大容器,除了蛋清和朗姆酒外,其余原料全部倒入容器内混合,用保鲜膜封上口子,在阴凉的地方放置一星期,每天加入几勺朗姆酒,并从下往上大翻一次,使之混合。

（5）在模具内涂抹黄油,将以上的原料加入全蛋混合(必要时,加点焦糖上色)。装入模具内,压紧。再盖上一张玻璃纸,入笼蒸。

（6）蒸 4～6 小时后取出,覆于银盘内,浇上白兰地或朗姆酒点火燃烧。可以配上有朗姆酒或玛地拉酒香的色白洋少司;或有利口酒的热的英格兰少司;也可以配白兰地奶油少司。

3. 制作注意事项

调制白兰地奶油少司是将 150 克黄油软化,加入 150 克幼砂糖和 100 克白兰地酒调匀即可。

二、复活节（Easter）

复活节又称逾越节,是犹太教的大型节日,有人认为是耶稣复活的日子,也有人认为是耶稣显灵的日子,而有人认为初春季节,正是万物复苏的时候,所以叫复活节。复活节约在每年 4 月中旬。复活节的食品制作为各色彩蛋、巧克力蛋、兔子、花篮、复活节派、圈形蛋糕、天使蛋糕,以及十字包等,装饰以彩球、小花和小动物为主。

【实例 1】复活节十字包(Easter Bread)

1. 配方

水 1000g,面粉 2000g,鸡蛋 500g,葡萄干 750g,糖 300g,黄油 200g,奶粉 100g,盐 45g,酵母 125g。

2. 制作过程

（1）倒入面粉、酵母、盐、糖拌匀,加入水,搅拌成团,再加入黄油搅拌均匀后加入葡萄干和匀。

（2）将面团醒发至原来的 2～3 倍。

（3）分块、摘剂、搓圆。

(4)将落盘后的生坯送醒发箱醒发至成品体积的八成取出。

(5)在面坯的表面刷蛋液,然后用面粉加水调制的面糊在面包坯上挤十字。

(6)装饰后的面包生坯,放入200℃左右的烤箱内,烤至表面金黄即可,出炉后,表面刷一层溶化的油脂。

3. 制作注意事项

(1)面糊中的面粉,最好用熟面粉,以防止起筋。

(2)表面刷蛋液要轻。

【实例2】复活节巧克力(Easter Chocolate)

1. 配方

巧克力500g。

2. 制作方法

(1)用棉制品将巧克力模具擦干净备用。

(2)将巧克力隔水(50℃)加热,使其熔化。

(3)当巧克力温度为31℃时,用鬃刷将巧克力均匀地刷在模具内侧,刷好后将两瓣模具对在一起,用夹子夹紧使其成为一个整体,放入冰箱。巧克力凝固造型后(巧克力和模具开始脱离)即可将模具取下,做一个底座粘在下面,即成为空心巧克力鸡、兔、蛋等。一般简单的线条图案,可直接用挤注的方法成形。

3. 制作注意事项

(1)隔水熔化巧克力的水温不要太高。

(2)挤注花纹、图案可以在蜡光纸上进行。

三、情人节(Saint Valentine's Day)

情人节是西方传统的节日之一,情人节又叫圣瓦伦丁节或圣华伦泰节,即每年的2月14日。这是一个关于爱、浪漫,以及花、巧克力、贺卡的节日,男女在这一天互送礼物用以表达爱意。现已成为欧美各国青年人喜爱的节日,其他国家也已开始流行。而在中国,传统的七夕节也是姑娘们重视的日子,被称为中国的情人节。情侣们选择代表自己心意的心形蛋糕、心形巧克力盒、糖粉盒、心形曲奇等庆祝节日。情人节的点心特点,以心形为主,色泽艳丽、主题突出,让人一见就能理解对方的心意。

【实例】心形巧克力糖(Heart Chocolate)

1.配方

纯巧克力 650g,淡奶油 250g,橙皮脯 250g,金万利甜酒 100g,白糖 150g。

2.制作方法

(1)橙皮去掉内层白皮,用热水煮 5 分钟,放冷水中冷却。

(2)糖加适量水上火煮开,随即加入沥干水分的橙皮继续煮到 114℃ 即可。

(3)将煮好的橙皮捞出放在笋上晾置 24 小时,然后切成碎米丁备用。

(4)巧克力隔水熔化后,倒入橙皮,加适量金万利甜酒调匀,然后倒入垫有锡纸的托盘中抹平(厚度一般为 1cm)放入冰箱冷冻 4～5 小时至凝固为止。再取出已凝固的巧克力坯,用小圆形模子,刻成心形巧克力坯。

(5)将巧克力熔化后,均匀地淋在心形巧克力坯的外表,然后轻轻振动,使其表面均匀、光滑,冷却备用。

3.制作注意事项

巧克力隔水熔化,水温不能超过 50℃。

四、感恩节(Thanksgiving Day)

每年 11 月最后一个星期四,是西方人喜爱的感恩节,目的是感谢苍天神灵所赐予的丰收。感恩节除供应一般点心外,还要供应南瓜派、苹果卷、苹果派、麦包等。

【实例 1】奶油蛋白南瓜派(Pumpkin Pie)

1.配方

(1)派底用料:糖粉 250g,奶油 500g,鸡蛋 75g,面粉 750g。

(2)派馅用料:南瓜 800g,黄糖 300g,牛奶 170g,蛋黄 170g,盐 5g,香料 5.5g,结力片 15g,蛋白 170g,糖粉 200g,鲜奶油 250g。

2.制作方法

(1)面团调制,见混酥面团调制法。擀皮、落模、烘烤成派坯备用。

(2)馅料调制。

①将南瓜洗净去皮,上火蒸熟,搅成南瓜泥,然后加黄糖、牛奶、蛋黄、盐、

香料等搅拌均匀,放在铜锅内,烧煮至稠糊状。

②倒入泡软的结力片,搅拌溶化,晾凉后入冰箱备用。

③蛋清打发泡后,加入糖粉继续打发后倒入①,搅拌均匀。

④鲜奶油打发后加入②的混合物体,搅匀后即成南瓜派馅。

⑤将南瓜馅放入已成熟的派坯上抹平,表面挤上奶油膏即成南瓜派。

3. 注意事项

(1)食用时根据需要,开刀成形。

(2)派底生坯厚薄均匀,烘烤前,可用钉板在生坯上戳几个出气孔。

(3)蛋清、鲜奶在搅打过程中避免与油脂接触,否则不易起发。

【实例2】苹果卷(Apple Strudel)

1. 配方

面团用料:高筋面粉 600g,蛋黄 35g,盐 30g,色拉油 20g,水 240g。

馅料:黄油 100g,苹果片 100g,糖 150g,肉桂粉 5g,柠檬汁 50g。

2. 制作方法

(1)将面粉、蛋黄、盐、色拉油放入容器中,加水调制,待面团光滑均匀后,置于工作台上使劲揉搓,摔打使其上筋。然后按要求分成大小相同的面团,并在面团表面抹一层油后,盖好湿布备用。

(2)将苹果片加入软化的黄油内,再加入糖炒至金黄色,离火晾凉待用。

(3)工作台上铺上一块湿布,将面团放在潮湿的布上,随之将面团从中心向两侧伸展,直至呈纸一样薄时刷上黄油。

(4)把炒好的苹果馅,均匀盖抹在面皮上,用双手提起湿布内侧,向外推卷,然后,用布把起封口处朝下放在刷油的烤盘上,前后表面刷一层黄油。

(5)入 190℃ 左右的烤箱烘烤,成熟后稍凉切块,并撒上糖粉即可装盘食用。

3. 制作注意事项

(1)面皮一定要摔打起筋。

(2)馅心一定要拌炒至似果酱。

(3)稍凉切块,趁热食用。

主要参考文献

1. 韦恩·吉伦斯.专业烘焙(第三版)[M].大连:大连理工大学出版社,2004.

2. 江琦修.面包制作技术图解[M].香港:万里机构·饮食天地出版社,1998.

3. 钟志慧.西点制作技术[M].北京:科学出版社,2012.

4. 沈军.中西点心[M].北京:高等教育出版社,2004.

5. 黄喜奎.糕点原材料[M].北京:中国商业出版社,1989.

6. 李斯特,等.烘烤食品工艺学[M].北京:中国轻工业出版社,2000.

7. 刘荣华.西点制作百科全书[M].台北:全麦烘焙出版社,1999.

8. 刘荣华.现代面包制作百科[M].台北:全麦烘焙出版社,1987.

9. 张守文.面包科学与加工技术[M].北京:中国轻工业出版社,1996.

10. 刘汉江.烘焙工业实用手册[M].北京:中国轻工业出版社,2003.

11. J·阿曼德拉.面包师手册[M].徐书鸣,译.北京:中国轻工业出版社,2000.

12. 薛文通.新版面包配方[M].北京:中国轻工业出版社,2002.